CHOUSHUI XUNENG DIANZHAN TONGYONG SHEBEI

抽水蓄能电站通用设备

控制保护与通信分册

国网新源控股有限公司　组编

中国电力出版社

CHINA ELECTRIC POWER PRESS

内容提要

为进一步提升抽水蓄能电站标准化建设水平，深入总结工程建设管理经验，提高工程建设质量和管理效益，国网新源控股有限公司组织有关研究机构、设计单位和专家，在充分调研、精心设计、反复论证的基础上，编制完成了《抽水蓄能电站通用设备》系列丛书，本丛书共 7 个分册。

本书为《控制保护与通信分册》，主要内容共分为 11 章，重点阐述了控制保护和通信盘柜及附属设备、计算机监控系统、继电保护及自动装置、励磁系统、变频启动系统（SFC）、直流电源系统、设备状态在线监测系统、通信系统、工业电视系统、微机五防系统等和设备的设计及设备选型选择、功能要求、设备配置和选型、技术参数和技术要求等。最后对主要设备的技术参数进行了汇总，附上了主要系统的典型配置图。

本丛书适合抽水蓄能电站设计、建设、运维等有关技术人员阅读使用，其他相关人员可供参考。

图书在版编目（CIP）数据

抽水蓄能电站通用设备. 控制保护与通信分册 / 国网新源控股有限公司组编 . —北京：中国电力出版社，2020.7

ISBN 978-7-5198-4166-9

Ⅰ．①抽… Ⅱ．①国… Ⅲ．①抽水蓄能水电站—电气设备 Ⅳ．① TV743

中国版本图书馆 CIP 数据核字（2020）第 017030 号

出版发行：中国电力出版社
地　　址：北京市东城区北京站西街 19 号
邮政编码：100005
网　　址：http://www.cepp.sgcc.com.cn
责任编辑：孙建英（010-63412369）　贾丹丹
责任校对：黄　蓓　郝军燕
装帧设计：赵姗姗
责任印制：吴　迪

印　　刷：三河市百盛印装有限公司
版　　次：2020 年 7 月第一版
印　　次：2020 年 7 月北京第一次印刷
开　　本：787 毫米 ×1092 毫米　横 16 开本
印　　张：9.75
字　　数：324 千字
印　　数：0001—1000 册
定　　价：78.00 元

目　　录

第1章 概　述

1.1　主要内容

抽水蓄能电站通用设备标准化是国家电网有限公司标准化建设成果的有机组成部分，通过开展通用设备设计工作，规范抽水蓄能电站设备配置，提高设备选型设计及配置标准，结合电站设备运行环境及运行方式特点，开展抽水蓄能电站设备差异化分析，吸取已投运电站机电设备运行经验，提出设备差异化指标需求。

本次通用设备设计工作通过对各已建或在建电站设备选型配置情况、已投运设备运行状况、典型设备缺陷及事故分析等资料进行收集整理；合理确定抽水蓄能电站设备通用技术规范，编制《抽水蓄能电站通用设备　控制保护与通信分册》。

控制保护与通信分册设计内容包括控制保护和通信盘柜及附属设备、计算机监控系统、继电保护系统、励磁系统、变频启动系统、直流电源系统、状态监测系统、通信系统、工业电视系统、微机五防系统等。

1.2　编制原则

遵循国家电网有限公司通用设计的原则：安全可靠、环保节约、技术先进、标准统一、提高效率、合理造价；努力做到可靠性、统一性、适用性、经济性、先进性和灵活性的协调统一。

（1）可靠性。确保各系统设计方案及主要设备安全可靠，确保工程投入运行后电站安全稳定运行。

（2）统一性。建设标准统一，基建和生产运行的标准统一，各系统的配置及技术要求体现出抽水蓄能电站工程的特点和国家电网有限公司企业文化特征。

（3）适用性。综合考虑各种规模和布置形式的抽水蓄能电站特点，结合全国已建、在建大型抽水蓄能电站工程建设经验以及抽水蓄能电站开发趋势，选定的设计方案和设备技术要求在抽水蓄能电站工程建设中具有广泛的适用性。

（4）经济性。按照全寿命周期设计理念与方法，在确保高可靠性的前提下，进行技术经济综合分析，实现电站工程全寿命周期内设备功能匹配、寿命协调和费用平衡。

（5）先进性。提高原始创新、集成创新和引进消化吸收再创新能力，坚持

技术进步，推广应用新技术，代表国内外先进设计水平和抽水蓄能电站工程设备技术发展及管理技术发展趋势。把握工业智能化技术发展趋势，要求设备能够提供数字化接口及标准化数据模型，就近提供智能服务，使得设备本身具备数据采集、分析计算、诊断与通信功能，满足数字化智能型电站实时在线业务、数据优化以及应用智能等方面的关键需求。

（6）灵活性。可灵活运用于国内相应各方案适用条件下的大型新建抽水蓄能电站工程。

1.3　工作组织

为了加强组织协调工作，成立了《抽水蓄能电站通用设备　控制保护与通信分册》设计工作组、编制组和专家组，分别开展相关工作。

工作组以国家电网有限公司基建部为组长单位，国网新源控股有限公司（简称国网新源公司）为副组长单位，主要负责通用设计总体工作方案策划、组织、指导和协调通用设计研究编制工作。

本分册由中国电建集团中南勘测设计研究院有限公司负责设计与编制。

1.4　编制过程

2015 年 11 月，国网新源公司在北京主持召开了抽水蓄能电站通用设备设计启动会，目的是通过开展通用设备设计工作，将设备全寿命周期管理理念落实到设备的选型设计当中，进一步规范抽水蓄能电站设备配置，通用设备将充分吸取已投运电站设备运维的经验和教训，科学提出设备的技术要求和参数，致力于从设备选型设计阶段提高设备质量水平。本次抽水蓄能电站通用设备标准化是一个系统性的工作，包括电站机电各系统设备，涵盖了抽水蓄能电站水力机械、电气、控制保护与通信、金属结构、采暖通风、消防、电缆选型等，编制出版《抽水蓄能电站通用设备　水力机械分册》《抽水蓄能电站通用设备　电气分册》《抽水蓄能电站通用设备　控制保护与通信分册》《抽水蓄能电站通用设备　金属结构分册》《抽水蓄能电站通用设备　供暖通风分册》《抽水蓄能电站通用设备　消防分册》《抽水蓄能电站通用设备　电缆选型分册》。中国电

建集团中南院、华东院与北京院应邀参加了本次通用设计启动会，并通过招、投标，分别承担了上述通用设计与编制任务。

1.5 编制原则与使用说明

本分册包括了电气二次专业各系统的设计内容，编写时总结了已建抽水蓄能电站的工程经验，按主流设计进行配置，并考虑系统的先进性、实用性，依据规程、规范的要求，进行编写。

各系统按"编制依据、设计原则、系统功能要求、系统配置要求、主要技术参数和技术要求"进行编写。在使用本通用设计时，要根据工程的具体情况，秉着"安全可靠、技术先进、投资合理、标准统一、运行高效"的原则，并与设备生产厂家密切沟通、配合，形成符合实际要求的抽水蓄能电站"控制保护与通信"设备的设计，满足电站的管理、运行及维护要求。

第 2 章　控制保护和通信盘柜及附属设备

2.1 编制依据

控制保护和通信盘柜应遵守以下标准、规程规范，所用标准为最新版本标准。当各标准不一致时，应按较高标准的条款执行。

GB/T 708—2006　冷轧钢板和钢带的尺寸、外形、重量及允许偏差

GB/T 11253—2007　碳素结构钢冷轧钢板及钢带

GB/T 1182—2018　产品几何技术规范（GPS）　几何公差形状、方向、位置和跳动公差标注

GB/T 2421.1—2008　电工电子产品环境实验　概述和指南

GB/T 4208—2017　外壳防护等级（IP 代码）

GB/T 7267—2015　电力系统二次回路保护及自动化机柜（屏）基本尺寸系列

GB/T 8582—2008　电工电子设备机械结构术语

GB/T 9761—2008　色漆和清漆　色漆的目视比色

GB/T 15763.2—2005　建筑用安全玻璃　第 2 部分：钢化玻璃

GB/T 3190—2008　变形铝及铝合金化学成分

GB/T 6892—2015　一般工业用铝及铝合金挤压型材

GB/T 13306—2011　标牌

GB/T 14048.1～21　低压开关设备和控制设备

GB/T 17045—2008　电击防护　装置和设备的通用部分

GB/T 18663.1—2008　电子设备机械结构　公制系列和英制系列的试验　第 1 部分：机柜、机架、插箱和机箱的气候、机械试验及安全要求

GB/T 18663.3—2007　电子设备机械结构　公制系列和英制系列的试验　第 3 部分：机架、机柜和插箱的电磁屏蔽性能试验

GB/T 19183.2—2003　电子设备机械结构　户外机壳　第 2 部分：箱体和机柜的协调尺寸

GB/T 19183.3—2003　电子设备机械结构　户外机壳　第 2-1 部分：机柜尺寸

GB/T 19183.5—2003　电子设备机械结构　户外机壳　第 3 部分：机柜和箱体的气候、机械试验及安全要求

GB/T 20138—2006　电器设备外壳对外界机械碰撞的防护等级（IK 代码）

JB/T 5777.2—2002　电力系统二次电路用控制及继电保护屏（柜、台）通用技术条件

DL/T 720—2013　电力系统继电保护及安全自动装置柜（屏）通用技术条件

2.2 设备选型原则

设备选型原则如下：

（1）同一控制室、辅助盘室内的盘柜，其颜色、结构、外观一致。

（2）同一列布置的盘柜，其颜色、结构、尺寸、外观一致。

（3）为满足上述外观统一的要求，原则上同类盘柜柜体采用同一制造厂的同一规格产品。

2.3 主要技术参数和技术要求

2.3.1 基本框架尺寸

盘柜基本框架的外形尺寸见表 2-1。

表 2-1 　　　　　　　　　　　　　　**盘柜基本框架的外形尺寸**　　　　　　　　　　　mm

类别	尺寸代号		
	高	宽	深
二次盘柜	2200	800	600
	2200	800	800
通信盘柜	2200	600	600
计算机网络盘柜	2200	800	1000

2.3.2 盘柜结构

盘柜柜体为户内使用的框架结构柜体，外壳采用优质冷轧钢板，前门板钢板厚度不小于 2.0mm，侧板钢板厚度不小于 1.5mm，后门板钢板厚度不小于 1.5mm。

盘柜柜体均采用垂直自立的通用柜形式。屏前单开门，根据需要，前门有两种型式：一种为全金属前门；另外一种为玻璃加铝型材前开门。屏后为对称双开门。盘（柜）侧板应采用快速装卸结构，便于现场安装调试。

盘柜顶部应安装四个可以拆卸的吊耳，便于盘柜的吊装，盘柜就位后用螺栓封闭。盘柜柜体前、后门均采用转轴式活动铰链与框架相连（称外挂门），安装、拆卸方便。前门一般采用转轴式活动铰链左侧（面向柜体）安装方式，后门对称双开方式；外挂门上与盘柜顶（不含盘眉）平齐，下距盘柜底 35mm。

玻璃前开门的盘柜柜体，前门采用金属门内嵌长方形钢化玻璃（玻璃不得使用粘接的固定方式），玻璃为带有导电屏蔽的 4mm 厚无色透明钢化玻璃，玻璃应符合 GB/T 15763.2—2005《建筑用安全玻璃　第 2 部分：钢化玻璃》的要求。玻璃几何中心线与前门几何中心线重合，居中布置。

盘柜柜体采用统一的门锁结构，门锁选用统一的品牌及颜色，门锁品牌采用国内外知名品牌。

前门锁一般安装在前门右侧，后门锁安装在双开右门的左侧。同一列布置的盘柜，其门锁（把手）高度应一致。

盘柜外观要求见表 2-2。

表 2-2 　　　　　　　　　　　**盘 柜 外 观 要 求**

类别	盘柜前门形式	盘柜后门形式
二次盘柜	玻璃或金属、单开门	金属、双开门
通信盘柜	玻璃或金属、单开门	金属、双开门
计算机网络盘柜	金属网孔门、单开门	金属网孔门、双开门

2.3.3 形位公差

电气盘柜面板的平面度公差值为：每平方米不大于 0.2mm。

电气盘柜垂直度公差值为：前后方向为每米 1mm，总误差不大于 2mm；左右方向每米为 1mm，总误差不大于 2mm；或盘柜柜体对角线长度之差不大于表 2-3 中的数值。

表 2-3 　　　　　　　　　**盘柜柜体对角线长度差值**　　　　　　　　　mm

对角线差值	≤400	>400～1000	>1000～1600	>1600～2500
ΔL	1	1.5	2	3

2.3.4 外观要求

二次盘柜使用单一颜色，采用国际标准色标 RAL7035。玻璃前开门，门内布置电气设备和元器件的金属摇门或金属固定板同样采用 RAL7035。表面采用静电粉末喷涂，桔纹，亚光效果。

两台及以上集中排列安装的电气、控制盘柜应根据每台盘柜的不同用途，采用编号加以区别，分别设置设备的标志牌。两台及以上集中排列安装的前后开门电气、控制盘柜，前、后均应设置设备标志牌，且同一盘柜前、后设备标志牌应保持一致。盘眉要求，高 60mm，颜色、宽度与盘柜一致。标志牌底色和字体应为亚光效果，不应有色泽不均和炫目反光现象。

2.3.5 设备标识

柜体顶部沿居中喷印设备标识的中文描述，字体高 30mm，黑色楷体。柜内所有接线都要有标识环（号码筒），元器件、接线标识必须与提供的图纸一致。

2.3.6 接地

微机保护和控制装置的屏柜下部应设有截面积不小于 100mm² 的铜排（不要求与保护屏绝缘），屏柜内所有装置、电缆屏蔽层、屏柜门体的接地端应用截面积不小于 4mm² 的多股铜线与其相连，铜排应用截面积不小于 50mm² 的铜缆接至保护室内的等电位接地网。盘柜内的铜排预留 φ6 孔 20 个，均匀分布在盘柜底部铜排上。

2.3.7 进出线

电缆进出线方式均采用下部进、出线和强、弱电电缆分开布置原则，下部进线孔含预接配件，备用孔口预留防护盖板，进线方式采用单孔单线方式。进线孔预接配件需采用防锈、防腐材质并具备防水功能，可与金属软管配套连接，各进线孔电缆分配均匀，并预留 30% 的位置。当电缆数量较多只能采用一个大的进出线孔时，进出线孔处应做防火封堵。箱内电缆有固定支架。电缆敷设遵循就近路径原则，但不应出现交叉情况。

2.3.8 底座

无特殊说明的落地式盘柜配置底座，底座材质采用热浸锌角钢或槽钢，材料厚度不少于 8mm，高度不低于 75mm，承重必须保证满足柜体的荷重要求，底座颜色与机柜颜色一致。柜体和底座连接采用不锈钢螺栓或热浸锌螺栓。柜体和底座间预留明显的接地跨接点。

2.3.9 空间

盘柜内的端子排应布置在易于安装接线的地方，即距柜底 300mm 以上和距柜顶 150mm 以下。盘柜内接线规范整齐，应预留充足的空间，能方便地接线、汇线和布线；柜内应合理配置电缆布线空间，确保所有电缆接线完成后（包含备用芯在内）柜内仍留有至少 15% 的富余空间。所有的端子接线，必须整齐有序，纵向无偏差，横向无偏差。

2.3.10 端子排

盘柜内端子排布置在盘柜后两侧，端子排位置应便于接线，要求设置塑料走线槽，槽盖可以分段拆卸，塑料走线槽容量应满足进、出盘柜内所有电缆敷设完成后仍留有至少 15% 的富余空间，同时根据盘柜内强、弱电设备布置方位，塑料走线槽数量、布置、走向应满足强、弱电分开和美观、规整的要求。

端子排、端子之间及端子对地工频耐受电压应满足 GB 14048《低压开关设备和控制设备》的相关要求。

电流试验端子的额定电压1000V，电流试验端子在电流回路实现连接 TA 侧至装置的连接功能，需要满足正常运行及检修工作中分断测试工作，需能够承受 120A × 截面积（mm^2）大电流冲击，即 $6mm^2$ 时720A，$10mm^2$ 时1200A，防手指触摸，测试方便。

端子绝缘材料需满足 UL94V0 阻燃要求。

在污染等级 Ⅲ 环境下，爬电距离参考值应达到 12.5mm，可满足工业污染等级 Ⅲ，在自然凝露的环境下正常工作。

端子的使用环境为 −45～+70℃，对电流实验端子的滑块循环拆卸不低于100次。塑料件不得有明显的飞边、变形、缩痕或熔接痕，表面无污迹。螺钉一字槽无明显损伤，电流条螺孔内无烂牙现象。夹线块表面允许有轻微水迹或夹具印，但镀层不得粗糙、发暗、起泡或起皮或局部无镀层现象，所有导线接口应完全打开。

端子应能通过 IEC 60068-2-11：2000-02 的要求［(50±5) g NaCl/liter，35℃，96h］。试验后电压降不大于初始值的 1.5 倍。

每个安装单元端子尾部应留有 10%～20% 备用端子，但不少于 2 只。

强电和弱电端子应分开布置，端子排之间应有隔板。交流电流端子应采用带有连接片的试验端子。

对振动较大场合采用回拉式弹簧端子。

接线端子参数基本要求见表2-4。

表 2-4　　接线端子参数基本要求

端子类型	型号规格（mm^2）	额定电流 I_{max}（A）	额定绝缘电压 U_{max}（V）	阻燃等级	螺钉力矩（N·m）		耐温性（℃）
					接线螺钉	滑块螺钉	
两进两出直通回拉式弹簧接线端子	1.5	≥17.5	≥500	UL94 V0	—		−45～75
	2.5	≥26	≥500	UL94 V0	—		−45～75
	4.0	≥32	≥500	UL94 V0	—		−45～75
接地回拉式弹簧接线端子	4.0			UL94 V0	—		−45～75
通用组合螺钉直通式接线端子	2.5	≥32	≥1000	UL94 V0	0.5～0.6		−45～75
	4.0	≥41	≥1000	UL94 V0	0.6～0.8		−45～75
	6.0	≥57	≥1000	UL94 V0	1.5～1.8		−45～75
通用组合式螺钉分断测试接线端子	6.0	≥57	≥400	UL94 V0	1.2～1.4	0.6～0.8	−45～75
	10	≥57	≥1000	UL94 V0	1.2～1.4	0.6～0.8	−45～75
两进两出隔离开关分断回拉式弹簧接线端子	2.5	≥26	≥400	UL94 V0	—		−45～75
悬臂熔丝回拉式弹簧接线端子	4.0	≥10	≥500	UL94 V0	—		−45～75
一体式端子工业继电器（触点）	1.5	≥5	≥3000	UL94 V0	0.22～0.25		−45～75
通用大电流螺钉接线端子	50	≥150	≥1000	UL94 V0	6～8		−45～75
	70	≥192	≥1000	UL94 V0	8～10		−45～75
	95	≥232	≥1000	UL94 V0	15～20		−45～75
三层回拉式弹簧接线端子	2.5	≥28	≥500	UL94 V0	—		−45～75
带发光二极管双层回拉式弹簧接线端子	2.5	≥26	≥500	UL94 V0	—		−45～75

2.3.11 继电器

继电器应符合国际电工委员会（IEC）标准和国家标准的有关规定。

电源电压在下列变化范围内，中间继电器应能正常工作；交流 220V（±15%），直流 220V（+10%～−20%）。

中间继电器除了满足控制要求外，每个继电器应至少留有 1 对备用接点。接点容量在直流 220V 感性负荷时，断开容量不小于 50W，长期允许电流不小于 5A。中间继电器动作电压不得低于 45% 额定电压，但不得高于 70% 额定电压，返回电压不应小于额定电压的 5%；直流出口回路一点接地时，继电器不得误动。

中间继电器在额定工作条件下动作时间不应大于 40ms（除非有特殊的时间要求），快速中间继电器在额定工作条件下动作时间不应大于 5ms。

时间继电器的延时应易于调整，且调整后保持不变。延时整定范围要求大于整定值的 50%，延时整定误差应不大于整定值的 0.5%。

对于较长距离的开关量信号接收，应经抗干扰继电器重动开入，抗干扰继电器的启动功率应大于 5W。

端子型继电器应采用超薄式紧凑设计，宽度不超过 6.2mm，内部集成输入和保护回路，无须外部接线，插入式桥接，并有 LED 状态指示灯显示，继电器插头 IP67 防护等级，可插拔，底座通用电磁式和固态继电器。

继电器最大开关电压 250V AC/DC，机械寿命不低于 3×10^7 开关次数，工作环境温度为 −40～+60℃。

继电器在 AC 输出时要做到零电压切换，并可通过 V8 适配器进行有效的系统连接，无须额外的接线端子。

中间继电器推荐采用固态继电器，开关位置扩展继电器推荐采用双稳态继电器。

强、弱电继电器在盘柜内布置方位应与进出盘柜电缆孔和走线槽的布置协调一致，满足强、弱电电缆分开敷设的要求。

2.3.12 塑壳断路器及微型断路器

塑壳断路器、微型断路器及其附件至少应满足下列要求：

（1）提供信号指示功能：电源指示灯等。

（2）盘柜内的塑壳断路器或微型断路器为固定式安装。

（3）允许在 63A 及以下的盘柜中采用满足分断能力要求的微型断路器。

（4）微型断路器的分断能力不得小于 25kA。

（5）断路器具有脱扣指示和复位的功能。

（6）塑壳断路器及微型断路器在盘柜内布置方位应与进出盘柜电缆孔和走线槽的布置协调一致，满足强、弱电电缆分开敷设的要求。

2.3.13 加热器和智能型恒温控制器

为保证盘柜内的温度和湿度处于设备的正常运行范围，柜内应装有加热器，必要时应装散热风机。加热器和散热风机的放置应确保空气循环流畅，并在过热状态时不会损坏设备。针对散热量非常大的盘柜，如果处在室外或者周围没有设置通风空调的室内情况下，应对盘柜设置工业空调，以保证盘柜内的温度在 35℃ 以下。

加热器在盘柜内布置方位应与进出盘柜电缆孔和走线槽的布置协调一致，满足强、弱电电缆分开敷设的要求。

2.3.14 电缆与光纤标识

每根二次电缆（光缆）应挂设标识牌，制作标识牌时，规格应统一，其上应注明二次电缆（光缆）的编号、起点、终点、规格型号和电缆（光缆）米标起止位置，字迹应打印清晰，能永久性保存。标识牌绑扎必须整齐美观，与电缆（光缆）一一对应。二次电缆（光缆）标识牌应采用扎带或软铜丝进行挂装，且挂装高度一致牢靠，不易脱落。

2.3.15 表面涂覆和防护要求

除了有色金属零件、镀锌钢件和机械精加工面以外，其他所有金属零部件均应先经过酸洗磷化预处理后再进行高压静电喷粉，铝型材应进行阳极氧化并进行静电喷粉处理。

所有涂覆应能经受得住机械振动以及热和油的作用而不致会出现划痕或者变软。

涂覆层应是亚光的，不应有色泽不均和炫目反光现象，同一柜体及用于同一工程的盘柜柜体的涂覆层不应有明显的色差，即不应低于 GB/T 9761—2008《色漆和清漆 色漆的目视比色》中附录 B 规定的 1 级要求。

2.3.16 机械性能

静载荷符合 GB/T 18663.1—2008《电子设备机械结构 公制系列和英制系列的试验 第 1 部分：机柜、机架、插箱和机箱的气候、机械试验及安全要求》中规定的 SL7 级的提吊试验要求及刚度试验要求，见表 2-5。

表 2-5 **屏柜柜体的静载荷要求**

性能等级	屏柜柜体载荷 L_1(kg)	提吊试验 P_1(N)	刚度试验 P_2(N)
SL7	800	12000	2000

注 额定载荷是所规定的屏柜柜体载荷。

抗撞能力应符合 GB/T 18663.1《电子设备机械结构 公制系列和英制系列的试验 第1部分：机柜、机架、插箱和机箱的气候、机械试验及安全要求》中的 K2 等级要求；抗振动能力和抗冲击能力应符合 GB/T 18663.1—2008《电子设备机械结构 公制系列和英制系列的试验 第1部分：机柜、机架、插箱和机箱的气候、机械试验及安全要求》中的 DL4 等级要求。

2.3.17 外壳防护

控制保护和通信室内盘柜的外壳防护等级原则上应按照 GB/T 4208—2017《外壳防护等级（IP 代码）》的规定并至少达到 IP43 级，室外盘柜至少达到 IP55 级。发热量较大的盘柜（如充电柜、计算机网络盘柜）根据工程实际需要确定外壳防护等级。

控制保护和通信室内盘柜承受碰撞能力的外壳防护等级应达到 GB/T 20138—2006《电器设备外壳对外界机械碰撞的防护等级（IK 代码）》中 IK 07 级（碰撞能量为 2J）的要求。

2.3.18 材料要求

盘柜柜体主要材料要求应符合表 2-6 的规定。

表 2-6 **主 要 材 料 要 求**

原材料	采用标准	备注
钢板	GB/T 708—2006《冷轧钢板和钢带的尺寸、外形、重量及允许偏差》、GB/T 11253—2007《碳素结构钢冷轧钢板及钢带》	
钢化玻璃	GB 15763.2—2005《建筑用安全玻璃 第2部分：钢化玻璃》	
铝型材	GB/T 3190—2008《变形铝及铝合金化学成分》、GB/T 6892—2015《一般工业用铝及铝合金挤压型材》	
密封条		聚氨酯发泡工艺一次成型

冷轧钢板尺寸允许偏差应符合 GB/T 708—2006《冷轧钢板和钢带的尺寸、外形、重量及允许偏差》中的相关要求。钢板表面不应有裂纹、结疤、折叠、气泡和夹杂。

铝型材尺寸允许偏差应符合 GB/T 6892—2015《一般工业用铝及铝合金挤压型材》中的相关要求，型材表面不应有裂纹、腐蚀斑点和硝盐痕迹。

第3章 计算机监控系统

3.1 编制依据

计算机监控系统应遵守以下设计标准、规程规范，所用标准为最新版本标准。当各标准不一致时，应按较高标准的条款执行。

GB/T 2887—2011 计算机场地通用规范

GB/T 7260（所有部分） 不间断电源设备

GB 17859—1999 计算机信息系统 安全保护等级划分准则

GB/T 18482—2010 可逆式抽水蓄能机组启动试运行规程

NB/T 35004—2013 水力发电厂自动化设计技术规范

NB/T 35076—2016 水力发电厂二次接线设计规范

NB/T 10072—2018 抽水蓄能电站设计规范

DL/T 295—2011 抽水蓄能机组自动控制系统技术条件

DL/T 321—2012 水力发电厂计算机监控系统与厂内设备及系统通信技术规定

DL/T 476—2012 电力系统实时数据通信应用层协议

DL/T 578—2008 水电厂计算机监控系统基本技术条件

DL/T 822—2012 水电厂计算机监控系统试验验收规程

DL/T 1241—2013 电力工业以太网交换机技术规范

DL/T 5002—2005 地区电网调度自动化设计技术规程

DL/T 5003—2017 电力系统调度自动化设计规程

DL/T 5065—2009 水力发电厂计算机监控系统设计规范

DL/T 5137—2001 电测量及电能计量装置设计技术规程

3.2 计算机监控系统设计原则

计算机监控系统的结构、功能、设备配置、设备性能应满足和适应抽水蓄能电站各种运行工况及控制流程的要求和电站建筑物地理分布的特点，同时还应满足不同层次的控制和管理要求。

（1）系统按照"无人值班"（少人值守）的原则设计，为逐步过渡到无人值班的运行方式创造条件。

（2）系统应采用开放性的分层分布式系统结构，当系统中任何一部分设备发生故障时，系统整体以及系统内的其他部分仍能继续正常工作，且各现地控制单元（LCU）能脱离中控级独立运行。

（3）系统应高度可靠、冗余，上位机主机采用双机冗余结构，监控主干网络采用1000Mbit/s光纤冗余环网（根据建筑物布置特点，可适当调整），LCU采用双网、双CPU、双电源、双主机架热备冗余配置，确保系统本身的局部故障不影响现场设备的正常运行。

（4）系统功能软件应配置完善，厂站控制层与现地层LCU之间、主站各节点之间功能分配合理，使系统负荷分配均衡，总体性能最佳。

（5）控制网络应速度快、可靠性高、施工方便，便于后续机组接入，机组之间相互干扰少。

（6）系统应具有良好的开放性、可维护性与可扩充性。

（7）系统应采用成熟的、可靠的、标准化的硬件，且具有长期的备品备件和技术服务支持。

（8）软件采用模块化、结构化设计，保证系统的可扩性，满足功能增加及规模扩充的需要。

（9）系统应具有良好实时性，抗干扰能力强，适应现场环境。系统配置和设备选型应适应计算机发展迅速的特点，具有先进性和向后兼容性。

（10）系统应具有功能强大、界面友好的人机接口，人机联系操作方法简便、灵活、可靠，适应运行操作习惯。

（11）系统安全防护的总体原则为"安全分区、网络专用、横向隔离、纵向认证"，以保证电力监控系统和电力调度数据网络的安全。

（12）数据服务器、历史数据服务器、操作员工作站、调度通信工作站和厂内通信工作站等均应配有核心系统防护软件，应采用同时通过公安部和国网安全测评的操作系统安全防护产品。

（13）显示画面、控制流程应满足国网新源公司企业标准的要求。

3.3 计算机监控系统功能要求

3.3.1 概述

系统控制方式分为调度级控制、电站中控级控制、现地控制单元级（LCU）控制和监控对象设备的就地控制，其中对象设备的就地控制权限最高，LCU控制权次之，其后为电站中控级，调度级的控制权限最低。

3.3.2 调度级功能

电站应接受网调或省调调度。电站监控系统通过调度通信工作站向网调和省调调度自动化系统发送上行遥测、遥信量，接收网调或省调调度自动化系统下行的遥控、遥调量，直接控制机组或经电站计算机监控系统电站中控级控制和调节整个电厂，原则上电站中控级的数据全部都能上送调度中心。

与调度中心的信息交换应满足DL/T 5003—2017《电力系统调度自动化设计规程》和DL/T 5002—2005《地区电网调度自动化设计技术规程》的相关要求。

计算机监控系统需预留至国网新源公司集控中心生产实时系统的接口，实现遥测、遥信、遥控、遥调功能。

3.3.3 电站中控级功能

1. 数据采集

（1）自动采集各现地控制单元和调度级的有关参数，存入实时数据库及历史数据库，用于显示器画面更新、控制调节、记录检索、操作指导、事故记录和分析。

（2）事故报警信号优先传递，并记录事故发生的时间（年、月、日、时、分、秒、毫秒）及其简短的描述文字，自动打印，并在显示器上显示和发出报警及语音告警信号。

2. 数据处理

（1）具有数据编码、校验传递误差、误码分析及数据传输差错控制功能。

（2）生成数据库，供显示、刷新、打印、检索等使用。

（3）对重要监视量进行变化趋势分析，及时发现故障征兆，提供运行指导，事故发生后进行事故相关数据查询。

（4）对数据进行越限比较，越限时发出报警信号，异常状态信号在显示器上显示或自动在显示器上推出相关的报警画面，并打印记录。

（5）对采集到电气量、非电气量、数字量、累加量进行计算和统计分析。

（6）全厂事件顺序记录（SOE）。对10kV及以上的断路器，换相、启动、电气制动隔离开关，各主设备、公用设备和出线线路等的动作、事故和故障，各继电保护装置动作信号，厂用电系统的事故和故障进行记录。记录包括每个事件发生的时间和事件性质等，事件记录分辨率满足系统实时性要求。

3. 监视

（1）运行监视。监视各设备的运行工况、位置、参数等。

（2）过程监视。对机组各种运行工况（发电、抽水、调相、停机等）转换（包括启动方式下的开关操作），各电压等级设备的运行方式改变引起的开关操作等过程所需要的操作步骤予以监视。

（3）短时工作制设备工作裕量监视。对按短时工作制设计的SFC系统、主变压器、机组等允许短时过负荷的设备进行工作裕量监视。

（4）附属设备、辅助设备和全厂公用设备的运行状态监视和分析。各类就地自动控制设备（如油泵、排水泵、空气压缩机）的启动及运行间隔具有一定的规律，监控系统软件分析这些规律，监视这类设备及对应的主设备是否异常。

（5）监控系统异常监视。当监控系统的硬件或软件发生故障时，给出提示信息，并在操作员工作站显示器上显示故障位置和进行打印记录。

（6）在电力系统事故或电站设备工作异常时，监控系统能自动发信号给音响报警系统、语音电话自动告警装置，并显示报警信息，指示事件的性质、地点、时间和异常参数值。

（7）监控系统能与电站工业电视监视系统进行通信，在电站出现事故或故障报警时，将报警信息传送至工业电视监视系统，在事故时自动推出相关区域的监视图像。

4. 控制与调节

（1）操作员可通过人机接口（鼠标或键盘），或者监控系统根据调度的命令或应用程序（AGC、AVC等）的命令自动或单步模式对监控系统对象进行控制和调节。在操作员进行控制、调节过程中，监控系统应具有运行操作指导功能。

（2）机组工况转换控制。对机组静止、发电、抽水、发电调相、抽水调相等工况进行自动转换，包括这些转换所需的开关操作及机组附属和辅助设备操作。

（3）发电电动机出口断路器、隔离开关、接地开关、换相和启动隔离开关、电气制动短路开关的投入与分断。操作顺控有完善可靠的软硬件防误闭锁措施。

（4）厂用电10kV断路器和0.4kV进线及联络断路器的投入和分断，操作顺控有完善可靠的防误闭锁措施。

（5）全厂公用和机组附属设备的启动/停止。

（6）在监测到厂房水位异常升高报警信号后，操作人员及时检查、处理；监测到厂房水位异常过高报警信号后，作用于机组紧急停机、上水库进出水口事故闸门紧急关闭及尾水事故闸门紧急关闭。

（7）各越限报警测点的投入/退出；在工程师站可完成各种限值的修改。

（8）自动发电控制（AGC）。自动发电控制包括调频、调峰、按给定功率运行等方式，支持全厂机组成组控制和单机控制两种模式。

（9）自动电压控制（AVC）。电站监控系统能实现远方和就地AVC控制方式，能接收AVC主站和电站就地调控指令。

（10）抽水联合控制。监控系统根据调度中心的抽水命令或自身的决策，在保证电站安全运行的条件下，可进行全站的抽水联合控制，确定需投入抽水的机组台数、机组号，并自动进行机组运行控制。

（11）控制流程满足国网新源公司《抽水蓄能机组工况转换技术导则》的要求。

5. 记录和报告

（1）操作事件记录。将所有操作自动按其操作顺序记录下来，包括操作者所使用的设备（操作源）、操作对象、操作指令、操作开始时间、执行过程、执行结果及操作完成的时间等。

（2）报警事件记录。对报警事件记录具有一定的筛选功能，可根据操作人员的要求或自动将各种报警事件按时间顺序记录其发生的时间、内容和项目等，生成报警事件汇总表。

（3）报告。生成各种周期性的统计报表，时间间隔可由操作人员选择，也可根据操作员的指令随时生成各种报表。

（4）趋势记录。根据操作人员的选择，记录重要监视量的运行变化趋势。

（5）事件顺序记录。根据全厂事件顺序记录（SOE）的要求完成事件顺序排列、显示、打印和存档。每个事件的记录和打印包括事件名称、状变描述和时标。

（6）事故追忆和相关量记录。

根据设定的事故追忆点，对事故前和事故后一段时间的数值进行记录，形成事故追忆记录。具体记录量应可设置，记录时间、采样周期应能调节。事故追忆记录值除打印记录外还可用曲线在显示器上显示。主要记录参数有线路的三相电流、母线频率及三相电压、每台发电电动机的三相电压及三相电流、SFC系统三相电压及三相电流等。主设备事故时全厂追忆量记录不少于50点，至少能记录事故前60s、事故后120s的值，采样速率为1次/s。

相关量记录：当重要设备发生事故时，监控系统应记录事故前后测点的相关量数据，相关量记录有关参数应能设置。主要相关量有：机组各轴承、定子线圈和主变压器顶层油温任一点温度越上上限时，记录机组三相电流不平衡度、机组电流、电压和功率对应数值。

6. 屏幕显示

（1）系统应配备显示器用于人机联系及对主要运行参数、事故和故障状态等以数字、文字、图形、表格的形式组织画面进行动态显示。

（2）系统画面分为机组、监控系统、电站控制、公用、全厂五类。

1）在"机组"目录下应按机组分别设置机组控制、振动摆度、机组温度、发电电动机、水泵水轮机、调速器系统、球阀系统、技术供水系统、单机调相压水、主变压器监视、顺控流程、机组开机预条件、机组工况转换条件等画面。

2）在"监控系统"目录下分别设置监控系统结构图、各LCU模件监视等画面。

3）在"电站控制"目录下分别设置全厂机组PQ控制、AGC控制、AVC控制等。

4）在"公用"目录下分别设置水道系统、SFC系统、厂用电监视、10kV厂用电控制、400V厂用电控制、地下厂房直流系统、开关站直流系统、上水库直流系统、中压气系统、低压气系统、公用供水系统、渗漏排水系统、检修排水系统、SFC及中压气机冷却系统、通风系统、消防系统等画面。

5）"全厂"目录下分别设置画面索引、电气主接线、运行监视、开关站控制、全厂机组温度、全厂机组振动摆度、流程概览、负荷计划等画面。

（3）系统显示画面的内容和样式应符合国网新源公司《抽水蓄能电站监控系统画面典型设计标准》的要求。

7. 事故处理指导和恢复操作指导

监控系统在设备出现故障征兆或发生事故时，提出事故处理和恢复正常运行的指导性意见。

8. 运行管理和指导

电站中控级要进行电厂运行工况计算、经济运行计算及建立主辅设备运行档案等。定时计算各机组的发电和抽水效率，并根据实际的典型日负荷曲线，计算各机组发电和抽水的加权平均效率。逐日、月、年累计各机组及全电站发电电量及调相电量（包括有功功率和无功功率）、抽水耗电量、厂用电量和厂用电率，并计算电站运行效率。累计机组各种工况运行时间、工况转换次数、转换成功和转换失败次数，并分别计算其月、年的转换成功率。累计机组正常及事故停运时间、检修次数及时间，并进行月、年可靠性统计计算。累计主变压器、GIS、厂用变压器、断路器、SFC装置等主设备运行时间、动作次数、正常停运时间、事故停运时间、检修次数和时间；累计压油泵、漏油泵、排水泵、空气压缩机等间歇运行的辅助设备运行时间、动作次数、检修次数和检修时间。统计各电压等级断路器切断故障电流次数及相应的故障电流，当超过限制次数时自动报警提示。

分类统计机组、主变压器、GIS、厂用变压器、断路器、SFC装置、线路等主设备所发生的事故、故障。电气、机械保护整定值修改记录，自动化装置整定值修改记录。其他运行管理数据的积累，如继电保护装置或自动装置的各类动作记录，并按月、年进行分类统计等。累计记录并定时显示打印GIS中各断路器液压操动机构的油泵的启动时间、次数。

9. 通信控制

（1）监控系统电站中控级通过两台调度通信工作站实现与调度中心的通信；通过厂内通信工作站与电站管理信息系统、水情自动测报系统等进行数据通信，设置经国家指定部门检测认证的电力专用横向单向安全隔离装置，完成规约转换并监视通道状态。

（2）电站中控级对本级计算机主设备之间的通信进行管理和控制，保证任何时候均不会发生阻塞，并满足监控系统实时性的要求。

（3）电站中控级向单元控制级发送指令，并接收各单元控制级上送的各种信息。

（4）通过卫星同步时钟系统对计算机监控系统内部各设备和继电保护设备进行时钟同步。

10. 系统诊断

（1）硬件诊断。系统应根据各计算机及外围设备、通信接口、通道等的运行情况进行在线和离线诊断。对于冗余的系统设备，当诊断出主用设备故障时，能自动发信号并切换到备用设备。当诊断出外围设备故障时，能自动将其切除并发信号。

（2）软件诊断。系统应在线和离线诊断各种应用软件和基本软件故障，当程序死锁或失控时，能自动启动或发出冗余切换请求，并具备自恢复功能。本系统电源消失时，系统保持当时的状态；当电源恢复后，系统自动恢复，所有的信息和数据不丢失。

（3）在系统进行在线诊断时，不能影响计算机系统对电站设备的监控功能。

11. 语音报警

（1）常规语音报警。利用声卡或专门的语音装置，实现语音的合成和编辑，在需要对重要操作进行提示，以及电站发生事故时，用准确、清晰的语言向有关人员发出提示或报警。

（2）语音电话自动报警（包括手机短信报警）。电站中控级设一个语音电话自动报警工作站，并提供汉语电话语音报警软件，以及使用电话交换机的用户通道，在电站发生重大事故时，能自动拨打关键人员号码，提供语音报警。

12. 程序开发及运行人员培训

（1）监控系统能以在线或离线方式，方便地进行系统应用软件的编辑、调试和修改等，且不影响主机在线运行。

（2）监控系统配置的培训工作站，向运行人员提供操作培训、维护培训、事故处理培训、软件开发培训以及管理培训。

（3）软件编辑人员可以通过工程师站，在线或离线对电站中控级和现地控制单元的应用软件、显示画面和数据库等进行编辑、调试、装入、卸除和修改，在线进行上述工作时保证计算机监控系统功能的正常运行。

13. 用户权限管理

系统应可通过对用户在系统功能、用户级别、目标对象、操作节点等方面的允许范围进行定义，规范用户权限。

3.3.4 现地控制单元的功能

1. 机组现地控制单元（LCU）功能

（1）数据采集和处理。采集机组及其附属和辅助设备、离相封闭母线及附属设备、主变压器、出口断路器、换向开关、拖动/被拖动隔离开关、机组进水阀、机组自用电变压器及配电盘、尾水事故闸门的各电气量、温度量、扫查量、报警量等。单元控制级按照数据就地处理的原则完成数据处理任务，存入数据库，根据需要上送电站中控级。各RTD数据采集应具有断线、突变闭锁功能。

（2）显示与监视。机组启动前的启动条件监视：在机组处于停机备用状态时，检查其是否具备发电或抽水启动的条件，如油压、气压、主辅设备状态和有无故障等。

工况转换过程的顺序监视：连续监视机组各种工况（发电、发电方向调相、抽水、抽水方向调相、停机）转换过程的操作顺序步的运行，并将主要顺序步上送电站中控级。

机组LCU异常监视：机组LCU的软硬件故障时，除在现地报警指示外，上送电站中控级显示与打印。

（3）控制与调节。机组LCU接受电站中控级的控制、调节命令。机组LCU在没有电站中控级命令或脱离电站中控级的情况下，能独立完成对所控设备的闭环或开环控制，保证机组安全运行和开停机操作。应设有自动或单步运行模式，在运行人员进行操作时应具有操作指导功能。

机组LCU与抽水启动现地控制单元LCU协调配合，通过继电器硬布线选择被拖动的机组，可以自动或以分步操作方式，完成机组的抽水工况（SFC）转换。机组LCU与机组附属设备配合，完成所要求的功能。

当机组背靠背启动时，紧急事故停机、事故停机必须分别通过硬布线回路同时作用于另一台机组的紧急事故停机、事故停机回路，实现两台机组同时停机。

机组LCU与公用设备现地控制单元LCU协调，完成机组的黑启动及其对相关厂用电开关的操作。

机组LCU包括对机组控制范围内的断路器和各种隔离开关的分合控制，并进行严格的安全闭锁。采集上、下水库进出水口闸门的位置，闭锁对机组进水阀和导叶的操作。

设置独立于监控系统的，用于机组事故停机和紧急事故停机的水机保护PLC或继电器硬布线回路，包括事故停机按钮、紧急事故停机按钮和复位钥匙等。当机组由 SFC 拖动时，紧急事故停机、事故停机必须分别通过硬布线回路同时作用于机组、SFC 紧急停止回路。

机组同步并网方式：机组装设微机自动准同步装置。另设置一套手动准同步装置作备用。为防止机组非同步并网，设有非同步闭锁装置，当相角差过大时闭锁合闸回路。微机自动准同步装置应根据机组工况设置不同的并网参数，装置启动前可根据机组工况自动调用相应的并网参数。机组同期并网过程中，机组的频率和电压调节必须通过继电器硬布线闭锁回路实现增、减命令的传递。硬布线回路应通过可靠的安全闭锁，确保将增/减命令传递给相应的机组，特别是机组背靠背启动和 SFC 启动过程中。

机组控制单元顺序控制：机组 LCU 能可靠实现机组顺序控制。机组工况转换能自动实现。机组运行方式包括发电、发电方向调相、抽水、抽水方向调相，以及各运行工况的转换，正常停机、水力机械事故停机、电气事故停机、紧急事故停机，黑启动及线路充电等。机组的工况转换方式、工况判据、工况转换条件、工况转换分段流程应符合国网新源公司《抽水蓄能机组工况转换技术导则》的要求。

正常停机时，采用电气制动和机械制动的混合制动方式；机组电气事故停机时则闭锁电气制动，采用机械制动，此时投入机械制动的转速为额定值的 15%～20%。

机组紧急停机控制命令与事故停机命令具有最高的优先权。

机组进水阀的启闭及尾水事故闸门的启闭顺序具有严格的安全硬接线闭锁。机组 LCU 具有溅水功率保护，在水泵启动工况中采用所配置的交流采样模块或水压信号测量机组功率，通过功率判断转轮室是否完成充水，以此作为开启机组进水阀和导叶的条件。

上述各项控制在 LCU 的屏幕上显示相应的顺控画面。如遇顺序阻滞，故障步用不同的标色明显显示，并自动记录。

机组及其辅助设备的温度、压力、流量等越限后引起事故停机的重要参量，设置一定时延，并做模拟量突变闭锁，以防模拟量受干扰抖动或传感器断线引起误停机。

（4）数据通信。完成与电站中控级及与厂内公用设备现地控制单元、抽水启动现地控制单元、上水库现地控制单元、下水库现地控制单元、其他机组现地控制单元的数据交换，实时上送电站中控级所需的过程信息，接收电站中控级的控制和调节命令。

接收电站的卫星同步时钟系统的信息，以保持与电站中控级同步；与机组附属及相关设备（包括调速器系统、励磁系统、保护系统、进水阀控制系统、尾水事故闸门控制系统、机组辅助控制系统、主变压器冷却系统、机组状态监测系统等）的通信采用以太网或现场总线技术。

（5）自诊断及维护功能。

1）现地控制单元硬件故障诊断：可在线或离线自检设备的故障，故障诊断能定位到模块。

2）软件故障诊断：应用软件运行时，若遇故障能自动给出故障性质及部位，并配置相应的软件诊断工具。

3）失电保护功能：当机组 LCU 冗余电源消失时，应能通过后备的水机保护停机回路实现事故停机。

2. 公用设备现地控制单元（LCU）功能

（1）数据采集和处理。采集全厂公用的油、气、水辅助系统工作状态及保护动作信号、采集地下厂房水位异常升高的控制水位系统信息、220V 直流电源系统有关信息、厂用变压器及配电装置的有关信息，并将采集到的信息量做工程值变换和越限检查，发现状态变位、越限和其他异常情况及时上送至电站中控级，同时在 LCU 给出报警显示和音响报警信号。各 RTD 数据采集应具有断线闭锁功能。

对全厂公用设备的状态量，如空气压缩机、排水泵的启停次数和运行时间，以及断路器、开关的分合次数进行分类处理，上送至电站中控级。

（2）控制与显示。主要包括全厂公用设备的启停控制，主厂房 10kV 厂用电系统断路器的分合闸控制、公用 0.4kV 厂用电断路器的分合闸控制以及监视。

完成设备状态变化监视和主要运行参数监视，现地控制单元异常监视。异常时报警显示并启动音响报警系统。

实现厂房内其他公共设备的控制。

（3）数据通信。完成与电站中控级及机组现地控制单元的数据交换，实时上送电站中控级所需的过程信息，接收电站中控级的控制和调整命令。

接收电站的卫星同步时钟系统的信息，以保持与电站中控级同步。

与厂房公用设备控制系统（包括渗漏排水控制系统、检修排水控制系统、中压压气机控制系统、低压压气机控制系统、尾水事故闸门控制系统、地下厂房直流 220V 系统等）进行通信，通信可采用现场总线技术。

（4）自诊断及维护功能。

1）现地控制单元硬件故障诊断：可在线或离线自检设备的故障，故障诊断能定位到模块。

2）软件故障诊断：应用软件运行时，若遇故障能自动给出故障性质及部位，并配置相应的软件诊断工具。

3）失电保护功能：当电源消失时，监控系统将保持原有的状态；当电源恢复时，监控系统将自动恢复并且其参数和程序不变。

3. 抽水启动现地控制单元（LCU）功能

（1）数据采集和处理。采集 SFC 及其辅助设备的工作状态及保护动作信号；采集高压厂用变压器、断路器的状态和继电保护动作信息；采集 10、0.4kV 厂用变压器，厂用配电装置的状态及保护动作信息；采集各段厂用电母线电压；采集备用电源自动投入装置等的状态及动作信息；并将采集到的信息量进行工程值变换和越限检查，发现越限和其他异常情况及时上送至电站中控级，同时在 LCU 报警显示、启动音响报警系统。各 RTD 数据采集应具有断线闭锁功能。

对 SFC 设备的启停次数和运行时间，以及断路器、开关的分合次数等进行分类处理，上送至电站中控级。

（2）控制与显示。主要包括设备状态变化监视、主要运行参数监视和现地控制单元异常监视。异常时进行报警显示、启动音响报警系统。

接受电站中控级控制命令、完成有关断路器顺序操作。控制 SFC 系统的投、切，主变压器洞高压厂用断路器的分/合控制、10kV 厂用断路器的分/合控制、0.4kV 厂用电进线断路器及母联断路器的分/合控制等。

在 SFC 启动时具备机组选择回路的功能。与机组 LCU 配合，完成水泵的变频启动和背靠背启动，其中包括选择和控制启动回路的隔离开关和断路器，并完成有关的顺序操作。

（3）数据通信。完成与电站中控级及机组现地控制单元的数据交换，实时上送电站中控级所需的过程信息，接收电站中控级的控制和调整命令。

接收卫星同步时钟系统的信息，以保持与电站中控级同步。

与 SFC 控制系统采用以太网（现场总线）通信方式。对于无法采用数字通信的设备采用硬布线 I/O 进行连接。此外，对于安全运行的重要信息、控制命令和事故信号除采用通信方式外，还需通过硬布线 I/O 直接接入 LCU，

以确保安全。

（4）自诊断及维护功能。

1）现地控制单元硬件故障诊断：可在线或离线自检设备的故障，故障诊断能定位到模块。

2）软件故障诊断：应用软件运行时，若遇故障能自动给出故障性质及部位，并配置相应的软件诊断工具。

3）失电保护功能：当电源消失时，监控系统将保持原有的状态；当电源恢复时，监控系统将自动恢复并且其参数和程序不变。

4. 开关站现地控制单元（LCU）功能

（1）数据采集和处理。采集开关站各电气量［母线和线路的电压、电流、频率、有功功率（双向）和无功功率（双向）等］和非电气量（包括 GIS SF₆ 气体密度等）有关信息。

通过数字通信口与电能量采集装置通信，接受电能量采集装置提供的线路有功电能量（双向）和无功电能量（双向）信息，上送电站中控级。

采集断路器、隔离开关、接地开关位置状态量，采集到设备状态变位时，刷新数据库相应的参数。

采集继电保护和自动装置的报警信息。

采集开关站 220V 直流电源系统、UPS、开关站厂用电配电装置、消防及生活水泵系统等有关信息，完成 0.4kV 厂用电备用电源自动投入的控制功能。

各 RTD 数据采集应具有断线闭锁功能。

将采集到的信息量做工程值变换和越限检查，发现状态变位、越限和其他异常情况及时上送至电站中控级，异常时进行报警显示、启动音响报警系统。

（2）控制与显示。装设一套断路器共用的微机自动准同步装置（可根据不同主接线接线形式配置同期装置数量），并装设非同步闭锁装置，当相角差过大时，闭锁合闸回路。

根据电站中控级控制命令或操作人员指令，在 LCU 上可对断路器、隔离开关、接地开关进行分合操作。这些操作在现地具有硬线逻辑安全闭锁，并在 LCU 中设有软件闭锁。

接受电站中控级的命令，完成消防及生活水泵启停、厂用电 0.4kV 进线断路器和母联断路器的分合闸等控制，完成 0.4kV 厂用电备用电源自动投入。

（3）数据通信。完成与电站中控级的数据交换，实时上送电站中控级所需

的过程信息，接收电站中控级的控制和调整指令。

接收卫星同步时钟系统的信息，以保持与电站中控级同步。

与保护装置、安全自动装置、柴油发电机控制系统等通信。

（4）自诊断及维护功能。

1）现地控制单元硬件故障诊断：可在线或离线自检设备的故障，故障诊断能定位到模块。

2）软件故障诊断：应用软件运行时，若遇故障能自动给出故障性质及部位，并配置相应的软件诊断工具。

3）失电保护功能：当电源消失时，监控系统将保持原有的状态；当电源恢复时，监控系统将自动恢复并且其参数和程序不变。

5. 中控楼现地控制单元（LCU）功能

（1）数据采集和处理。采集中控楼区域公共辅助设备的有关信息，包括中控楼厂用电配电装置、UPS 系统、消防及生活水泵系统等信息，进行工程值变换和预处理，并根据要求上送电站中控级。各 RTD 数据采集应具有断线闭锁功能。

（2）控制与显示。接受电站中控级的命令，完成 0.4kV 进线断路器和母联断路器的分合闸等控制。

（3）数据通信。完成与电站中控级的数据交换，实时上送电站中控级所需的过程信息，接收电站中控级的控制和调整命令。

接收卫星同步时钟系统的信息，以保持与电站中控级同步。

与全厂工业电视系统、全厂消防及火灾报警控制系统、全厂通风空调监控系统等的通信采用现场总线方式。

（4）自诊断及维护功能。

1）现地控制单元硬件故障诊断：可在线或离线自检设备的故障，故障诊断能定位到模块。

2）软件故障诊断：应用软件运行时，若遇故障能自动给出故障性质及部位，并配置相应的软件诊断工具。

3）失电保护功能：当电源消失时，监控系统将保持原有的状态；当电源恢复时，监控系统将自动恢复并且其参数和程序不变。

6. 上水库现地控制单元（LCU）功能

（1）数据采集和处理。采集上水库区域公共辅助设备的有关信息；采集上水库 220V 直流电源系统的工作信息；采集 10、0.4kV 配电系统工作状态及保护动作信号；采集上水库进出水口事故闸门位置及其他需采集的电气量、非电气量，进行工程值变换和预处理，并根据要求上送电站中控级。各 RTD 数据采集应具有断线闭锁功能。

采集上水库水位（2 套）、上水库进出水口事故闸门两侧水位及拦污栅差压。当上水库水位高或低时报警，过高或过低时，作用于停机（可先报警，并经一定时限后自动停机）。

（2）控制与显示。接受电站中控级有关上水库进出水口事故闸门的充水、开启及关闭控制，在地下厂房水位异常升高时，能完成上水库进出水口事故闸门紧急关闭控制，并有严格的安全闭锁，当上水库进出水口闸门下滑或不正常关闭时，与机组 LCU 协调，自动完成相应机组事故停机。完成上水库区域其他公共设备的控制，上述操作过程和记录信息上送电站中控级。

（3）数据通信。完成与电站中控级的数据交换，实时上送电站中控级所需的过程信息，接收电站中控级的控制和调整命令。

接收卫星同步时钟系统的信息，以保持与电站中控级同步。

与上水库进出水口事故闸门启闭机控制系统、220V 直流电源系统等的通信采用以太网或现场总线方式。

（4）自诊断及维护功能。

1）现地控制单元硬件故障诊断：可在线或离线自检设备的故障，故障诊断能定位到模块。

2）软件故障诊断：应用软件运行时，若遇故障能自动给出故障性质及部位，并配置相应的软件诊断工具。

3）失电保护功能：当电源消失时，监控系统将保持原有的状态；当电源恢复时，监控系统将自动恢复并且其参数和程序不变。

7. 下水库现地控制单元（LCU）功能

（1）数据采集和处理。采集下水库 2 套水位信号，并上送中控级；采集下水库出/进水口闸门和下水库溢洪道闸门的位置信号及闸门控制系统信号；采集下水库出/进水口闸门前后压差及拦污栅前后压差；采集下水库 10、0.4kV 配电系统信号；采集下水库 220V 直流系统状态量、保护报警量。将采集到的模拟量经处理后上送中控级，同时对这些量进行越限检查，当发生越限时进行报警；各 RTD 数据采集应具有断线闭锁功能。

状态量、报警量发生状态变化时及时上送中控级。进行事件顺序记录。根据中控级的要求上送数据。

（2）控制与显示。接收中控级的命令完成远方操作控制任务，同时通过LCU上的开关、按钮完成现地监视和控制功能。

显示下水库设备的运行状态及运行参数；显示下水库有关操作监视画面、各种事故和故障报警信息等。对下水库 10kV 系统各断路器的分/合操作、0.4kV 厂用电进线及母联断路器的分/合操作。

当下水库水位高或低时报警，过高或过低时，作用于停机（可先报警，并经一定时限后自动停机）。

（3）通信功能。

与中控级的通信，将 LCU 采集到的数据及时准确地传送到中控级计算机，同时接收中控级发来的控制命令，并将执行结果回送中控级。

接收卫星同步时钟信号，以保持与中控级时钟同步。

与相关控制系统（下水库出/进水口闸门控制系统、溢洪道闸门控制系统、220V 直流电源系统等）的通信采用以太网或现场总线方式。

（4）自诊断及维护功能。

1）现地控制单元硬件故障诊断：可在线或离线自检设备的故障，故障诊断能定位到模块。

2）软件故障诊断：应用软件运行时，若遇故障能自动给出故障性质及部位，并配置相应的软件诊断工具。

3）失电保护功能：当电源消失时，监控系统将保持原有的状态；当电源恢复时，监控系统将自动恢复并且其参数和程序不变。

3.4 计算机监控系统配置及设备选型

3.4.1 概述

系统应包含中控级设备、现地控制单元设备、独立光纤硬布线紧急操作装置和防水淹厂房系统等。电站中控级采用高度冗余设计，为双主计算机互为热备用方案，局域网络采用冗余光纤快速交换式以太环网结构（1000Mbit/s）；独立光纤硬布线紧急操作装置采用独立的光纤及 PLC 等控制设备，实现事故闸门紧急关闭及机组紧急停机的功能。

3.4.2 配置及选型原则

（1）系统采用开放式、分布式技术和面向对象的技术。

（2）为了满足系统的实时性要求和保证系统具有良好的开放性，硬件平台采用先进的、符合当今工业标准的产品。

（3）系统设备满足电厂环境下的监控要求，设备易操作、维护，采用模块化结构，便于扩展，所有的部件根据国际标准承受绝缘耐压和冲击耐压试验而无损坏。

（4）系统能适应于功能扩展，新功能的扩展可以通过现有的硬件或增加新的节点而方便地实现；按功能和控制对象配置硬件，将功能尽可能分散。

（5）为了提高系统的可维护性和可利用率，减少人员培训费用和系统维护费用，便于调试及运行人员掌握，整个系统尽量采用相同类型的硬件平台，并满足机组现地控制单元分期投运的要求。

（6）监控系统内外设备通信尽量采用数字化、网络化通信，并以"以太网"和"现场总线"为主要的网络形式，尽量减少控制电缆及其带来的隐患和安装维护工作量，同时增加信息交换量，增强通信能力。

（7）计算机监控系统重要的部件采取冗余设计，双重化配置，可靠保证计算机监控系统安全稳定运行。

（8）网络设备是连接中控级和各现地控制单元的重要枢纽，应采用双重化冗余配置。

（9）冗余计算机的主备模式均为热备用方式，在主用计算机出现故障时，备用计算机能无扰动地切换成主机运行。双机自动切换控制系统实现主用方式与备用方式的自动/手动切换操作，并包括双机切换报警，双机之间每台计算机状态的自动跟踪等。

（10）各服务器/工作站应统一厂家。系统硬件应为国际知名品牌，并在中国电力行业取得应用许可，服务时间至少已达 5 年。

（11）在满足运行可靠和各监控功能的前提下，尽量优化现地控制层配置，以体现简单、可靠，便于维护。

（12）每套计算机系统采取措施保证在失电情况下被动停机时，存储器无数据丢失，当电源恢复时，能自动再启动及软件、硬件的 WATCH-DOG 功能。

（13）现地控制单元的 CPU 模块、电源模块、通信模块、主机架采用双重化配置。

3.4.3 网络结构

（1）主监控网络：在网络结构中，采用双主干环网配置。主干网络交换机采用 1000M 以太网交换机，环网交换机之间采用 1000Mbit/s 通信接口连接，网络连接介质采用单模光纤，通信协议采用 TCP/IP，网络设备选用适合于电站环境的工业级以太网交换机，冗余网络采用二根独立的光缆连接。

（2）现场设备网络：面向监控对象的现场设备网络采用以太网和现场总线技术，总线协议在 Profibus-DP、Modbus、Modbus-Plus、Device net、IEC 60870-5-101、IEC 60870-5-104 等协议中选取，并以一种总线协议方式为主，种类不超过 3 种。

3.4.4 电站中控级设备

电站中控级设备主要包括 2 套实时数据服务器、2 套历史数据服务器、1 套磁盘阵列、2 套中控室操作员工作站、1 套地下厂房控制室操作员工作站、1 套工程师/维护工作站、1 套培训工作站、1 套语音报警工作站、1 套报表工作站、1 套厂内通信工作站、2 套调度通信工作站、2 套中控级交换机、2 套 UPS 电源、1 套卫星同步时钟系统、3 台打印机、2 套工作台等设备。

监控系统配置参见附录中计算机监控系统配置图。

3.4.5 现地控制单元设备

电站现地控制单元设备主要包括机组 LCU（每台机 1 套）、1 套地下厂房公用 LCU、1 套主变压器洞 LCU、1 套开关站 LCU、1 套上水库 LCU、1 套下水库 LCU、1 套中控楼 LCU。

（1）LCU 的 CPU 采用冗余热备系统，每个 LCU 配置冗余主机架、冗余 CPU、冗余以太网通信方式、冗余电源供电方式。热备系统切换时不应产生扰动，热备切换时间在 1 个扫描周期以内。网络上任何节点的故障均不应影响网络及其他各节点的正常工作。

（2）每个 LCU 柜内应配置 2 套 100M 的工业级网络交换机，LCU 柜内每个 CPU 机架的双以太网口分别与各自 LCU 的 2 套网络交换机相连。

（3）全部模块应采用标准化模件，均支持带电插拔。输出模板故障可预定义，LCU 应方便地与采用不同规约的现场总线的设备通信。

（4）每个 LCU 分别配置两套互为热备用的电源装置，每套电源装置采用两路电源（一路 AC 220V 厂用电、一路 DC 220V 电源）同时供电方式，一路电源失电不影响各 LCU 的正常工作和实时数据的采集。

（5）LCU 电源突然中断或恢复、电压波动时，不应出现误动作。LCU 具有电源故障保护、外部电源隔离和电源恢复自启动等功能。

（6）LCU 应带有丰富的、成熟的系统软件、支持软件及应用软件。

3.4.6 独立光纤硬布线紧急操作装置

电站配置 1 套独立的硬布线紧急操作装置，并分别在厂房公用设备现地控制单元（或独立的控制柜/箱）、上/下水库（如下水库为事故闸门）现地控制单元（或独立的控制柜/箱）及中控楼现地控制单元中（或独立的控制柜/箱）设置控制回路，并设置独立的电源回路（包括直流小开关及其直流电源监视回路）和出口动作回路。

（1）在电站中控室设置 1 套紧急按钮控制箱，箱体上设置机组紧急事故停机按钮、上水库进出水口事故闸门紧急关闭按钮、机组尾水事故闸门或下水库事故闸门紧急关闭按钮、防止水淹厂房保护按钮，按钮宜采用自保持式。

（2）在地下厂房机旁（发电电动机层两端）各设置 1 套紧急按钮控制箱，箱体上设置防止水淹厂房保护按钮，动作于机组紧急事故停机、上水库进出水口事故闸门紧急关闭、机组尾水事故闸门或下水库事故闸门紧急关闭，按钮宜采用自保持式。

（3）在地下厂房公用设备现地控制单元（或独立的控制柜/箱）设置 1 套独立的硬布线紧急控制回路，采集来自中控室的按钮信号、水淹厂房紧急按钮控制箱上的紧急按钮动作信号、厂房水位异常升高报警信号等，通过中间继电器输出机组事故停机命令、机组尾水闸门或下水库事故闸门紧急关闭命令、上水库进出水口闸门紧急关闭命令，并通过硬布线输出信号至机组水机保护回路。

（4）上、下水库（如下水库为事故闸门）现地控制单元内（或独立的控制柜/箱）设置 1 套独立硬布线紧急控制回路，将地下厂房、中控室传来的关闭闸门命令输出至相应的事故闸门控制柜。

（5）所有紧急按钮应设有防护罩，以避免误动，并应具有完善、可靠的闭锁措施。

3.4.7 防水淹厂房保护系统

为及时检测水淹厂房并采取紧急措施，电站应设置 1 套防水淹厂房保护系统。有控制室的地方均要设置防水淹厂房按钮。

（1）在厂房最低层及厂房可能最早遭受水淹的部位设置不少于 3 套水位信号器。

（2）每套水位信号器至少包括两对触头输出，当水位达到第一上限时报警，当同时有 2 套水位信号器第二上限信号动作时，作用于紧急事故停机并发水淹厂房报警信号，启动水淹厂房事故广播系统（声光报警）。

（3）设置 2 个防水淹厂房按钮箱，分别布置在发电电动机层两端。在洞外中控室及地下厂房控制室紧急停机按钮控制箱上布置防水淹厂房按钮。

（4）设置一套防水淹厂房控制柜（箱）或设置在计算机监控系统公用 LCU 柜内，布置在公用 LCU 室。

（5）设置声光报警装置，分散布置在地下主、副厂房各层，主变压器洞、尾闸洞、中控室、开关站、进入地下厂房各入口等各处。

（6）水淹厂房报警信号和停机信号分别输出至独立光纤硬布线紧急操作系统 PLC 及地下厂房公用设备现地控制单元。

（7）控制系统在浸水或断电等情况下，存储的数据可读取。

3.5 计算机监控系统主要技术参数和技术要求

3.5.1 系统总体性能

1. 实时性

（1）计算机监控系统设备的实时性反映在系统的各种响应时间上，包括微处理机处理、存储器存储、数据采集及处理、通道传输、软件等的速度或效率，同时还应考虑故障时重载对响应时间的影响。

（2）单元级 LCU 响应能力。电气模拟量采集周期不大于 1s。非电气模拟量的采集周期不大于 1s。温度量采集周期不大于 1s。一般数字量采集周期不大于 1s。事件顺序记录（SOE）分辨率不大于 1ms。

（3）中控级的响应能力。

1）中控级数据采集时间包括单元级 LCU 数据采集时间和相应数据再采入中控级数据库的时间，后者应不超过 1s。

2）人机接口响应时间。

a. 调用新画面的时间：从调用指令开始到图像完全显示时间不大于 2s。

b. 在已显示的画面上实时数据刷新时间从数据库刷新后不大于 1s。

c. 操作员发出执行命令到控制单元回答显示的时间不超过 2s。

d. 报警或事件产生到画面字符显示和发出音响的时间不超过 2s。

3）中控级控制功能的响应时间。

a. 有功功率联合控制功能执行周期为 3s～3min 可调。

b. 无功功率联合控制功能执行周期为 3s～3min 可调。

c. 自动经济运行功能处理周期为 5～15min 可调。

d. 中控级自动控制命令执行的响应时间，即从控制命令发出到单元级控制点执行该控制命令的时间不超过 1s。

4）中控级对调度系统数据采集和控制的响应时间应满足调度系统的要求。

a. 所有传送信息的变化响应时间不大于 2s。

b. 事件顺序记录（SOE）分辨率不大于 1ms。

5）双机（工作站）切换时间。双机热备用，切换时保证无扰动、实时数据不丢失、实时任务不中断。

2. 可靠性

（1）系统中任何设备的任何故障均不应影响其他设备的正常运行，同时也不能造成所有被控设备的任何误动或关键性故障。

（2）中控级的各工作站或计算机（含磁盘）的 MTBF（故障平均间隔时间）应大于 20000h。

（3）单元级 LCU 的 MTBF 应大于 40000h。

（4）对于设备运行中 MTBF 的考核值可以考虑以设备正式投运后的两年时间为计算期限，其中包括正常停机时间。如果故障的处理时间超过规定的维修时间，则计算期限应相应延长。应采用制造厂提供的合格的备件来更换故障组件。

3. 可维修性

（1）可维修性参数平均修复时间（MTTR）一般应考虑在 0.5h 的范围内。

（2）应采取下列措施提高可维修性：

1）设备应具有自诊断和故障寻找程序，应按照现场可更换部件水平来确定故障位置；

2）应有便于试验和隔离故障的断开点；

3）应配置合适的专用安装拆卸工具；

4）互换件或不可互换件应有措施保证识别；

5）预防性维修不应引起磨损性故障；

6）应提高硬件的代换能力。

4. 可用性（率）

（1）计算机监控系统在最终验收时的可用率不得低于 99.97%。

（2）考核系统可用性（率）A的计算表达式为

$$A＝[可使用时间÷（可使用时间＋维修停机时间）]×100\%$$

其中，所有时间的单位均为小时（h）。

$$可使用时间＝考核（试验）时间－维修停机时间$$

5. 系统安全性

（1）安全设计原则。

1）电力二次系统安全防护的总体原则为"安全分区、网络专用、横向隔离、纵向认证"，以保证电力监控系统和电力调度数据网络的安全。

2）正常情况下，计算机监控系统的调度级、中控级、现地控制单元级均能实现对电站主要设备的控制和调节，并保证操作的安全和设备运行的安全。

3）计算机系统故障时，上一级的故障不应影响下一级的控制调节功能和操作安全，即调度级及其通信通道故障时，不应影响中控级和现地控制单元级的功能，而中控级故障时，不应影响现地控制单元级的功能。

4）当现地控制单元级故障，甚至整个监控系统均同时故障时，监控系统不具备正常的控制和调节功能（如机组启动），但仍应有适当措施保证电站主要设备（如机组）的安全，或者将它们转换到安全状态（如停机）。此外，应设有简单可靠的硬布线紧急停机回路，独立于监控系统之外（从控制电源到出口回路完全独立），用于事故紧急情况下停机。

（2）操作安全。

1）对系统每个功能和操作提供检查和校核，发现有误时能报警、撤销。设备的操作，应设置完善的软件闭锁条件，对各种操作进行校核，即使有错误的操作，也不应引起被控主设备的损坏。

2）对操作员的每次/每步操作，应设检查、提醒和应答确认，能自动禁止误操作并报警。

3）画面操作至少应分为选定设备对象、选定性质和确认3个步骤。

4）对任何自动或手动操作可作提示指导或存储记录。任何复杂的操作，都应可以选择自动或以分步操作方式实现，当以分步操作的方式实现时，每步操作，应设检查、提示指导和应答确认，并可中间停止，返回安全状态。

5）在人机通信中设操作员控制权口令，其级数不小于4级。

6）按控制级实现操作闭锁，其优先权顺序为：现地控制单元级最高，中控级第二，电力调度第三。

（3）通信安全。

应有以下保证通信安全性的措施：

1）系统设计应保证信息传送中的错误不会导致系统关键性故障。通信故障时发出报警。

2）监控网络的主通信通道采用冗余设置，应定期进行各网络通信通道检测，保证通道的正常工作，检测结果不正常时，进行报警及处理，切换到热备用通信通道并发出通道故障信号。如在1s内未能通信成功，则发出通信失败故障信号。

3）按照《电力二次系统安全防护总体方案》的要求，生产控制大区可以分为控制区（安全Ⅰ区）与非控制区（安全Ⅱ区），计算机监控系统（安全Ⅰ区）与非控制区（安全Ⅱ区）之间应采用具有访问控制功能的设备、防火墙或者相当功能的设施，实现逻辑隔离。

4）电站计算机监控系统通过电力广域网与网调、省调的通信，必须加装经过国家指定部门检测认证的电力专用纵向加密认证装置或者加密认证网关及相应设施。

5）监控系统与外部网络（如电站管理信息系统、水情自动测报系统等）的连接必须有物理隔离和其他安全措施，根据《电力二次系统安全防护规定》的要求，配置经国家指定部门检测认证的电力专用横向单向安全隔离装置。

（4）硬件、软件安全。

应有以下保证硬件、软件安全的措施：

1）监控系统实时数据服务器、历史数据服务器、调度通信工作站、厂内通信工作站等应使用安全加固的操作系统。加固方式包括安全配置、安全补丁、采用专用软件强化操作系统访问控制能力以及配置安全的应用程序。

2）应有电源故障保护和自动重新启动，且不会对电站的被控对象产生误操作。

3）有自检能力，检出故障时能自动报警。

4）设备故障能自动切除或切换到备用设备上，而不影响系统的正常运行，并能报警。

5）软件应具有完善的防错、纠错功能。软件的一般性故障应能登录且具有无扰动自恢复能力。

6）软件系统应有防止计算机病毒侵入的能力。

7）任何硬件和软件的故障都不应危及电力系统的完善和人身的安全。

8）系统中任何单个元件的故障不应造成生产设备误动。

6. 可扩性

（1）可扩性是系统增加新设备或新功能的能力。为了确定和实现系统的扩充，制造商应给出系统可扩性的限制。其主要限制包括如下：

1）中控级或单元控制级装置的点容量或存储器容量的极限；

2）使用有关例行程序、地址标志或缓冲器的极限；

3）数据速率极限；

4）增添部件时，接口修改或部件重新定位等设计和运行的极限。

（2）系统可扩性至少应满足以下基本要求：

1）对各单元控制级 LCU，每种类型的 I/O 点应留有不少于使用点的 20％的备用点，并配线到端子上；

2）中控级工作站的硬盘容量应有 80％以上的裕度；

3）应留有扩充现地控制装置、中控级工作站、外围设备或系统通信的接口等设备的余地；

4）通道容量应留有足够裕度，通道占用率应小于 50％。

7. 可变性

（1）对系统中控级和单元控制级装置中点设备的参数或结构配置应容易实现改变。

（2）对点的可变性要求：

1）应可实时由运行人员确定点的说明或改变此说明；

2）应可实时改变模拟点工程单位标度；

3）应可实时改变模拟点限值；

4）应可实时改变模拟点限制值死区；

5）应可实时改变输出点的时间；

6）应可实时改变控制点的参数。

（3）对已有的单元控制级各 LCU（或终端）在再构造时，应能满足下述各项变化：

1）应可实时在中控级数据库中为已有的单元控制级各 LCU 增加初始未提供或未定义的点；

2）应可实时在中控级数据库中为已有的单元控制级各 LCU 重新安排各

I/O 点的分类；

3）应可实时对单元控制级各 LCU（或终端）的通信接口地址、点设备地址等进行再分配并做相应的软件改变。

3.5.2 电站中控级设备

1. 实时数据服务器、历史数据服务器

服务器为高性能、多任务、多用户型服务器，两台服务器以冗余热备方式工作，应满足如下要求：

（1）结构形式：机架式。

（2）处理器类型：2 个，字长 64 位，采用 RISC 技术或更先进的技术。

（3）主频：不小于 1.2GHz，每颗物理 CPU 内核不小于 4core。

（4）高速缓存：单处理器不小于 4MB。

（5）内存：不小于 32GB，采用 ECC DDR3 技术或更新技术。

（6）硬盘：不小于 2 块 SAS 硬盘，单盘容量不小于 300GB，支持 Raid 0，1 高级功能。

（7）光驱：1 个 DVD 可读写驱动器。

（8）网络接口：4 个千兆以太网口。

（9）电源：可热插拔电源模块，硬件支持掉电保护、承受电压扰动和电源恢复后的自动重新启动功能。

（10）管理、图形化展示：提供中文系统管理软件，可对软硬件资源进行管理和监控。

（11）操作系统：64 位 UNIX 操作系统，无限用户使用许可，支持双机热备功能。

（12）冗余部件：冗余电源模块，冗余风扇模块。

（13）LED 显示器：1 台，屏幕尺寸不小于 17in，分辨率不小于 1280×1024，图像应稳定无闪烁无眩光，应具有抗电磁干扰的措施。

2. 磁盘阵列

磁盘阵列采用双通道光纤磁盘阵列，应满足如下要求：

（1）控制器：2 个硬件 RAID 控制器。

（2）高速缓存：不小于 2GB。

（3）主机接口：不小于 2 个 1GbiSCSI 接口，2 个 8GbFC 接口。

（4）硬盘：不小于 12×1TB，FC，10000RPM 热插拔。

Raid：支持 RAID0、1、3、5、6、10 等。

3. 操作员工作站

工作站为高性能、多任务、多用户型工作站，中控室两台工作站以冗余热备方式工作，应满足如下要求：

（1）结构：塔式。

（2）处理器类型：2 个，字长 64 位。

（3）主频：不小于 2.6GHz，每颗物理 CPU 内核不小于 4core。

（4）高速缓存：不小于 8MB。

（5）内存：不小于 16GB，采用 ECC DDR3 技术或更新技术。

（6）硬盘：不小于 1 块 SAS 硬盘，单盘容量不小于 500GB。

（7）光驱：1 个 DVD 可读写驱动器。

（8）网络接口：4 个千兆以太网口。

（9）电源：可热插拔电源模块，硬件支持掉电保护、承受电压扰动和电源恢复后的自动重新启动功能。

（10）显卡：3D 显卡 1 块，显示内存不小于 4GB。

（11）LED 显示器：2 台，屏幕尺寸不小于 27in，分辨率不小于 1920×1200，图像应稳定无闪烁无眩光，应具有抗电磁干扰的措施。

（12）管理、图形化展示：提供中文系统管理软件，可对软硬件资源进行管理和监控。

（13）操作系统：64 位 UNIX 操作系统，无限用户使用许可，支持双机热备功能。

（14）冗余部件：冗余电源模块，冗余风扇模块。

4. 工程师/维护工作站

除配置一台显示器外，基本配置和主要性能同操作员工作站。

5. 培训工作站

除配置一台显示器外，基本配置和主要性能同操作员工作站。

6. 语音报警工作站

语音报警工作站为高性能、多任务、多用户型工作站，并配置 1 套语音设备，应满足如下要求：

（1）结构：塔式。

（2）处理器类型：1 个四核处理器，字长 64 位。

（3）主频：不小于 3.0GHz。

（4）高速缓存：不小于 8MB。

（5）内存：不小于 8GB，采用 ECC DDR3 技术或更新技术。

（6）硬盘：不小于 1 块 SAS 硬盘，单盘容量不小于 500GB。

（7）光驱：配置 1 个 DVD 可读写驱动器。

（8）网络接口：配置 2 个千兆以太网口。

（9）电源：可热插拔电源模块，硬件支持掉电保护、承受电压扰动和电源恢复后的自动重新启动功能。

（10）显卡：3D 显卡 1 块，显示内存不小于 4GB。

（11）LED 显示器：1 台，屏幕尺寸不小于 27in，分辨率不小于 1920×1200，图像应稳定无闪烁无眩光，应具有抗电磁干扰的措施。

（12）管理、图形化展示：提供中文系统管理软件，可对软硬件资源进行管理和监控。

（13）操作系统：64 位 Windows 操作系统。

（14）GSM 短信收发装置：1 套。

（15）音频输出音箱设备：1 套。

7. 报表工作站

报表工作站为高性能、多任务、多用户型工作站，应满足如下要求：

（1）结构：塔式。

（2）处理器类型：1 个四核处理器，字长 64 位。

（3）主频：不小于 3.0GHz。

（4）高速缓存：不小于 8MB。

（5）内存：不小于 8GB，采用 ECC DDR3 技术或更新技术。

（6）硬盘：不小于 1 块 SAS 硬盘，单盘容量不小于 500GB。

（7）光驱：配置 1 个 DVD 可读写驱动器。

（8）网络接口：配置 2 个千兆以太网口。

（9）电源：可热插拔电源模块，硬件支持掉电保护、承受电压扰动和电源恢复后的自动重新启动功能。

（10）显卡：3D 显卡 1 块，显示内存不小于 4GB。

（11）LED 显示器：1 台，屏幕尺寸不小于 27in，分辨率不小于 1920×1200，图像应稳定无闪烁无眩光，应具有抗电磁干扰的措施。

（12）管理、图形化展示：提供中文系统管理软件，可对软硬件资源进行管理和监控。

（13）操作系统：64 位 Windows 操作系统。

8. 厂内通信工作站

语音报警工作站为高性能、多任务、多用户型工作站，应满足如下要求：

（1）结构：机架式。

（2）处理器类型：2 个四核处理器，字长 64 位。

（3）主频：不小于 2.0GHz。

（4）高速缓存：不小于 8MB。

（5）内存：不小于 8GB，采用 ECC DDR3 技术或更新技术。

（6）硬盘：不小于 2 块 SAS 硬盘，单盘容量不小于 500GB；支持 Raid 0，1 高级功能。

（7）光驱：1 个 DVD 可读写驱动器。

（8）2 个串行口，1 个并行口，2 个 USB 接口。

（9）6 个以太网口及同步时钟接口。

（10）串口扩展卡：不小于 8 路。

（11）电源：可热插拔电源模块，硬件支持掉电保护、承受电压扰动和电源恢复后的自动重新启动功能。

（12）LED 显示器：1 台，屏幕尺寸不小于 17in，分辨率不小于 1280×1024，图像应稳定无闪烁无眩光，应具有抗电磁干扰的措施。

（13）管理、图形化展示：提供中文系统管理软件，可对软硬件资源进行管理和监控。

（14）操作系统：64 位 Windows 操作系统。

9. 调度通信工作站

调度通信工作站宜采用无硬盘、无风扇的嵌入式结构的专用调度通信管理机，如电力系统调度机构对调度通信工作站有特殊要求，应按电力系统调度机构配置。调度通信工作站应满足如下要求：

（1）中央处理单元（CPU）：2 个，字长 32 位及以上，主频不小于 56MHz。

（2）存储器：固态 CMOS 型或与其相当的形式，不小于 32MB，应留有 40% 以上的裕量。

（3）软件：通信工作站的软件应固化于非易失性存储器中，应随设备提供

程序支持工具，以便于对程序进行检查、维护和修改，程序编制应采用面向生产过程的高级语言进行；应具有自检功能，对硬件和软件进行监视。

（4）电源：每个通信工作站采用电源模块冗余供电的方案，每个电源模块的额定容量应大于系统全部负荷的 125%，可带电插拔；应具有电源故障保护和电源恢复自动再启动特性。

（5）对时：通信工作站既可由电站卫星同步时钟系统进行时钟校时，也可实现与调度主站的时钟同步。

网络支持：6 个网络接口，支持快速以太网 IEEE 802.3u，TCP/IP 协议等。

串行口：8 个。

10. 时钟同步系统

时钟同步系统包含主时钟和二级时钟两级，主时钟采用双套冗余结构，每套均可接收北斗二代及 GPS 信号，以北斗卫星对时为主、全球定位系统（GPS）对时为辅。应满足如下要求：

（1）正常状态下，可同时跟踪至少 8 颗卫星。卫星同步丢失后能够连续、稳定、高精度地输出与接收机原始秒脉冲同步的替代日、时、分、秒脉冲，并维持内部时钟的精确性（即内部守时功能）。

（2）捕获时间：热启动时小于 2min，冷启动时小于 20min。

（3）天线接收灵敏度：优于 −163dbm。

（4）天线长度：支持不小于 100m。

（5）时间精度：±1μs。

（6）输出信号：支持时脉冲、分脉冲、秒脉冲、IRIG-B 信号、串口报文、NTP/SNTP 网络对时。

（7）时钟同步系统应满足全厂控制、保护、故障录波、计量、通信、消防和工业电视等各个装置的统一授时。

11. 网络交换机

网络交换机应选用高性能的工业级以太网交换机，符合 DL/T 1241 的要求，并应满足如下要求：

（1）结构：模块化结构。

（2）网络结构：支持环形、星形、总线形拓扑结构。

（3）工作温度：−40～+70℃。

（4）散热：自然散热，无风扇设计。

（5）网络管理：支持 SNMPv1/v2/v3 网管、支持 Web 界面管理。

（6）安全管理：支持端口访问控制、用户权限管理、VLAN 设定、端口 MAC 地址绑定等。

（7）整机吞吐量：应等于端口速率×端口数量。

（8）存储转发时延：不大于 $10\mu s$。

（9）时延抖动：不大于 $1\mu s$。

（10）帧丢失率：零丢帧。

（11）网络风暴抑制：不大于 110%设定值。

（12）环网恢复时间：不大于 50ms。

（13）QoS：支持 IEEE 802.1p 流量优先级控制标准。

（14）电源：冗余电源模块，应支持交流和直流供电。

（15）其他：应支持组播及端口镜像功能。

12. UPS 设备

UPS 设备应采用电力专用 UPS，符合 GB/T 7260《不间断电源设备》的要求，并应满足如下要求：

（1）结构：采用模块化结构，由 $N+1$ 个模块构成，单个模块容量不小于 2.5kVA。

（2）最大容量：应至少支持 60kVA 以上总容量，实际容量可在总容量内按模块任意组合。

（3）保护功能：应有过电压、过电流保护及电源故障信号，电源输入回路应有隔离变压器和抑制噪声的滤波器，电源输出回路应配有隔离变压器。

（4）波形失真：不大于 4%。

（5）过负荷能力：125%负荷连续运行 5min。

（6）噪声：不大于 50dB。

（7）输出容量：正常时 UPS 容量裕度应大于 50%；中控室 UPS 容量不低于 20kVA，地下厂房 UPS 不低于 5kVA。

（8）信号及指示：UPS 的面板上应装设用于指示电源系统工况、内部功能、保护功能状态的信号指示灯、各所需仪表及内部故障的报警信号指示，并输出空接点；提供现场总线通信接口。

（9）馈线：每个馈线回路应设自动空气开关，配置短路及过负荷保护。

中控楼 UPS 设备宜配置单独的蓄电池，蓄电池采用免维护阀控式密封铅酸胶体式蓄电池。地下厂房 UPS 不单独配蓄电池，直流输入回路接至地下厂房直流电源系统馈线回路。蓄电池要求如下：

（1）运行温度：$-10\sim+45℃$条件下，蓄电池性能指标应满足正常使用要求。

（2）寿命：环境温度 $20\sim25℃$ 条件下，浮充运行寿命应不低于 15 年。

（3）容量：蓄电池容量应不小于满负荷放电 2h。按规定的试验方法，10h 率容量应在第一次充放电循环时不低于 $0.95C_{10}$，五次循环应达到 C_{10}。2V 蓄电池放电终止电压为 1.85V，12V 蓄电池终止电压为 11.10V。0℃时蓄电池有效可用容量应不低于 85%额定 10h 放电率容量。

（4）结构：蓄电池必须采用全密封防泄漏结构，外壳无异常变形、裂纹及污迹，上盖及端子无损伤，正常工作时无酸雾溢出。蓄电池间接线板、终端接头应选择导电性能优良的材料，并具有防腐蚀措施。蓄电池槽、盖、安全阀、极柱封口剂等材料应具有阻燃性。

13. 核心系统防护软件

核心系统防护软件应采用同时通过公安部和国网安全测评的操作系统安全防护产品，应满足如下要求：

（1）具有公安部颁发的安全专用产品销售许可证，具备国家安全操作系统第四级要求的测评报告和计算机信息系统安全专用产品销售许可证。

（2）通过国家电网安全实验室测评合格 5 年以上，并提供测评报告；在抽水蓄能电站中有成功运行的案例。

（3）具有跨平台功能，可运行于 UNIX、Windows 等多种平台。

（4）安装和卸载容易，安装不修改操作系统内核，不需重启系统，卸载后系统可完全恢复到安装前的状态，系统断电重启时仍能保持原有安全设置。

（5）运行开销小，且对正常用户透明。

（6）支持基于数字签名的强身份认证，接管系统原有的访问控制权限机制，允许对用户操作权限进行细致划分，有效控制每个用户所使用的资源，消除超级用户权限过大带来的安全隐患。

（7）提供进程保护功能，防止重要进程被意外终止，以保障关键性服务程序的稳定运行。

（8）提供堆栈溢出保护功能，以抵御常见的缓冲区溢出攻击。

（9）支持对网络数据流量的双向过滤。

（10）提供主机防火墙，具有独立的日志系统，并提供查询和审计工具。

（11）具有主机 IPS 功能，能够识别入侵行为或违反安全策略的操作，并自动做出阻断、报警等响应。

（12）提供口令质量控制功能，可以限制口令的最大最小长度、特殊字符的最少数量、口令使用期限等属性。

（13）支持远程集中管理，可以通过远程控制台对安装了内核防护系统的主机进行统一的管理和配置，并提供远程控制台的全套软件运行环境。

（14）界面友好，易于安装、配置和管理，并有详尽的技术文档，所有文档资料均为中文。

3.5.3 现地控制单元设备

1. 可编程控制器（PLC）

现地控制单元的控制器应采用一流品牌的可编程控制器（PLC）。PLC 应有单机容量在 250MW 以上水电站成功运行 1 年以上的应用业绩。PLC 应具有中国电力科学研究院或国网电力科学研究院的安全评测报告。

PLC 应符合 GB/T 15969《可编程序控制器》的要求，并满足如下要求：

（1）中央处理器。

1）字长：32 位及以上。

2）主频：不小于 266MHz。

3）内存：不小于 4M。

4）负载率：不大于 50%。

5）冗余：应支持热备工作方式。

6）单条指令的执行时间：布尔不大于 $0.08\mu s$，浮点不大于 $0.5\mu s$。

7）通信接口：应支持 Modbus、Profibus-DP 等通信协议。

8）保护功能：应具有掉电保护功能和电源恢复后的自动重新启动功能。

（2）输入、输出过程接口设备（I/O 模块等）一般要求。

I/O 模块应选用和 CPU 模块为同序列同档次产品，应为标准单元插件式，同类插件可互换。所有 I/O 模块应满足如下要求：

1）绝缘耐压：在 500V 以下，60V 及以上端子对外壳间能承受交流 2500V（RMS），1min；60V 以下端子对外壳间能承受交流 500V（RMS），1min。

2）冲击耐压：$1.2\mu s/50\mu s$ 冲击波 5kV。

（3）数字量输入。

1）数字量输入包括状态量输入和报警、事故开关量输入。

2）数字量输入信息应由独立的动合或动断触点提供，由 I/O 模块电源供电。

3）应设防止接点抖动的滤波措施。

4）信号输入都应采用光电隔离和电涌吸收回路。光电隔离器能承受 1500V（RMS），1min 的绝缘水平。

5）每个 DI 点都有一个 LED 指示器，当输入接点闭合时，即有指示。

（4）模拟量输入（AI）。

1）一般电气模拟量为 4～20mA。

2）测温电阻（RTD）输入接口应能直接与三线引入的 Pt100 测温电阻相连接。

3）现地控制单元应有高精度的内部参考值，以校验 A/D 转换器在零值和满刻度的读数，可对 A/D 转换精度自动检验或校正。

4）模拟输入接口参数还应满足：

A/D 分辨率不低于 11 位加 1 位符号位。

转换精度：包括接口和 A/D 转换，误差小于满量程的 $\pm 0.1\%$。

共模抑制：不小于 90dB。

差模抑制：不小于 60dB。

绝缘耐压：500V（RMS），1min。

转换时间：不大于 $250\mu s$。

最大温度误差：$0.01\%/℃$。

（5）数字量输出（DO）。

1）数字量输出应采用继电器隔离或光隔离。继电器接点容量和电压应满足所接负荷的要求，并留有充分的裕度，由独立的电源供电。

2）开关量输出继电器的接点除特殊要求外，应能承受 DC 220V 2A 的负载，输出接点应为空接点。

3）输出继电器应为插入式，带防尘罩，继电器耐压水平为 2000V（RMS），1min；分支回路绝缘电阻不少于为 1MΩ，母线绝缘电阻不少于 10MΩ。

4）每一数字输出应有 LED 指示器反映其状态。

（6）模拟量输出（AO）。

1）模拟量输出信号 4～20mA，负载能力不小于 500 Ω。

2）从数据库到输出，其转换误差不大于满刻度的 $\pm 0.1\%$。

3）模拟输出口的耐压水平为 500V（RMS），1min。

4）模拟输出应有 12 位以上的 D/A 转换器。

2. 同期装置

每套机组现地控制单元配有 1 套单对象数字式自动准同期装置、1 套手动准同期设备和 1 套同期检查继电器及相应闭锁回路。开关站现地控制单元设 1 套多对象自动准同期装置、1 套手动准同期设备和 1 套同期检查继电器及相应闭锁回路。

自动准同期装置采用双通道配置，应满足 JB/T 3950—1999《自动准同期装置》的要求，并满足以下要求：

（1）通过软件及装置实现导前角时间测试，实现压差、相差、频差可调节。

（2）电压调整范围 0～±10%，连续可调。

（3）频率差（ΔF）0.01～0.5Hz，连续可调；ΔF 设置值与实际合闸时频率差小于 0.01Hz。

（4）断路器导前合闸时间为 0.05～0.5s（精确到 1ms），连续可调。

（5）同期装置应具有自诊断功能。

第 4 章 继电保护及自动装置

4.1 主设备继电保护及自动装置

4.1.1 编制依据

继电保护及自动装置应遵守以下标准、规程规范，所用标准为最新版本标准，当各标准不一致时，应按较高标准的条款执行。

GB/T 7261—2016 继电保护和安全自动装置基本试验方法

GB/T 11287—2000 电气继电器 第 21 部分：量度继电器和保护装置的振动、冲击、碰撞和地震试验 第 1 篇：振动试验（正弦）

GB/T 14285—2006 继电保护和安全自动装置技术规程

GB/T 14537—1993 量度继电器和保护装置的冲击与碰撞试验

GB/T 14598.27—2017 量度继电器和保护装置 第 27 部分：产品安全要求

GB/T 14598.301—2010 微机型发电机变压器故障录波装置技术要求

GB/T 17626（所有部分） 电磁兼容 试验和测量技术

GB/T 14598.3—2006 电气继电器 第 5 部分：量度继电器和保护装置的绝缘配合要求和试验

GB/T 14598.300—2017 变压器保护装置通用技术要求

GB/T 14598.301—2010 微机型发电机变压器故障录波装置技术要求

GB/T 14598.24—2017 量度继电器和保护装置 第 24 部分：电力系统暂态数据交换（COMTRADE）通用格式

GB/T 14598.26—2015 量度继电器和保护装置 第 26 部分：电磁兼容要求

GB/T 14598.27—2017 量度继电器和保护装置 第 27 部分：产品安全要求

NB/T 35010—2013 水力发电厂继电保护设计规范

DL/T 478—2013 继电保护和安全自动装置通用技术条件

DL/T 553—2013 电力系统动态记录装置通用技术条件

DL/T 667—1999 远动设备及系统 第 5 部分：传输规约 第 103 篇：继电保护设备信息接口配套标准

DL/T 720—2013 电力系统继电保护及安全自动装置柜（屏）通用技术条件

DL/T 5218—2012 220kV～750kV 变电站设计技术规程

4.1.2 主设备继电保护及自动装置设计原则

（1）发电电动机、主变压器和短线保护应双重化配置（非电量保护除外），形成完全独立的两组保护，电流互感器和电压互感器的二次回路应相互独立，电源和出口继电器也应相互独立。保护范围应交叉重叠，避免死区。两组保护中同一功能的保护应尽量采用原理不同而主要指标相近的设计原则，每组保护应单独设屏。对仅配置一套主保护的设备，应采用主保护和后备保护相互独立的装置。

（2）继电保护及自动装置应具有时钟同步功能，应满足与电站时钟同步接口的要求。

（3）继电保护及自动装置应配有与电站继电保护及故障信息管理系统通信

接口。

（4）电站继电保护及故障信息管理系统应与发电电动机、主变压器、高压短引线、高压厂用变压器、SFC 输入变压器、厂用电保护装置及故障录波装置等进行网络通信，组成电站继电保护信息管理网络。

（5）对地下厂房与开关站、中控楼之间保护信号的传送采用光纤通信的方式，每个发电电动机和主变压器单元应采用两根独立的通信光缆和两套独立的继电保护光纤通信接口装置，分别用于两组保护装置。

（6）短线保护采用分布式光纤差动保护，每段短引线的两组保护应分别采用两根独立的通信光缆连接，每根光缆的备用芯数不少于 4 芯。

（7）对于较长距离保护接点信号接收及装置间不经附加判据直接启动跳闸的开入量，应经抗干扰继电器重动开入。

（8）应配置跳闸回路监视装置，对发电电动机断路器、高压厂用变压器高压侧断路器、高压厂用变压器低压侧断路器、SFC 输入断路器、励磁变压器低压侧断路器和励磁系统磁场断路器的跳闸回路进行监视。

4.1.3 主设备继电保护及自动装置功能要求

1. 继电保护功能要求

（1）保护装置在其被保护设备发生故障时都能起到保护作用，其中包括电动工况启动、工况转换以及电制动过程中所发生的各种故障。

（2）保护装置在下列情况下不应误动：

1）电压互感器二次回路断线；

2）电流互感器二次回路断线（差动保护除外）；

3）电力系统振荡；

4）发电电动机发电和电动工况启动过程和停机过程，工况转换和电制动过程；

5）直流电源投切操作；

6）直流回路一点接地；

7）保护装置元件故障；

8）大气过电压、系统谐波和电磁波干扰。

（3）保护装置应在其面板上提供一组按键和一个 LCD 显示器，用于人机对话，实现保护定值的整定、被测参数实时显示等。保护装置的功能软件和整定值修改均必须设置密码以确保安全，所有的保护整定值应存储在非易失存储器中。保护装置的整定值、动作时间应能通过数字式保护校验仪进行监视。

（4）除了 LCD 显示器外，在保护装置面板上，应设有屏内各保护功能的动作信号和装置故障信号（采用 LED 显示）指示，该信号只有在动作条件复位后，经过一个安装在保护柜面板上的复归按钮复归。

（5）各保护装置的每组动作应有相应的无源接点输出，应满足外引跳闸、录波、紧急停机、消防控制、计算机监控系统需要，并应有备用接点（至少两对）。

（6）保护装置应设有足够数量的试验部件，各保护装置应能在运行中，利用试验部件安全地对每个出口回路进行投、切操作。对单个出口回路操作时，应不影响其他出口回路。投切操作应可在柜前面板上进行。切除时，应形成明显的断开点。各保护系统的跳闸逻辑电路，要便于外部保护跳闸信号的引入。保护装置应有足够数量的输入、输出通道，以保证参与保护闭锁的信号采用独立的硬布线接入，闭锁回路应能按外部指令，自动闭锁在各种运行工况下可能误动的保护功能。

（7）主变压器非电量保护应设置独立的电源回路（包括直流小开关及其直流电源监视回路）和出口跳闸回路，且必须与电气量保护完全分开，在保护柜上的安装位置也应相对独立。主变压器各非电量保护的动作信号应能方便、可靠地按运行需要，接入主变压器保护系统的二组保护中。

（8）当机组工况转换引起相序改变时，保护系统的换相问题应在软件中解决。

（9）为了防止个别保护在运行工况转换后被误闭锁，保护系统至少应根据两个以上外来独立信号（如工况信号、换相开关位置），进行投运、闭锁操作。

（10）保护系统的硬件和软件应具有完善的自动检测功能、长期监视功能、容错功能和动作记录存储功能，以提高保护系统的可靠性。保护装置在单元件损坏时不误动，即启动元件和测量元件分开，互相闭锁。当某一组保护的部分硬件或软件故障时，应闭锁该部分保护出口，并发出告警信号、指示故障部位，并不影响该组保护其他部分和另一组保护系统的正常工作。

（11）在保护整定值不超过电流互感器准确限值时微机保护装置的采样频率应保证在电流互感器过饱和情况下保护动作要求，并留有足够裕度。机组保护应采用合适的算法和采样频率，使保护装置在机组启动到甩负荷的频率范围内，能保持完好的性能和灵敏度。

（12）保护装置应具有事件记录和故障录波功能，以记录故障的发生过程，为分析保护动作行为提供详细、全面的数据信息。保护装置应能输出装置的故障记录，包括时间、动作事件报告、动作采样值数据报告、定值修改、定值区切换等，记录应保证充足的容量。装置掉电后，相应的记录不应丢失。

（13）保护装置应具有与电站同步时钟系统直流 B 码对时，实现时钟同步，以保证事件记录时间的一致性，同步误差应不大于 1ms。

（14）保护装置应提供足够数量的数字通信接口，以实现以下通信要求：

1）提供一个与便携式计算机调试终端通信的通信接口，要求接口置于柜前。

2）分别提供与计算机监控系统 LCU、电站继电保护信息网络通信的通信接口和附属设备，同时应满足电站计算机监控系统和调度继电保护及故障信息管理子站对通信接口设备和通信协议的要求，提供和开放保护装置的通信软件。

（15）保护装置保护功能投入的软、硬压板应一一对应，采用"与门"逻辑，以下压板除外：

1）变压器保护的各侧"电压压板"只设硬压板。

2）"远方操作"只设硬压板。"远方投退压板""远方切换定值区"和"远方修改定值"只设软压板，只能在装置本地操作，三者功能相互独立，分别与"远方操作"硬压板采用"与门"逻辑。当"远方操作"硬压板投入后，上述三个软压板远方功能才有效。

3）"保护检修状态"只设硬压板。对于采用 DL/T 860《电力自动化通信网络和系统》时，当"保护检修状态"硬压板投入，保护装置报文上送带品质位信息。"保护检修状态"硬压板遥信不设置检修标志。

（16）保护装置硬压板设置原则如下。

1）压板设置遵循"保留必需，适当精简"的原则。

2）每面屏（柜）压板不宜超过 5 排，每排设置 9 个压板，不足一排时，用备用压板补齐。分区布置出口压板和功能压板。压板在屏（柜）体正面自上而下，从左至右依次排列。

3）保护跳闸出口及与失灵回路相关出口压板采用红色，功能压板采用黄色，压板底座及其他压板采用浅驼色，压板断开不能有金属裸露。

4）标签应设置在压板下方或其本体上。

2. 继电保护光纤通信接口装置功能要求

（1）继电保护光纤通信接口装置分别布置于相应的地下厂房和开关站短线保护柜上，用于传输开关站与地下厂房之间的跳闸信号和切机信号（如当高压侧断路器失灵保护动作时，需要切除地下厂房相应的机组、跳 SFC 输入断路

器及厂用变压器高压侧断路器）。

（2）当地下厂房发电电动机相关保护、主变压器保护动作时需要跳开关站高压侧断路器等，输入、输出接点数量应满足实际需要。

3. 机组故障录波装置的功能要求

（1）能真实地记录机组、主变压器、高压厂用变压器和励磁系统等有关电气量情况，用于故障分析；

（2）录波装置应具有全面、灵活的启动方式；

（3）每台机组录波器的录波量应包括模拟量输入、开关量输入；

（4）故障录波器记录的系统故障前、故障中和故障后各段数据；

（5）故障录波装置应具有与电站同步时钟系统同步功能；

（6）录波器应至少设有两个通信接口；

（7）录波器应具有功能丰富、适应性强的综合分析软件；

（8）故障录波装置应能记录高次谐波；

（9）故障录波装置应有自检功能，装置自身发生故障时，应发出告警信号并在屏幕上显示出故障部位；

（10）录波结束后，应可打印输出故障报告。

4. 电站继电保护信息管理系统的功能要求

（1）电站设置 1 套电站继电保护信息管理系统（包括网络柜、子交换机设备、继保工程师站等），负责全站保护装置和故障录波装置的管理工作。

（2）电站继电保护信息网络应采用不小于 100Mbit/s 交换式工业以太网，网络必须符合工业通用的 IEEE 802.3u 等国际标准、TCP/IP 规约。网络交换机设备采用工业级以太网交换机，采用模块化结构。网络通信介质采用光缆。

（3）电站继电保护信息管理机、电站继电保护主交换机、分布在地下厂房各区域的保护装置、故障录波装置等通过光缆连接在一起，组成电站继电保护信息网络，电站继电保护信息网络又分为两个各自独立组网的保护装置通信子网和故障录波装置通信子网。电站继电保护信息管理机采集各装置所有输出信息。应满足《电力监控系统安全防护规定》等规定的要求。

（4）在电站继电保护管理系统主柜内，放置电站继电保护管理主机、保护装置通信主交换机和故障录波装置通信主交换机、规约转换器等。采集地下厂房和主变压器洞子交换机的信息，采集开关站 500kV 短线保护装置的子交换机的信息。主交换机一个端口与电站继电保护信息管理机相连，另一个端口与

调度继电保护及故障信息管理子站相连。

（5）电站继电保护信息管理机应具有丰富的、功能强大的故障分析、查询、统计、调试诊断、整定值设定、实时监视等功能软件。电站投运时安装的管理软件应是采用近年已成功运用及最新版本，应保证软件的及时升级更新。

4.1.4 主设备继电保护系统配置要求

1. 发电电动机保护配置

当单机额定容量为 150MW 及以上单级定速可逆式水泵水轮发电机组、发电电动机机端装设断路器和换相开关时，每台发电电动机及换相开关、启动回路配置 2 面保护屏（柜）（A、B 屏），双重化配置的保护分别安装在 2 面保护屏（柜）内，每面保护屏（柜）包含 1 套完整的且独立的保护系统。发电电动机保护配置如下：

（1）完全纵联差动保护（87G-A、87G'-A、87G-B、87G'-B）。作为发电电动机定子绕组内部及其引出线相间短路故障的主保护。其中 87G'-A、87G'-B 保护的保护范围包含启动母线和被启动母线，在同步拖动、被拖动和电制动过程中退出。保护瞬时动作于停机（发电电动机出口断路器跳闸、灭磁、关闭导水叶）。

（2）单元件横差保护（51GN-A、51GN-B）。作为发电电动机定子绕组内部匝间短路故障和分支开焊的主保护。保护反应匝间短路引起的中性点并联分支间的不平衡电流，由具有谐波抑制功能的瞬间动作交流过电流继电器构成。保护瞬时动作于停机。

（3）裂相横差保护（87GTD-A、87GTD-B）。作为发电电动机定子绕组相间和匝间短路、分支开焊故障的主保护，保护瞬时动作于停机。

（4）复合电压过电流保护（51/27G-A、51/27G-B）。作为发电电动机相间内部和外部短路的后备保护。过电流保护为记忆型，以防止因短路电流的衰减而使保护中途返回。保护延时动作于停机。

（5）发电工况负序过电流保护（46Gg-A、46Gg-B）。保护装置不仅作为发电电动机因外部故障或不平衡负荷引起的负序电流所产生过热现象的保护，还应是发电电动机及相邻设备不对称短路的后备保护。保护应由一个定时限负序电流元件和一个反时限负序电流元件构成。定时限延时动作于发信号，反时限延时保护动作于停机。

本装置仅在发电和发电调相运行工况下投入使用。

（6）电动工况负序过电流保护（46Gm-A、46Gm-B）。保护功能与（46Gg-A、

46Gg-B）相同。保护仅在电动和电动调相工况时投入。

（7）低频过电流保护（51/81G-A、51/81G-B）。在同步拖动、被拖动和电制动过程中，该保护作为发电电动机和启动母线相间短路故障的保护。保护装置适用频率范围的最低下限频率不大于 2Hz。保护延时动作于停机。

（8）低频保护（81G-A、81G-B）。在抽水工况及调相运行时，该保护作为失电故障或系统频率过低的保护，保护延时动作于停机。

（9）逆功率保护（32G-A、32G-B）。作为发电工况时出现泵水现象的保护，检测发电工况时由系统流向发电电动机的有功功率。保护在电动和调相工况时应予以闭锁。保护延时动作于停机。

（10）低功率保护（37G-A、37G-B）。保护装置检测从系统流向发电电动机的有功功率，在电动工况运行有功负荷消失时起保护作用。保护应在电动工况导叶打开后投入，并在系统有功负荷振荡时不误动。保护延时动作于停机。

（11）失磁保护（40G-A、40G-B）。保护由检测失磁状态的阻抗型继电器构成，应在各种机组运行工况下正确动作，而在可恢复型系统振荡、低励磁运行、外部短路故障以及电压互感器二次回路开路或短路等情况下，应可靠地防止误动。保护延时动作于停机。

（12）失步保护（78G-A、78G-B）。作为发电电动机因轴负荷过大，电压过低或其他故障等引起机组失步的保护。无论机组做发电机运行，还是做电动机运行，保护装置都应能在一个宽范围内（滑差频率从额定频率的 0.1%～10%），可靠地检测出第一次及随后出现的滑极情况。除不可恢复的功率振荡外，保护装置在任何其他故障及可恢复的功率振荡情况下，均不应误动。保护具有电流闭锁元件，断开断路器时的电流不应超过断路器允许开断的失步电流。保护延时动作于停机。

（13）定子过负荷保护（49G-A、49G-B）。本保护包括电流型保护和温度型保护两部分。电流型定子过负荷保护采用一个定时限过电流继电器作为发电电动机定子绕组过负荷保护，保护作用于信号。温度型过负荷保护装置应采用带有记忆功能的绕组发热特性模拟原理，记忆功能应能累计过负荷发生瞬间前的定子热含量，以防止过负荷热应力导致的绝缘损坏，保护延时动作于停机。

（14）过电压保护（59G-A、59G-B）。采用二段式定时限电压继电器作为发电电动机定子过电压保护。整定值应当与励磁系统的整定相配合，以保证强励的额定工况下不致误动。保护延时动作于停机。

（15）过励磁保护（59/81G-A、59/81G-B）。保护由二段式U/f继电器构成，作为防止发电电动机因铁芯饱和而过热的保护。由定时限和反时限两部分组成。定时限部分设两个定值，低定值设两个时限，第一时限发信号，第二时限动作于停机；高定值设一个时限动作于停机。反时限部分动作于停机。

（16）电压相序保护（47G-A、47G-B）。保护作用于鉴别机组电压相序与旋转方向是否一致。保护仅在机组启动过程中投入，作用于机组启动控制回路，保护延时动作于停机。

（17）100%定子接地保护（64S-A）。保护装置采用测量发电电动机机端开口三角、发电电动机中性点的基波零序电压和三次谐波电压的方法来检测定子接地故障，从而构成对定子绕组的100%保护。保护应具有100以上三次谐波滤过比。保护延时动作于停机。

（18）100%定子接地保护（64S-B）。无论发电电动机处于何种状态，包括停机、运行、开/停机过程（特定低频段除外），保护继电器均应能检测包括发电电动机中性点在内的整个定子绕组的接地故障。保护采用注入式原理。保护延时动作于停机。

（19）转子接地保护（64R-A）。保护应通过采用非注入式原理（如切换采样乒乓式原理等）监视转子的绝缘水平，检测转子一点接地故障。装置应消除励磁回路对地电容对保护的影响，且无动作死区。保护延时动作于发信号及动作于程序跳闸。要求配置独立的保护装置，安装在励磁系统设备柜内。

（20）转子接地保护（64R-B）。保护应通过采用注入式原理监视转子的绝缘水平，检测转子一点接地故障。装置应消除励磁回路对地电容对保护的影响，且无动作死区。保护延时动作于发信号。要求配置独立的保护装置，安装在励磁系统设备柜内。

（21）断路器失灵保护（50BF-A、50BF-B）。断路器失灵保护由发电电动机保护动作出口接点和能快速返回的相电流或负序电流判别元件及本断路器合闸位置辅助触点组成。保护应作用于重跳发电电动机断路器和相邻的断路器，并将故障机组停机。

（22）电流不平衡保护（46-A、46-B）。为防止发电电动机电制动停机时定子绕组端头短接接触不良的保护，保护可延时动作于停机。

（23）突然加电压保护（50/27G-A、50/27G-B）。为防止发电电动机静止或启停过程中意外突然加电压的保护，保护瞬时动作于停机。

（24）励磁绕组过负荷保护（49R-A、49R-B）。保护由定时限和反时限两部分组成。定时限部分：动作电流按正常运行最大励磁电流下能可靠返回的条件整定，带时限动作于信号和降低励磁电流；反时限部分：动作特性按发电机励磁绕组的过负荷能力确定，保护应能反应电流变化时励磁绕组的热积累过程，反时限保护动作停机。

（25）低电压保护（59L-A、59L-B）。作为水泵工况和调相工况运行时，发电电动机定子低电压保护。保护延时动作于停机。

（26）高频保护（81HG-A、81HG-B）。作为频率过高的保护，动作于程序跳闸。

2. 主变压器保护配置要求

每台主变压器及励磁变压器配置2面保护屏（柜）（A、B屏），双重化配置的电量保护分别安装在2面保护屏（柜）（A、B屏）内，每面保护屏（柜）包含1套完整的且独立的保护系统。1套非电量保护安装在其中1面保护屏（柜）内。主变压器保护配置如下：

（1）主变压器电气量保护。

1）纵差动保护（87T-A、87T′-A、87T-B、87T′-B）。作为主变压器内部及引出线短路故障的主保护。保护装置应具有躲避励磁涌流和外部短路时所产生不平衡电流的能力。保护装置应具有外部短路比率制动、励磁涌流二次谐波制动和过励磁五次谐波制动的能力；当内部短路电流特别大时，应解除制动。差动保护各侧电流的相角差和变比不同引起的偏差应能通过软件实现补偿。保护装置应能满足多端（不少于四端）TA接入要求，TA变比不同不应对差动保护功能造成影响。其中87T′-A和87T′-B保护的保护范围包含启动和被启动母线，在同步拖动和被拖动过程中需闭锁主变压器低压侧相关电流互感器。保护瞬时动作于断开主变压器相关各侧断路器（本联合单元主变压器高压侧断路器、高压厂用变压器断路器、SFC断路器、两台发电电动机断路器），并停机。

2）复合电压过电流保护（51T-A、51T-B）。作为外部相间短路引起的主变压器过电流的后备保护。保护延时动作于缩小故障范围或断开主变压器的相关各侧断路器，并停机。

3）零序电流保护（51TN-A、51TN-B）。保护由二段式定时限过电流继电器构成，作为主变压器高压侧及高压线路单相接地故障的后备保护。保护设两个时限，第一时限动作于缩小故障范围，第二时限动作于断开主变压器相关各侧断路器，并停机。

4）过励磁保护（59/81T-A、59/81T-B）。保护由二段式 U/f 继电器构成，作为防止主变压器因铁芯饱和而过热的保护。保护装置的设定应与变压器的磁通特性相配合。保护由定时限和反时限两部分组成。定时限部分设两个定值，低定值设两个时限，第一时限动作于发信号，第二时限动作于断开主变压器各侧断路器并停机；定时限高定值段和反时限部分动作于断开主变压器各侧断路器并停机。

5）主变压器低压侧接地保护（64T-A、64T-B）。作为主变压器低压线圈及低压侧分支短线单相接地故障的保护。装置由检测主变压器低压侧零序电压的继电器构成。继电器的三次和五次谐波抑制比不应小于30。保护延时动作于发信号和闭锁发电电动机断路器控制回路以防止合闸。

6）励磁变压器过电流保护（51ET-A、51ET-B）。保护由三相定时限过电流继电器构成。保护设两个时限，第一时限动作于停机、跳励磁变压器低压侧开关，第二时限动作于断开主变压器相关各侧断路器并停机。

（2）变压器非电量保护。变压器非电量保护应设置独立的电源回路和出口跳闸回路，并与电气量保护完全分开，并同时作用于断路器两个跳闸线圈。变压器非电量保护的引入电路应包括信号继电器、辅助继电器、连接片、跳闸和闭锁逻辑等电路。非电量保护中间继电器应由220V直流启动，启动功率大于5W，动作电压为55%～70%额定电压，动作速度不宜小于10ms。变压器非电量保护动作信号应输入变压器电气保护装置。变压器非电量保护至少应包括：

1）重瓦斯保护和轻瓦斯保护（45T）。重瓦斯保护瞬时动作于断开主变压器相关各侧断路器并停机；轻瓦斯动作于发信号。

2）温度（包括绕组温度及油温）保护（23T）。温度升高时动作于发信号，温度过高保护延时动作于断开主变压器各侧断路器并停机。

3）油位异常保护（71T）。油位过低或过高时动作于发信号。

4）油压速动保护。反映变压器故障时本体压力快速上升情况，油压速动报警信号动作于发信号，油压速动跳闸信号动作于断开主变压器相关各侧断路器并停机。

5）压力释放保护（63T）。保护瞬时动作于断开主变压器相关各侧断路器并停机。

6）冷却系统保护（62T）。当冷却系统故障或全停后瞬时发信号，全停后

7）励磁变温度保护（23ET）。温度升高动作于信号，温度过高时动作于断开主变压器相关各侧断路器并停机。

3. 短线保护配置要求

每段短引线的继电保护均配置A、B组两套短线差动保护装置（87B-A、87B-B）。

本装置作为主变压器高压侧至开关站侧高压断路器之间短线故障的主保护。保护装置应采用各分支电流具有单独制动特性、能可靠躲过外部故障不平衡电流的分布式母线差动保护。保护瞬时动作于本联合单元主变压器高压侧断路器、高压厂用变压器断路器、SFC断路器、两台发电电动机断路器，并停机。

4. 高压厂用变压器保护配置要求

每台高压厂用变压器配置1套保护系统，设置1面屏（柜），主保护、后备保护采用相互独立的装置。高压厂用变压器保护配置如下：

（1）纵联差动保护（87ST）。作为高压厂用变压器内部及引出线短路故障的主保护。保护装置应具有躲避励磁涌流和外部短路时所产生不平衡电流的能力。保护装置应具有外部短路比率制动、励磁涌流二次谐波制动和过励磁五次谐波制动的能力；当内部短路电流特别大时，应解除制动。保护动作于断开高压厂用变压器高、低压侧断路器。

（2）过电流保护（51ST）。作为差动保护的后备保护。保护设两个时限，第一时限动作于断开高压厂用变压器低压侧母线分段断路器，第二时限保护动作于断开高压厂用变压器高、低压侧断路器。

（3）过负荷保护（49ST）。保护带时限动作于发信号。

（4）温度保护（23ST）。温度升高时动作于发信号，温度过高时保护动作于断开高压厂用变压器高、低压侧断路器。

5. SFC输入变压器保护配置要求

每台SFC输入变压器配置1套保护系统，设置1面屏（柜），主保护、后备保护采用相互独立的装置。SFC输入变压器保护配置如下：

（1）纵联差动保护（87IT）。作为SFC输入变压器内部及引出线短路故障的主保护，纵联差动保护装置应具有躲避励磁涌流和外部短路时所产生不平衡电流的能力。保护装置应具有外部短路比率制动、励磁涌流二次谐波制动和过励磁五次谐波制动的能力；当内部短路电流特别大时，应解除制动。保护动作

于断开 SFC 输入断路器和停止 SFC。

当差动电流大于整定电流 2 倍时保护动作时间（故障发生起至保护装置输出跳闸脉冲）：不大于 35ms。

（2）过电流保护（51IT）。作为差动保护的后备保护，保护延时动作于断开 SFC 输入断路器和停止 SFC。

（3）过负荷保护（49IT）。保护带时限动作于发信号。

（4）非电量保护。变压器非电量保护应设置独立的电源回路，出口跳闸回路应完全独立，在保护柜上的安装位置也应相对独立。变压器非电量保护的引入电路应包括信号继电器、辅助继电器、连接片、跳闸和闭锁逻辑等电路。非电量保护中间继电器应由 220V 直流启动，启动功率大于 5W，动作电压为 55%～70% 额定电压，动作速度不宜小于 10ms。变压器非电量保护动作信号应输入变压器电气保护装置。油浸式变压器非电量保护至少应包括：

1）重瓦斯保护和轻瓦斯保护（45IT）。重瓦斯保护动作于断开 SFC 输入断路器和停止 SFC，轻瓦斯动作于发信号。

2）温度（包括绕组温度及油温）保护（23IT）。温度升高时动作于发信号，温度过高保护动作于断开 SFC 输入断路器和停止 SFC。

3）油位异常保护（71IT）。油位过低或过高时动作于发信号。

4）压力释放保护（63IT）。动作于断开 SFC 输入断路器和停止 SFC。

5）冷却系统保护（62IT）。当冷却系统故障动作于发信号。

干式变压器的非电量保护：绕组温度保护（23IT），温度升高时动作于发信号，温度过高保护动作于断开 SFC 输入断路器和停止 SFC。

6. 机组故障录波装置配置要求

全厂配置 1 台后台录波分析子站，每台机组配置 1 面机组故障录波装置屏（柜）。

7. 继电保护光纤通信接口装置配置要求

继电保护光纤通信接口装置用于地下厂房与开关站之间保护信号的传送，光纤接口装置应满足双重化配置要求，可安装在 500kV 短线保护柜（屏）中。

8. 电站继电保护信息管理系统配置要求

电站继电保护管理系统包括网络柜 1 面，放置保护装置通信主交换机和故障录波装置通信主交换机等设备；主厂房保护装置通信子交换机和故障录波装置通信子交换机、主变压器洞子交换机、地面开关站继保室子交换机放置在相应保护装置和故障录波装置柜（屏）内，并配置继保工程师工作站 1 台。

9. 主设备继电保护配置图

主设备继电保护配置图见附录 B。

4.1.5 主设备继电保护及自动装置主要技术参数和技术要求

1. 主设备继电保护及自动装置基本技术要求

（1）装置额定值。

1）交流电流：1A。

2）交流电压：100、$100/\sqrt{3}$、100/3V。

3）频率：50Hz。

4）直流电源电压：220V。

5）交流厂用交流电源：AC220V。

（2）装置测量回路应是低功耗型。

1）交流电流回路。每相不大于 0.5VA。

2）交流电压回路。每相不大于 0.5VA。

2. 主设备继电保护技术要求

（1）保护装置过载能力。保护装置的电流回路，其 1s 热稳定值不应小于 40 倍额定电流，在 2 倍额定电流时应允许长期连续工作，在 10 倍额定电流时应允许工作 10s。保护装置的电压回路应能长期承受 1.4 倍的额定电压，在 2 倍额定电压时应允许工作 10s。

（2）保护装置绝缘性能如下：

1）保护装置的绝缘电阻试验不应低于 GB 14598.26—2015《量度继电器和保护装置　第 26 部分：电磁兼容要求》的要求；

2）保护装置的绝缘电压试验不应低于 GB 14598.27—2017《量度继电器和保护装置　第 27 部分：产品安全要求》的要求；

3）保护装置的过电压试验和冲击电压试验应不低于 GB 14598.3—2006《电气继电器　第 5 部分：量度继电器和保护装置的绝缘配合要求和试验》的要求。

（3）保护装置机械性能如下：

1）振动性能应不低于 GB/T 11287—2000《电气继电器　第 21 部分：量度继电器和保护装置的振动、碰撞和地震试验　第 1 篇：振动试验（正弦）》

的要求；

2）抗冲击和抗碰触性能不应低于 GB/T 14537—1993《量度继电器和保护装置的冲击与碰撞试验》的要求。

（4）保护装置抗干扰要求如下：

1）电子电路应通过输入变压器和 DC/DC 变换器与交流输入回路和电站直流电源隔离。输入变压器原边和副边之间应设有直接接地的屏蔽层。微机保护装置应具有独立的 DC/DC 变换器供内部电子电路使用的电源。装置直流电源消失时，不应误动作，并应有输出接点以启动告警信号，直流电源恢复（包括缓慢恢复）时，变换器应能自启动。分、合直流电源、插拔熔丝发生重复击穿火花以及直流电压缓慢上升或下降时保护不应误动作。

2）保护装置的所有外接输入、输出回路不允许与装置内部弱电回路有电气联系，针对不同回路，分别采用光电耦合、继电器转换、带屏蔽层的变压器耦合或电磁耦合等隔离措施。强、弱电路的配线及端子要分开。跳闸及紧急停机接点的端子间都应隔开一个空端子。

3）保护装置不应受外部电磁场的影响，并满足通用技术规范一般要求中的相应条款。保护装置的高频抗干扰试验要求不应低于 GB/T 14598《量度继电器和保护装置》和 GB/T 17626《电磁兼容　试验和测量技术》的相关条款要求。

（5）保护装置继电器的接点应满足 IEC 60255-0-20《继电器. 第 0 部分：第 20 节：继电器触点性能》的要求。保护出口继电器应选用多接点、快速动作继电器，其动作延时应不大于 8ms，动作电压不应小于 45% 额定电压，不大于 70% 额定电压，返回电压不小于 5% 额定电压，接点容量应满足：

1）额定连续电流：$\geqslant$5A/220V DC。

2）开断容量：直流 220V、50W 电感性负载（L/R＝40ms）。

（6）保护系统中的辅助继电器应采用带电动作方式。

（7）保护装置的硬件和软件产品，在设计、制造和性能上应考虑适合工业环境使用。保护装置的硬件应是易于维护、便于更换的产品。保护装置外壳防护等级不应小于 IP40。微处理器应采用权威部门认可在工业环境中使用的高可靠性、低功耗、抗干扰性能强的 32 位及以上的采用 DSP 技术的数字处理器。其平均无故障时间应大于 150000h。其运算速度、存储容量应与技术规范中所规定的保护系统任务和要求相适应，最大负载运行时，CPU 负载率不大

于 50%。且采用该品牌中最高系列的产品。

（8）保护装置应具有与电站同步时钟系统的硬件时钟接口，实现时钟同步，以保证事件记录时间的一致性，同步误差不应大于 1ms。

（9）保护装置的平均无故障时间应大于 50000h。

（10）开入量抗干扰。对于地下厂房和地面开关站保护之间远跳回路等较长距离保护接点信号接收及装置间不经附加判据直接启动跳闸的开入量，应经抗干扰继电器重动开入。抗干扰继电器的启动功率应大于 5W，动作电压在额定直流电源电压的 55%～70% 范围内，额定直流电源电压下动作时间为 10～35ms，应具有抗 220V 工频电压干扰的能力。

（11）保护装置应能全面支持 IEC 61850《变电站网络与通信协议》规约。

（12）保护装置应具有完善的故障录波和事件记录功能，以记录故障的发生过程，为分析保护动作行为提供详细、全面的数据信息。可记录 64 次故障录波（包括保护动作时序和故障波形），64 次保护动作报告，1024 次自检结果及 1024 次开关量变位等。

（13）保护装置对整定值、故障录波和事件记录内容应具有掉电记忆功能。

3. 继电保护光纤通信接口装置技术要求

（1）继电保护光纤通信接口装置设置在地下厂房与开关站两侧，用于发送和接收保护信号，并通过光缆传送，每根光缆的备用芯数应不少于 2 芯。

（2）每套继电保护光纤通信接口装置应采用独立的直流电源、跳闸回路，跳闸命令传送时间不应大于 4ms，接点容量应满足：额定连续电流不小于 5A/220V DC，切断 0.2A（直流 220V，L/R＝40ms）。

（3）继电保护光纤通信接口装置应具有接收误码检测与通道中断检测功能，当检出有误码时，废除该误码帧的信息，若长时间误码或接收中断，则闭锁输出出口并发告警信号。

4. 机组故障录波装置的技术要求

（1）为真实地记录机组有关电气的谐波情况和励磁系统的各类电气量，录波装置的交流采样频率不低于 10kHz，开关量事件分辨率不大于 1ms。为能记录和分析发电电动机励磁系统的各种直流电气量的变化过程，其传变装置应能满足 0～6000Hz 交、直流量的传变要求。A/D 分辨率不低于 16 位。传变装置的转换精度，包括接口和 A/D 转换，误差应小于 ±0.2%。

（2）录波装置应具有全面、灵活的启动方式，至少应有以下几种启动方式：

1）模拟量启动方式包括：①按相序量的突变量启动；②按相序量的稳态量启动；③按频率变化率启动；④按低频振荡启动[$\Delta P=(1\%\sim5\%)P_\mathrm{N}$，周期0.1～2s]；⑤过电压及欠电压启动；⑥过电流启动；⑦无功超限启动[$Q\geqslant(1.1\sim1.3)Q_\mathrm{N}$或$Q\leqslant-0.5Q_\mathrm{N}$]；⑧谐波值越限启动；⑨逆功率启动；⑩转子接地故障启动。

2）开关量启动方式。任一路开关量均可设为启动量。

3）远方遥控启动方式。以满足装置的在线监测和方便电力系统的试验要求。

4）手动启动方式。在现地应能手动启动故障录波。

（3）每台机组录波器的录波量应不少于：交流电压量28点，交流电流量32点，直流量6点，开关量128点。至少应包括以下信息量：

1）模拟量输入包括：①发电电动机机端三相电流；②发电电动机机中性点侧三相电流；③发电电动机中性点横差电流；④励磁变压器高压侧三相电流；⑤发电电动机机端三相电压、零序电压；⑥励磁变压器低压侧三相电压；⑦励磁系统转子电流、转子电压；⑧主变压器高压侧三相电流；⑨主变压器低压侧三相电压；⑩主变压器中性点零序电流；⑪主变压器高压侧三相电压；⑫厂用高压变压器高压侧三相电流；⑬SFC输入变压器高压侧三相电流。

2）开关量输入包括：①发电电动机出口断路器开关位置信号；②发电电动机、主变压器各类保护动作信号；③灭磁开关位置信号；④励磁系统各类跳闸保护动作信号；⑤换相隔离开关位置、电气制动开关位置、拖动/被拖动隔离开关等位置信号；⑥SFC输入断路器位置及各类跳闸保护动作信号；⑦厂用高压变压器高压侧断路器位置及各类跳闸保护动作信号；⑧其他影响机组运行的重要触点信号。

（4）稳态录波支持24h不间断高速录波，有效记录运行过程全部电气量。暂态故障录波器记录的系统故障前、故障中和故障后各段数据的采样速率和记录时间均可单独设定。事故前追忆时间最长为1min。

（5）故障录波装置数据采集单元的微机系统内存容量可完整记录至少6次连续故障和10min的有效值数据，每次故障记录故障前0.5s至故障后3s的录波数据，采样频率不小于10kHz，在记录10min有效值时按前5min每间隔0.1s记录一次，后5min每间隔1s记录一次。主机硬盘容量不小于160G。录波数据格式应满足相关标准的要求。

（6）故障录波装置应具有与电站同步时钟系统的接口，实现时钟同步，以保证事件记录时间的一致性，同步误差不应大于1ms。

（7）通信接口包括：①1个RJ45以太网口支持电力行业通信标准DL/T 667—1999《远动设备及系统 第5部分：传输规约 第103篇：继电保护设备信息接口配套标准》(IEC 60870-5-103)、MODBUS规约和新一代通信标准IEC 61850；②1个RS-485通信串口用于GPS对时；③1个RS-232通信串口用于测试和配置装置；④1个以太网接口用于稳态录波FTP服务及实时波形显示。

（8）机组故障录波装置的抗干扰要求、环境要求和绝缘要求同继电保护装置。

（9）录波结束后，应可打印输出故障报告。报告内容包括但不限于：机组名、机组故障发生时刻、故障启动方式、开关量变位时刻及相关电气量波形等。其中电气量波形的打印时间长度和内容可由用户整定。

（10）机组故障录波装置的抗干扰要求、环境要求和绝缘要求同继电保护装置。

（11）故障录波装置全面支持数字化电厂的要求。硬件采用成熟平台，采用32位高性能的CPU和DSP、内部高速总线、智能I/O，硬件和软件均采用模块化设计，灵活可配置，具有通用、易于扩展、易于维护的特点。录波数据格式与COMTRADE完全兼容。

（12）装置具有友好的人机界面，液晶显示不小于320×240点阵。支持中文、英文，且运行中可自由切换。

（13）装置采用整体面板、全封闭机箱，强弱电严格分开，取消传统背板配线方式，达到电磁兼容各项标准的最高等级。

（14）故障录波装置应能记录高次谐波。

（15）故障录波装置应有自检功能、直流掉电告警和硬件回路在线监测功能，当装置发生故障时，应发出告警信号并在屏幕上显示出故障部位。

5. 电站继电保护信息管理系统的技术要求

电站继电保护信息管理装置的基本配置不应低于以下标准：

（1）硬件配置要求双核CPU，主频不小于1GHz，内存：不小于2GB，具备大规模厂站自动化系统的数据通信管理的支持功能。

（2）大容量数据储存，容量不小于160GB。

（3）数据实时性高，装置内SOE转发时延小于100ms。

（4）通信接口丰富，装置支持12个网口、15串口、串口模式可配置，支持RS232/485/422数字方式和MODEN方式。

（5）完备的面向对象的实时数据库，数据库兼容IEC 61850和IEC 60870-5-103数据模型。

（6）通信规约与站内设备通信采用 IEC 61850 规范或者各保护、录波装置厂家私有规约，与调度、集控中心通信协议支持各网省公司的 103 规约及 IEC 61850 规约等。

（7）采用模块化设计，各模块可运行在不同的 CPU 上。

（8）接入装置数量可满足 300 台，数据库信息点容量可满足 200000 点。

4.2 系统继电保护及自动装置

4.2.1 编制依据

继电保护及自动装置应遵守以下标准、规程规范，所用标准为最新版本标准，当各标准不一致时，应按较高标准的条款执行。

GB/T 7261—2016 继电保护和安全自动装置基本试验方法

GB/T 11287—2000 电气继电器 第 21 部分：量度继电器和保护装置的振动、冲击、碰撞和地震试验 第 1 篇：振动试验（正弦）

GB/T 13729—2019 远动终端设备

GB/T 14285—2006 继电保护和安全自动装置技术规程

GB/T 14537—1993 量度继电器和保护装置的冲击与碰撞试验

GB/T 14598.3—2006 电气继电器 第 5 部分：量度继电器和保护装置的绝缘配合要求和试验

GB/T 14598.26—2015 量度电气继电器和保护装置 第 26 部分：电磁兼容要求

GB/T 14598.27—2017 量度继电器和保护装置 第 27 部分：产品安全要求

GB/T 15145—2017 输电线路保护装置通用技术条件

GB/T 17626.1～34 电磁兼容 试验和测量技术

GB/T 14598.24—2017 量度继电器和保护装置 第 24 部分：电力系统暂态数据交换（COMTRADE）通用格式

GB/T 26862—2011 电力系统同步相量测量装置检测规范

NB/T 35010—2013 水力发电厂继电保护设计规范

DL/T 280—2012 电力系统同步相量测量装置通用技术条件

DL/T 478—2013 继电保护和安全自动装置通用技术条件

DL/T 553—2013 电力系统动态记录装置通用技术条件

DL/T 667—1999 远动设备及系统 第 5 部分：传输规约 第 103 篇：继电保护设备信息接口配套标准

DL/T 670—2010 母线保护装置通用技术条件

DL/T 720—2013 电力系统继电保护及安全自动装置柜（屏）通用技术条件

DL/T 5218—2012 220kV～750kV 变电站设计技术规程

4.2.2 系统继电保护及自动装置设计原则

（1）本系统继电保护及自动装置部分的通用设备标准化设计是针对高压开关站为 500kV 电压等级，220kV 电压等级可参考。

（2）具体工程的系统继电保护及自动装置部分的设计应满足电力系统设计单位对该工程的具体设计要求。

（3）继电保护双重化要求保护装置的双重化以及与保护配合回路（包括通道）的双重化，双重化配置的保护装置及其回路之间应完全独立，无直接的电气联系。

（4）优先通过保护装置自身实现相关保护功能，尽量减少外部输入量，以降低对相关回路和设备的依赖。

1. 线路保护

（1）500kV 线路保护配置原则如下：

1）每回 500kV 线路应配置双重化的线路纵联保护。每套纵联保护应包含完整的主保护和后备保护，具有独立的反映各种类型故障及选相功能。

2）每回 500kV 线路应配置双重化的远方跳闸保护。远方跳闸保护应采用"一取一"经就地判别方式。

断路器失灵保护、过电压保护和不设独立电抗器断路器的 500kV 高压并联电抗器保护动作均应启动远跳。

3）根据系统工频过电压的要求，对可能产生过电压的 500kV 线路应配置双套过电压保护。过电压保护均使用远跳保护装置中的过电压功能，过电压保护启动远跳可选择不经断路器开、闭状态控制。

4）线路主保护、后备保护应启动断路器失灵保护。

5）对重负荷、长距离的联络线，保护配置宜考虑振荡、长线路充电电容效应、高压并联电抗器电磁暂态特性等因素的影响；对 50km 以下的短线路，宜随线路架设 2 根 OPGW 光缆，配置双套光纤分相电流差动保护，保护通道宜采用专用光纤芯。

编 委 会

前　　言

抽水蓄能电站运行灵活、反应快速，是电力系统中具有调峰、填谷、调频、调相、备用和黑启动等多种功能的特殊电源，是目前最具经济性的大规模储能设施。随着我国经济社会的发展，电力系统规模不断扩大，用电负荷和峰谷差持续加大，电力用户对供电质量要求不断提高，随机性、间歇性新能源大规模开发，对抽水蓄能电站发展提出了更高要求。2014 年国家发展改革委下发"关于促进抽水蓄能电站健康有序发展有关问题的意见"，确定"到 2025 年，全国抽水蓄能电站总装机容量达到约 1 亿 kW，占全国电力总装机的比重达到 4％左右"的发展目标。

抽水蓄能电站建设规模持续扩大，大力研究和推广抽水蓄能电站标准化设计，是适应抽水蓄能电站快速发展的客观需要。国网新源控股有限公司作为全球最大的调峰调频专业运营公司，承担着保障电网安全、稳定、经济、清洁运行的基本使命，经过多年的工程建设实践，积累了丰富的抽水蓄能电站建设管理经验。为进一步提升抽水蓄能电站标准化建设水平，深入总结工程建设管理经验，提高工程建设质量和管理效益，国网新源控股有限公司组织有关研究机构、设计单位和专家，在充分调研、精心设计、反复论证的基础上，编制完成了《抽水蓄能电站通用设备》系列丛书，包括水力机械、电气、金属结构、控制保护与通信、供暖通风、消防及电缆选型七个分册。

本通用设备坚持"安全可靠、技术先进、保护环境、投资合理、标准统一、运行高效"的设计原则，采用模块化设计手段，追求统一性与可靠性、先进性、经济性、适应性和灵活性的协调统一。该书凝聚了抽水蓄能行业诸多专家和广大工程技术人员的心血和智慧，是公司推行抽水蓄能电站标准化建设的又一重要成果。希望本丛书的出版和应用，能有力促进和提升我国抽水蓄能电站建设发展，为保障电力供应、服务经济社会发展做出积极的贡献。

由于编者水平有限，不妥之处在所难免，敬请读者批评指正。

编者

2020 年 3 月

6) 对同杆并架双回线路，当有光纤通道，为有选择性切除跨线故障，应优先选用双套光纤分相电流差动保护作主保护。如本线没有光纤通道或没有迂回的光纤通道时，应使用传输分相通道命令的高频距离保护。

7) 对装有串联补偿电容的线路，应采用双套光纤分相电流差动保护作主保护。

8) 对电缆、架空混合出线，每回线路宜配置两套光纤分相电流差动保护作为主保护，同时应配有包含过负荷报警功能的完整的后备保护。

9) 双重化配置的线路主保护、后备保护、过电压保护、远方跳闸保护的交流电压回路、电流回路、直流电源、开关量输入、跳闸回路、启动远跳和远方信号传输通道均应彼此完全独立没有电气联系。

10) 双重化配置的线路保护每套保护只作用于断路器的一组跳闸线圈。

(2) 500kV 线路保护技术要求如下：

1) 在空载、轻载、满载等各种工况下，在线路保护范围内发生金属性和非金属性（不大于 300Ω）的各种故障时，线路保护应能正确动作。系统无故障、外部故障、故障转换、功率突然倒向以及系统操作等情况下保护不应误动。

2) 线路保护装置需考虑线路分布电容、高压并联电抗器、变压器（励磁涌流）等所产生的暂态及稳态过程的谐波分量和直流分量的影响，有抑制这些分量的措施。

3) 每一套线路保护都应自身带有故障录波、测距及事件记录功能，并能提供相应的远方通信和分析软件。

4) 每一套线路保护装置都应能适用于弱电源情况。

5) 手动合闸或重合于故障线路上时，保护应能可靠瞬时三相跳闸。手动合闸或重合于无故障线路时应可靠不动作。

6) 本线全相或非全相振荡时保护装置不应误动作；本线全相或非全相振荡过程中发生各种类型的不对称故障，保护装置应有选择性地动作跳闸，纵联保护仍应快速动作；本线全相振荡过程中发生三相故障，允许以短延时切除故障。

7) 保护装置应保证出口对称三相短路时可靠动作，同时应保证正方向故障及反方向出口经小电阻故障时动作的正确性。

8) 保护装置在各种工作环境下，应能耐受雷击过电压、一次回路操作、开关站故障及其他强电磁干扰作用，不应误动或拒动。

9) 线路分相电流差动保护应允许线路两侧使用不同的 TA 变比。在 TA

饱和时，区内故障不应导致电流差动保护拒动作，区外故障不应导致电流差动保护误动作。线路分相电流差动保护应有电容电流补偿功能。

10) 对于不同类型的一次主接线方式，线路保护均采用线路电压互感器的电压输入。

11) 保护装置在电压二次回路断线（包括三相断线）或短路时应闭锁有可能误动的保护，并发出告警信号；保护装置在电流二次回路断线时应能发出告警信号，并可选择允许保护跳闸。

12) 保护装置应具有对时功能，推荐采用 RS-485 串行数据通信接口接收时间同步系统发出的 IRIG-B（DC）码作为对时信号源。保护应具备通信管理功能，与计算机监控系统和保护及故障信息管理子站系统通信，通信规约采用 DL/T 667—1999（idt IEC 60870-5-103）《远动设备及系统　第 5 部分：传输规约　第 103 篇：继电保护设备信息接口配套标准》或 DL/T 860（IEC 61850）《电力自动化通信网络和系统》，接口采用以太网或 RS-485 串口。

13) 保护装置宜采用全站后台集中打印方式。为便于调试，保护装置上应设置打印机接口。

14) 线路两侧保护选型应一致，主保护的软件版本应完全一致。

(3) 500kV 线路保护通道组织如下：

1) 双重化配置的两套纵联保护的通道应相互独立，传输两套纵联保护信息的通信设备及通信电源也应相互独立。

2) 具有光纤通道的线路，两套纵联保护宜均采用光纤通道传输信息。对 50km 及以下短线路，宜分别使用专用光纤芯；对 50km 以上长线路，宜分别使用 2Mbit/s 接口方式的复用光纤通道。500kV 双重化的两套纵联保护的信号传输通道不应采用同一根光缆。

3) 一回线路的两套纵联保护均复用通信专业光端机时，应通过两套独立的光通信设备传输。每套光通信设备可按最多传送 8 套线路保护信息考虑。

4) 保护采用专用光纤芯通道时，保护光纤应直接从通信光配线架引接。

5) 复用数字通道的纵联保护宜采用单通道方式。安装在通信机房的保护数字接口装置直流电源取自通信直流电源，与通信设备采用 75Ω 同轴电缆不平衡方式连接。

6) 当直达路由和迂回路由均为光纤通道时，如迂回路由能满足保护要求，一回线路的两套主保护可均采用光纤纵差保护，并应采用两条不同的通道路由。迂回路由传输网络的传输总时间（包括接口调制解调时间）不应大于12ms，500kV 线路保护迂回路由不宜采用 220kV 以下电压等级的光缆，不应采用 ADSS 光缆。

7）非同杆并架或仅有部分同杆双回线，未敷设光纤通道线路的一套纵联保护可采用另一回线路的光纤通道，另一套纵联保护应采用电力载波或光纤的其他迂回通道。

8）对只有一个光纤通道的线路，另一套主保护可采用电力线专用载波（或复用）通道传输保护信号。载波通道设备及电源应与光纤通道的通信设备及通信电源相互独立。

9）双重化配置的两套远方跳闸保护的信号传输通道应相互独立。线路纵联保护采用数字通道的，远方跳闸命令宜经线路纵联保护传输。

2. 母线保护

（1）500kV 母线保护配置原则如下：

1）每条 500kV 母线配置双套母线保护，对 500kV 一个半断路器接线方式，母线保护不设电压闭锁元件。

2）双重化配置的母线保护的交流电流回路、直流电源、开关量输入、跳闸回路均应彼此完全独立没有电气联系。

3）每套母线保护只作用于断路器的一组跳闸线圈。

4）母线侧的断路器失灵保护需跳母线侧断路器时，通过启动母差实现。

（2）500kV 母线保护技术要求如下：

1）母线保护不应受 TA 暂态饱和的影响而发生不正确动作，并应允许使用不同变比的 TA。

2）母线保护不应因母线故障时流出母线的短路电流影响而拒动。

3）母线保护在区外故障穿越电流 30 倍一次额定电流时不应误动。

4）母线保护应包括交流电流监视回路，在 5%额定电流时即能可靠动作。当交流电流回路不正常或断线时不应误动，应发告警信号，并可选择经延时闭锁母线保护。

5）母线保护整组动作时间，2 倍额定电流下应不大于 20ms。

6）母线保护应具有比率制动特性，以提高安全性。

7）母线保护接线应能满足最终一次接线要求。

8）为了提高边断路器失灵保护动作后经母线保护跳闸的可靠性，一个半断路器接线的母线保护应设置灵敏的、不需整定的电流元件并带 50ms 的固定延时。

9）保护装置应具有对时功能，推荐采用 RS-485 串行数据通信接口接收时间同步系统发出的 IRIG-B（DC）码作为对时信号源。保护应具备通信管理功能，与计算机监控系统和保护及故障信息管理子站系统通信，通信规约采用 DL/T 667—1999（idt IEC 60870-5-103）《远动设备及系统　第 5 部分：传输规约　第 103 篇：继电保护设备信息接口配套标准》或 DL/T 860（IEC 61850）《电力自动化通信网络和系统》，接口采用以太网口和 RS-485 串口。

10）保护装置宜采用全站后台集中打印方式。为便于调试，保护装置上应设置打印机接口。

3. 断路器保护及操作箱

（1）500kV 断路器保护。

1）配置原则如下：

a. 500kV 断路器保护按断路器单元配置，每台断路器配置一面断路器保护屏（柜）；对于开关站不是 3/2 接线、非 500kV 电压等级的电站（如双母接线等），可不独立设置断路器保护。

b. 一个半断路器接线时，当出线设有隔离开关时，应配置双套短引线保护。

c. 重合闸沟通三跳回路在断路器保护中实现。

d. 断路器三相不一致保护应由断路器本体机构完成。

e. 断路器的跳、合闸压力闭锁和压力异常闭锁操作均由断路器本体机构实现，分相操作箱仅保留重合闸压力闭锁回路。

f. 断路器防跳功能应由断路器本体机构完成。

2）技术要求如下：

a. 启动失灵的保护为线路、过电压和远方跳闸、母线、短引线、变压器（高抗）的电气量保护。

b. 断路器失灵保护的动作原则为：瞬时分相重跳本断路器的两个跳闸线圈；经延时三相跳相邻断路器的两个跳闸线圈和相关断路器（启动两套远方跳闸或母差、变压器保护），并闭锁重合闸。

c. 失灵保护应采用分相和三相启动回路，启动回路为瞬时复归的保护出口接点（包括与本断路器有关的所有电气量保护接点）。

d. 断路器失灵保护应经电流元件控制实现单相和三相跳闸，判别元件的动作时间和返回时间均不应大于 20ms。

e. 重合闸仅装于与线路相连的两台断路器保护屏（柜）内，且能方便地整定为一台断路器先重合，另一台断路器待第一台断路器重合成功后再重合。如先重合的一台合于故障三相跳闸，则后合的不再进行重合，即两台均三跳。

f. 断路器重合闸装置启动后应能延时自动复归，在此时间内断路器保护应沟通本断路器的三跳回路，不应增加任何外回路。重合闸停用或被闭锁时（断路器低气压、重合闸装置故障、重合闸被其他保护闭锁、断路器多相跳闸的辅助触点闭锁等），由断路器保护三跳；断路器保护装置故障或停用时，由断路器本体三相不一致保护三跳；在线路保护发出单跳令时，本断路器三跳，而另一个断路器仍能单跳单重。

g. 闭锁重合闸的保护为变压器、失灵、母线、远方跳闸、高压电抗、短引线保护等。

h. 短引线保护可采用和电流过电流保护方式，也可采用差动电流保护方式。

i. 短引线保护在系统稳态和暂态引起的谐波分量和直流分量影响下不应误动作。

j. 短引线保护的线路或变压器隔离开关辅助触点开入量不应因高压开关站强电磁干扰而丢失信号。对隔离开关辅助触点的通断应有监视指示。

k. 保护装置应具有对时功能，推荐采用 RS-485 串行数据通信接口接收时间同步系统发出的 IRIG-B（DC）码作为对时信号源。保护应具备通信管理功能，与计算机监控系统和保护及故障信息管理子站系统通信，通信规约采用 DL/T 667—1999（idt IEC 60870-5-103）《远动设备及系统　第 5 部分：传输规约　第 103 篇：继电保护设备信息接口配套标准》或 DL/T 860（IEC 61850）《电力自动化通信网络和系统》，接口采用以太网或 RS-485 串口。

保护装置宜采用全站后台集中打印方式。为便于调试，保护装置上应设置打印机接口。

（2）操作箱。

1）配置原则如下：

a. 500kV 每个断路器单元宜配置一套分相操作箱，操作箱宜配置在断路器保护屏（柜）。

b. 500kV 保护也可采用保护动作出口不经操作箱跳闸；控制采用经操作箱至断路器操动机构的方式。

2）技术要求如下：

a. 分相操作箱接线应包括重合闸回路、手动合闸/跳闸回路、分相合闸回路、两组保护三相跳闸回路、两组保护分相跳闸回路、电压切换回路（如需要时）、跳闸及合闸位置监视回路、操作电源监视回路、信号回路和与相关保护配合的回路等。

b. 断路器三相不一致保护，断路器防跳、跳合闸压力闭锁等功能宜由断路器本体机构箱实现，操作箱中仅保留重合闸压力闭锁接线。

c. 两组操作电源的直流空气开关应设在操作箱所在屏（柜）内，取消操作箱中两组操作电源的自动切换回路，公用回路采用第一路操作电源。

d. 操作箱应设有断路器合闸位置、跳闸位置和电源指示灯。

e. 操作箱内的保护三跳继电器应分别有启动失灵、启动重合闸的两组三跳继电器（TJQ），启动失灵、不启动重合闸的两组三跳继电器（TJR），不启动失灵、不启动重合闸的两组三跳继电器（TJF）。

4. 500kV 高压电抗器保护

（1）配置要求。配置双重化的主、后备保护一体高压并联电抗器电气量保护和一套非电量保护。

1）主电抗器主保护如下：

a. 主电抗器差动保护；

b. 主电抗器零序差动保护；

c. 主电抗器匝间保护。

2）主电抗器后备保护如下：

a. 主电抗器过电流保护；

b. 主电抗器零序过电流保护；

c. 主电抗器过负荷保护。

3）中性点小电抗器后备保护如下：

a. 中性点小电抗器过电流保护；

b. 中性点小电抗器过负荷保护。

（2）高压电抗器保护技术要求如下：

1）具有 TA 断线告警功能，可通过控制字选择是否闭锁差动保护；

2）当主电抗器首端和末端 TA 变比不一致时，电流补偿应由软件实现。

5. 故障录波装置系统

（1）配置原则如下：

1）为便于分析电力系统事故及继电保护装置的动作情况，500kV 开关站内应配置故障录波装置分别记录进出线路电流、电压、保护装置动作、断路器位置及保护通道的运行情况等。

2）在分散布置的 500kV 开关站内，宜按电压等级配置故障录波装置，不跨小室接线，建设初期可适当考虑远景要求；在集中布置的 500kV 开关站内，宜按电压等级配置故障录波装置。

3）每套 500kV 电力系统故障录波器的录波量配置宜为 48 路模拟量、128 路开关量。

4）故障录波装置应具备单独组网、完善的分析和通信管理功能，通过以太网口与保护和故障信息管理子站系统通信，录波信息可经子站远传至各级调度部门进行事故分析处理。

（2）技术要求如下：

1）故障录波器应为嵌入式、装置化产品，所选用的微机故障录波器应满足电力行业有关标准。

2）故障录波器应能连续记录多次故障波形，能记录和保存从故障前 150ms 到故障消失时的电气量波形，应至少能清楚记录 5 次谐波的波形。

3）故障录波器模拟量采样频率在高速故障记录期间不低于 4800Hz。

4）事件量记录元件的分辨率应为 1.0ms。

5）故障录波器应具备对时功能，能够接收时间同步系统输出的同步时钟脉冲，对时精度小于 1.0ms，以便能更好分析故障发生顺序以及实现双端测距。装置应有指示年、月、日、时、分、秒的功能。

6）故障录波器应具有故障测距功能，故障测距的测量误差应小于线路长度的 3%。

6. 故障测距系统

（1）配置原则如下：

1）为了实现线路故障的精确定位，对于大于 80km 的长线路或路经地形复杂、巡检不便的线路，应配置专用故障测距装置。

2）宜采用行波原理、双端故障测距装置，两端数据交换宜采用 2M 通道。

3）每套行波故障测距装置可监测 1~8 条线路。当线路超过 8 条时，建设初期故障测距装置的配置可结合远景规模统一考虑。

（2）技术要求如下：

1）行波测距装置应采用数字式，有独立的启动元件，并具有将其记录的信息就地输出并向远方传送的功能。

2）行波测距装置应采用高速采集技术、时间同步技术、计算机仿真技术、匹配滤波技术和小波技术实现以双端行波测距为主，辅助以单端行波测距。

3）行波故障测距装置的测距误差不应受运行方式变化、故障位置、故障类型、负荷电流、过渡电阻等因素的影响，测距误差不应大于 500m。

4）行波测距装置应能监视 8 条线路，本侧装置与对侧装置可构成双端测距系统。测距装置具有自动识别故障线路的能力，能有效防止装置的频繁误启动和漏检。

5）当线路发生故障时，线路两端所在站内的行波故障测距装置之间应能远程交换故障数据以实现自动给出双端测距结果。

6）行波测距装置应能通过电力数据网、专线通道或拨号方式与调度中心通信。调度端应能自动接收或主动调取行波测距系统的测距结果、测距装置记录的行波数据，装置的工作状况，并应具有远方修改配置、进行整定的功能。

7）行波测距装置应具有接收对时功能，以实现行波测距装置与时间同步系统的同步，时间同步误差应不大于 ±1μs。对时接口优先采用 IRIG-B（DC）或 1PPS＋RS-485 串口方式。

7. 同步相量测量装置

（1）配置原则如下：

1）为电力系统调度中心主站（WAMS）实现对电力系统的动态稳态监测和分析，在抽水蓄能电站地下厂房及开关站装设同步相量测量系统（PMU 子站）。

2）电站同步相量测量系统主要用于电站侧同步相量测量和输出以及动态过程的记录，该系统由同步相量采集单元（PMU）和数据集中器（PDC）组成。

3）PMU 子站包括基于标准时钟信号的同步相量测量、失去标准时钟信号的守时能力、PMU 与 PDC 和 PDC 与主站之间的实时通信。PDC 用于将多个 PMU 的信息进行汇集，集中向主站上送，并具有本地存储相量数据的辅助功能。

4）PMU、PDC 与 WAMS 主站之间的通信应遵循标准通信协议 IEEE C37.118。

5）电站同步相量测量系统采用分布式系统，便于多个厂站采集单元

（PMU）接入系统。

6）同步相量测量系统装置的硬件、软件应模块化结构、拼装灵活、通用性强、高可靠性。

（2）技术要求如下：

1）开关站的同步相量测量，可采集和记录母线、线路、主变压器高压侧等电气量相量以及开关量。

2）地下厂房的同步相量测量，可采集和记录发电电动机内电动势、功角和机端电压、电流等电气量相量以及开关量，同时还可以采集和记录励磁电压、电流、转速、调频等4～20mA的信号量。

3）数据集中器，以光纤直连方式接收来自地下厂房和开关站同步相量采集单元的数据，并进行本地存储，同时与WAMS主站或监控系统通信，实时上送同步相量数据。提供至少4个独立网络接口，可实现同时对8个以上的主站通信，通过扩展通信插件可实现对多个主站通信的要求。

4）电站同步相量测量系统采用北斗＋GPS的双时钟同步系统，为其提供同步时钟信号。

5）采用以太网交换机，同时具有光以太网口和电以太网口。

4.2.3 系统继电保护及自动装置系统功能要求

1. 基本功能要求

基本功能要求如下：

（1）保护装置及自动装置应是微机型的。

（2）互感器的二次回路故障。

1）保护装置在电压互感器二次回路断线（包括三相断线）、失压时，应发告警信号，并闭锁有可能误动的保护；保护装置在电流互感器二次回路不正常或断线时，应发告警信号，并可选择允许保护跳闸。

2）500kV母线保护装置在电流互感器二次回路不正常或断线时，应发告警信号，并可选择经延时闭锁母线保护。

（3）保护值的整定。应能从屏（柜）的正面方便、可靠地改变继电保护的定值；具备远方修改定值、切换定值区、投退软压板的功能。

（4）暂态电流的影响。保护装置不应受由输电线路的分布电容、谐波电流、变压器涌流的影响而发生误动。

（5）直流电源的影响如下：

1）在直流电源切换期间或直流回路断线或接地故障期间，保护不应误动作。

2）各装置逻辑回路供电的直流/直流变换器和直流电源应有监视，直流电压消失时，装置不应误动，同时应有输出接点以启动告警信号。

3）在直流电源失压的一段时间内，微机保护已记录的报告不应丢失，系统所有的在失压前已动作的信号应保持。

4）每个装置都应有独立的直流电源断路器，与装置安装在同一屏（柜）上。

（6）元件的质量。应保证保护装置的元件和部件的质量；在正常运行期间，装置中任一元件（出口继电器除外）损坏时，装置不应发生误动，并发出装置异常信号。

（7）跳闸显示和监视。保护动作使断路器跳闸，则所有使断路器跳闸的保护动作信号应显示出来，并应自保持，直到手动复归或远方复归。

（8）连续监视和自动检查功能如下：

1）装置应具有对主要回路进行监视的功能，回路不正常时，应能发出不正常信号。

2）装置应具有在线自动检查功能，包括装置硬件损坏、功能失效和二次回路异常运行状态的自动检测。应提供试验按钮、试验投切开关或连接片，以便在试验期间不必拆除连接电缆。

（9）运行和检修如下：

1）对于具有相同尺寸的零件或相同特性的插件应具有完全的互换性。

2）对每套保护装置及保护装置间的跳闸出口回路、启动重合闸回路、启动失灵等回路和重合闸输出回路应提供可断开的连接片，连接片装于屏（柜）前。

3）每面保护屏（柜）应加装有试验端子，以便于运行和试验。

（10）抗干扰要求。在雷击过电压、一次回路操作、开关站故障及其他强电磁干扰下，保护装置不应误动和拒动，装置的干扰试验和冲击试验应符合有关的国标及IEC标准。装置不应要求其交、直流输入回路外接抗干扰元件来满足有关电磁兼容标准的要求。

（11）保护装置保护功能投退的软、硬压板应一一对应，采用"与门"逻辑，以下压板除外：

1）"停用重合闸"控制字、软压板和硬压板三者为"或门"逻辑。

2）"远方操作"只设硬压板。"远方投退压板""远方切换定值区"和"远方修改定值"只设软压板，只能在装置本地操作，三者功能相互独立，分别与

"远方操作"硬压板采用"与门"逻辑。当"远方操作"硬压板投入后，上述三个软压板远方功能才有效。

3）"保护检修状态"只设硬压板。对于采用 DL/T 860《电力自动化通信网络和系统》时，当"保护检修状态"硬压板投入，保护装置报文上送带品质位信息。"保护检修状态"硬压板遥信不置检修标志。

（12）保护装置硬压板设置原则如下：

1）压板设置遵循"保留必需，适当精简"的原则。

2）每面屏（柜）压板不宜超过 5 排，每排设置 9 个压板，不足一排时，用备用压板补齐。分区布置出口压板和功能压板。压板在屏（柜）体正面自上而下，从左至右依次排列。

3）保护跳闸出口及与失灵回路相关出口压板采用红色，功能压板采用黄色，压板底座及其他压板采用浅驼色。

4）标签应设置在压板下方或其本体上。

2. 500kV 线路保护

（1）线路保护的功能要求。

1）纵联电流差动保护要求。纵联电流差动保护是以分相电流差动和零序电流差动为主体的快速主保护。纵联电流差动保护两侧启动元件和本侧差动元件同时动作才允许差动保护出口。纵联电流差动保护要求按相进行电流比较，并进行数据同步，保证所比较电流为同一时刻线路两侧电流。

线路两侧纵联电流差动保护装置应互相传输可供用户整定的通道识别码，并对通道识别码进行校验，校验出错时告警并闭锁差动保护。纵联电流差动保护装置应具有通道监视功能，如实时记录并累计丢帧、错误帧等通道状态数据，通道严重故障时告警。纵联电流差动保护装置宜具有监视光纤接口接收信号强度功能。

纵联电流差动保护在任何弱馈情况下，应正确动作。纵联电流差动保护两侧差动保护压板不一致时发告警信号。"TA 断线闭锁差动"控制字投入后，纵联电流差动保护只闭锁断线相。集成过电压远跳功能的线路保护，保留远跳功能。

2）纵联距离保护要求。纵联距离保护是以纵联距离和零序方向元件为主体的快速主保护。

保护装置中的零序功率方向元件应采用自产零序电压。纵联零序方向保护不应受零序电压大小的影响，在零序电压较低的情况下应保证方向元件的正确性。

在平行双回或多回有零序互感关联的线路发生接地故障时，应防止非故障线路零序方向保护误动作。

纵联距离保护应具备弱馈功能，在正、负序阻抗过大，或两侧零序阻抗差别过大的情况下，允许纵续动作。

3）后备保护要求。线路保护采用近后备方式。后备保护应带有完善的反映相间故障及接地故障保护功能，后备保护由工频距离元件构成的快速 I 段保护，由三段式相间和接地距离及多个零序方向过电流构成全套后备保护。保证大电阻接地故障时能可靠地有选择地切除故障。

4）保护动作要求。线路在空载、轻载、满载条件下，在保护范围内发生金属或非金属性的各种故障时，保护应能正确动作。对于同杆并架的线路，保护应能正确地按相切除跨线故障。

5）对保护范围外故障的反应。在保护区外发生金属或非金属故障时，保护不应误动作。

区外故障切除，区外故障转换，故障功率突然倒向、系统操作及负荷转移等情况下，保护不应误动作。

被保护线路在各种运行条件下进行各种倒闸操作时，保护装置不应误动作。

6）断路器动作时的反应。当手动合闸或自动重合于故障线路上时，保护应可靠瞬时三相跳闸，并同时能给出实现闭锁重合闸功能的接点。合于无故障线路时，应可靠不动作。

7）当本线全相或非全相振荡时。无故障时应可靠闭锁保护装置，如发生区外故障或系统操作，装置应可靠不动作。如本线路发生故障，允许有短延时加速切除故障，三相重合到永久性故障，装置应可靠加速切除故障，重合到无故障线路，应可靠不误动。

8）对经过渡电阻性故障的保护。保护装置应有容许 300Ω 接地过渡电阻的能力。

9）非全相运行时的反应。非全相运行时非故障相不应误动，若健全相又发生任何一种类型故障，保护应能正确地瞬时跳三相。

10）选择故障相的功能。主保护有独立选相功能，选相元件应保证在各种故障条件下，正确选择故障相，非故障相选相元件不应误动；装置应具有单相和三相跳闸回路，线路一相跳开后，再故障应跳三相。

（2）远方跳闸及过电压保护的功能要求。

1）远方跳闸保护要求。远方跳闸保护的就地判据应反映一次系统故障、异常运行状态，应简单可靠、便于整定，宜采用以下判据：零、负序电流、零、负序电压，电流变化量，低电流，分相低功率因数，分相低有功功率等。装置应能根据运行的要求，灵活地投退以上各判据。

远方跳闸应采用就地判据，即收到对侧跳闸信号，且本侧就地判据动作才允许跳闸。远方跳闸保护采用一取一经就地判别方式。

在保护屏（柜）中应采取适当措施，以便当通道设备检修或试验时，断开远方传送跳闸回路。远方传送跳闸电路（包括通道、设备等）不正常时，应闭锁跳闸回路，并发告警信号及启动事件记录器。

2）过电压保护要求。过电压保护应在线路出现不正常工频过电压时，断开有关的 500kV 断路器。过电压保护应按相装设过电压继电器，以保证单相跳开时测量电压的准确性。过电压保护应设控制字，可选择"经"或"不经"本侧过电压继电器动作并鉴定。

线路本侧断路器三相断开后，再经过一定的延时，发送远方跳闸信号，使对侧断路器三相跳闸。

过电压保护远方跳闸信号的发送和接受与失灵保护共用。过电压继电器返回系数应大于 0.98。过电压与远跳出口应分开，并且出口应装设有连接片。

（3）数字复接接口装置功能要求如下：

1）要求能通过光纤与电流差动保护通信。

2）要求能将光信号转化为符合 G.703 的数字信号以 2Mbit/s 接入光通信机。

3）装置应具有装置报警功能。

（4）保护屏（柜）压板。保护屏（柜）应装设有方便保护投退的跳闸出口、保护投/退、启动重合闸、启动失灵的硬压板，并具备保护功能投退的软硬压板。

（5）通信功能。保护装置应具备通信管理功能，与计算机监控系统、保护及故障信息管理子站系统通信，通信规约采用 DL/T 667（idt IEC 60870-5-103）—1999《远动设备及系统　第 5 部分：传输规约　第 103 篇：继电保护设备信息接口配套标准》或 DL/T 860（IEC 61850）《电力自动化通信网络和系统》，在保护动作时可将保护跳闸事件、跳闸报告、事件报告等信息同时上传至计算机监控系统和保护信息管理子站，并可接收监控系统和保护信息管理子站对保护装置发送的保护投退、复归命令。

（6）对时功能。保护装置应具有对时功能，应具有硬对时和软对时接口，推荐采用 RS-485 串行数据通信接口接收时间同步系统发出的 IRIG-B（DC）码作为对时信号源。

（7）录波功能如下：

1）保护装置应具有故障录波功能，能以 COMTRADE 数据格式输出上传保护及故障录波信息子站。

2）记录故障前后线路电流、电压等模拟量，断路器位置、保护跳合闸命令等开关量。记录装置的操作事件、状态输入量变位事件、更改定值事件及装置告警事件等。

3）保护装置应能记录相关保护动作信息。记录的报告或事件可被 PC 机读取。

4）保护装置应具备故障测距功能。装置动作跳闸时，应给出故障类型和测距结果。

3．母线保护

（1）母线保护仅实现三相跳闸，各连接元件应设独立的跳闸出口继电器，其跳闸出口接点应满足启动跳闸、启动失灵保护、闭锁重合闸的要求。所有的跳闸出口回路都应经过压板控制。

（2）当母线发生各种接地和相间故障以及发展性故障时，母线保护应能快速切除故障。

（3）当不要求充电闭锁母差时，母线充电合闸到故障时，保护应能正确动作。

（4）母线保护不应因母线故障时流出母线的短路电流影响而拒动。

（5）母线保护在区外故障穿越电流 30 倍一次额定电流时不应误动。

（6）母线保护应具有比率制动特性，以提高安全性。

（7）母线保护应有交流电流监视回路，当交流电流回路不正常或断线时不应误动，可选择经延时闭锁母线保护并发出告警信号。

（8）母线保护装置应具有在线自动检查功能，包括微机保护硬件损坏、功能失效和二次回路异常运行状态的自动检测。应提供试验按钮、试验投切开关或连接片，以便在试验期间不必拆除连接电缆。

（9）母线保护不应受 TA 暂态饱和的影响而发生不正确动作，并应允许使用不同变比的 TA。

（10）为了提高边断路器失灵保护动作后经母线保护跳闸的可靠性，一个半断路器接线的母线保护应设置灵敏的、不需整定的电流元件并带 50ms 的固定延时。

（11）通信功能。保护装置应具备通信管理功能，与计算机监控系统、保护及故障信息管理子站系统通信，通信规约采用 DL/T 667（idt IEC 60870-5-103)—1999《远动设备及系统　第 5 部分：传输规约　第 103 篇：继电保护设备信息接口配套标准》或 DL/T 860（IEC 61850）《电力自动化通信网络和系统》，在保护动作时可将保护跳闸事件、跳闸报告、事件报告等信息同时上传至计算机监控系统和保护信息管理子站，并可接收监控系统和保护信息管理子站对保护装置发送的保护投退、定值修改、装置对时命令。

（12）对时功能。保护装置应具有对时功能，应具有硬对时和软对时接口，宜采用 RS-485 串行数据通信接口接收时间同步系统发出的 IRIG-B（DC）码作为对时信号源。

（13）录波功能如下：

1）保护装置应具有故障录波功能，能以 COMTRADE 数据格式输出上传保护及故障录波信息子站。

2）记录故障前后线路电流、电压等模拟量，断路器位置、保护跳合闸命令等开关量。记录装置的操作事件、状态输入量变位事件、更改定值事件及装置告警事件等。

4. 断路器保护及操作箱

（1）断路器保护的功能要求。

1）失灵保护功能如下：

a. 失灵保护应设分相及三相启动回路，启动回路为瞬时复归的保护出口接点（包括与本断路器有关的所有电气量保护接点）。

b. 断路器失灵保护的动作原则为：瞬时分相重跳本断路器的两个跳闸线圈；经延时三相跳本断路器及相邻断路器的两个跳闸线圈和相关断路器（启动两套远方跳闸或母差、变压器保护），并闭锁重合闸。

c. 断路器失灵保护应经电流元件控制实现单相和三相跳闸。失灵保护电流元件应保证在被保护元件范围内故障有足够的灵敏度。

d. 靠母线侧断路器的失灵保护跳连在本母线所有断路器，应与相应母差共出口。断路器失灵保护动作后，应通过通道向线路对侧发送跳闸信号。

2）断路器三相不一致保护功能。应尽量采用断路器本体的三相不一致保护，如断路器本体无三相不一致保护，则应为断路器设置三相不一致保护装置。三相不一致保护延时动作三相跳闸，可选择是否经零序或负序电流开放。三相不一致保护可选择是否启动失灵保护。

3）充电保护功能。充电保护由两段过电流及一段零序过电流组成。充电保护动作后，跳闸本断路器，启动本断路器失灵保护。

4）死区保护功能如下：

a. 某些接线方式下（如断路器在 TA 与线路之间）TA 与断路器之间发生故障时，虽然故障保护能快速动作，但断路器跳开后，故障不能切除，应设置死区保护。

b. 死区保护的动作逻辑为：当死区保护装置收到三跳信号（如保护三跳或 A、B、C 三相跳闸同时动作），且收到三相跳闸位置信号 TWJ，这时如果死区任一过电流元件动作，经整定的时间延时启动死区保护。

c. 死区保护出口回路与失灵保护一致，以较短时限动作跳相邻断路器。

（2）自动重合闸功能如下：

1）重合闸装置应有外部闭锁重合闸的输入回路，用于在手动跳闸、手动合闸、母线故障、变压器故障、高抗故障、断路器失灵、断路器三相不一致、远方跳闸、延时段保护动作、断路器操作压力降低、短引线保护动作等情况下接入闭锁重合闸接点。

2）重合闸只实现一次重合，要求重合闸装置中应能实现单相重合闸方式、三相重合闸方式、重合闸禁止方式和重合闸停用方式的切换。

3）一个半断路器接线和角形断路器接线的重合闸仅装于与线路相连的两台断路器保护屏（柜）内，且能方便地整定为一台断路器先重合，另一台断路器待第一台断路器重合成功后再重合；如先重合的一台合于故障三相跳闸，则后合的不再进行重合，即两台均三跳。先、后重合的方式采用通过整定重合时间先后的方式来实现。

4）断路器重合闸装置启动后应能延时自动复归，在此时间内断路器保护应沟通本断路器的三跳回路，不应增加任何外回路。重合闸停用或被闭锁时，由断路器保护三跳；断路器保护装置故障或停用时，由断路器本体三相不一致保护三跳。在线路保护发出单跳令时，本断路器三跳，而另一个断路器仍能单跳单重。

5）重合闸可由保护启动和/或断路器控制状态与位置不对应启动。

6）重合闸沟通三跳回路，由断路器保护实现，不增加任何外回路。断路器保护接受线路保护启动重合闸和启动失灵命令后，除完成重合闸和失灵保护的功能外，在断路器保护内部必须完全具备重合闸沟通三跳功能。

7）用于主变压器的断路器不设置重合闸功能。

（3）操作箱的功能要求如下：

1）操作箱应具有断路器的两组三相跳闸回路、两组分相跳闸回路及一组分相合闸回路，跳闸应具有自保持回路。操作箱内的保护三跳继电器应分别有启动失灵、启动重合闸的两组三跳继电器（TJQ），启动失灵、不启动重合闸的两组三跳继电器（TJR），不启动失灵、不启动重合闸的两组三跳继电器（TJF）。

2）操作箱应具有手跳回路、手合输入回路，应有重合闸输入回路。

3）操作箱内应有断路器重合闸压力闭锁回路，断路器的防跳、跳合闸压力闭锁及压力异常、三相不一致回路，该回路宜设置在断路器就地机构箱内。

4）操作箱应设有断路器合闸位置、跳闸位置和电源指示灯。

5）操作箱应设有合闸位置、跳闸位置及操作电源监视回路，操作箱跳、合闸回路及跳、合闸位置监视回路要分别引上端子。

6）操作箱应具有断路器跳闸位置信号继电器远方复归回路，远方复归回路要求引上端子。

7）两组操作电源的直流空气开关应设在操作箱所在屏（柜）内，操作箱中不设置两组操作电源的自动切换回路，公用回路采用第一路操作电源。

（4）短引线（T线）保护如下：

1）短引线保护可采用和电流过电流保护方式，也可采用差动电流保护方式。

2）短引线保护应能适应一个半断路器主接线形式，当主保护退出运行时，在该间隔两组断路器（线路、变压器退出运行时）之间发生故障能有选择地切除故障。

3）短引线保护应能由线路或变压器隔离开关辅助触点开入量自动投/退，短引线保护的线路或变压器隔离开关辅助触点开入量不应因高压开关站强电磁干扰而丢失信号。对隔离开关辅助触点的通断应有监视指示。

4）短引线保护的出口可经延时或不经延时，可兼有线路或主变压器充电保护功能。

5）短引线保护在系统稳态和暂态引起的谐波分量和直流分量影响下不应误动作。

6）保护屏（柜）压板应装设有方便保护投退的跳闸出口、保护投/退硬压板，并具备保护功能投退的软硬压板。

（5）通信功能。保护装置应具备通信管理功能，与计算机监控系统、保护及故障信息管理子站系统通信，通信规约采用 DL/T 667（idt IEC 60870-5-103）—1999《远动设备及系统　第5部分：传输规约　第103篇：继电保护设备信息接口配套标准》或 DL/T 860（IEC 61850）《电力自动化通信网络和系统》，在保护动作时可将保护跳闸事件、跳闸报告、事件报告等信息同时上传至计算机监控系统和保护信息管理子站，并可接收监控系统和保护信息管理子站对保护装置发送的保护投退、定值修改、装置对时命令。

（6）对时功能。保护装置应具有对时功能，应具有硬对时和软对时接口，宜采用 RS-485 串行数据通信接口接收时间同步系统发出的 IRIG-B（DC）码作为对时信号源。

（7）录波功能如下：

1）保护装置应具有故障录波功能，能以 COMTRADE 数据格式输出上传保护及故障录波信息子站。

2）记录故障前后线路电流、电压等模拟量，断路器位置、保护跳合闸命令等开关量。记录装置的操作事件、状态输入量变位事件、更改定值事件及装置告警事件等。

5．500kV 并联电抗器保护

（1）差动保护如下：

1）具有防止区外故障保护误动的制动特性。

2）具有防止 TA 饱和引起保护误动的功能。

3）零序电流差动保护能灵敏地反映电抗器内部接地故障。

4）匝间保护能灵敏地反映电抗器内部匝间故障。

5）具有 TA 断线告警功能，可通过控制字选择是否闭锁差动保护。

（2）主电抗器后备保护如下：

1）过电流保护采用首端电流，反映电抗器内部相间故障。

2）零序过电流保护采用首端电流，反映电抗器内部接地故障。

3）过负荷保护反映电压升高导致的电抗器过负荷，延时作用于信号。

（3）中性点电抗器后备保护如下：

1）过电流保护反映三相不对称等原因引起的中性点电抗器过电流。

2）过负荷保护监视三相不平衡状态，延时作用于信号。

（4）跳闸出口及连接片配置每套电气量保护装置设一套出口、非电量保护设两套出口，保护动作跳断路器。

（5）保护信息数量及输入、输出方式如下：

1）所有动作于跳闸的保护应给出三组信号接点，一组保持接点，二组不保持接点；动作于信号的保护应给出二组信号接点，一组保持接点，另一组不保持接点。

2）跳闸原则。保护三相跳 500kV 断路器。母线电抗器前设断路器，母线电抗器保护动作应跳断路器。

（6）通信功能。保护装置应具备通信管理功能，与计算机监控系统、保护及故障信息管理子站系统通信，通信规约采用 DL/T 667—1999（idt IEC 60870-5-103）《远动设备及系统　第 5 部分：传输规约　第 103 篇：继电保护设备信息接口配套标准》或 DL/T 860（IEC 61850）《电力自动化通信网络和系统》，在保护动作时可将保护跳闸事件、跳闸报告、事件报告等信息同时上传至计算机监控系统和保护信息管理子站，并可接收监控系统和保护信息管理子站对保护装置发送的保护投退、定值修改、装置对时命令。

（7）时间同步对时功能。保护装置应具有时间同步对时功能，应具有硬对时和软对时接口，宜采用 RS-485 串行数据通信接口接收时间同步发出 IRIG-B（DC）码作为对时信号源。

（8）录波功能如下：

1）保护装置应具有故障录波功能，能以 COMTRADE 数据格式输出上传保护及故障录波信息子站。

2）记录故障前后电流、电压等模拟量。记录装置的操作事件、状态输入量变位事件、更改定值事件及装置告警事件等。

（9）监视和自检。装置的硬件和软件应连续监视，如硬件有任何故障或软件程序有任何问题应立即报警。

1）在由分布电容、变压器（励磁涌流）和 TA、TV 等在稳态或暂态过程中产生的谐波分量和直流分量影响下，装置不应误动和拒动。

2）装置的交流耐压试验应符合国际标准。

3）装置中的插件应具有良好的互换性，以便检修时能迅速地更换。

4）每面保护屏（柜）应加装试验端子，以便于运行和试验。每套装置应具有标准的试验插件和试验插头，以便对各套装置的输入及输出回路进行隔离或通入电流、电压进行试验。

5）各套装置与其他设备之间应采用光电耦合和继电器触点进行连接，不应有电的直接联系。

6）各装置整定值应能安全、方便地在屏（柜）前更改。

6. 系统故障录波装置

（1）故障录波器应为数字式的，所选用的微机故障录波器应满足电力行业有关标准。

（2）故障录波装置宜单独组网，接口优先采用以太网口，主方式采用数据网传输至保护及故障信息管理系统子站，通信规约采用 DL/T 667—1999（idt IEC 60870-5-103）《远动设备及系统　第 5 部分：传输规约　第 103 篇：继电保护设备信息接口配套标准》通信规约。备用方式应配备拨号服务器，通过电话通道将录波数据自动远传。

（3）录波装置应具有本地和远方通信接口及与之相关的软件、硬件配置。既可在当地进行运行、录波数据存储、调试、定值整定和修改、信号监视、信号复归、控制操作、故障报告形成、远程传送、通信接口等功能，还可以与保护和故障信息管理子站系统接口，以实现对故障录波器的故障警告、启动、复归和波形的监视、管理等，同时应具有远传功能，可将录波信息送往调度端。

（4）装置不能由于频繁启动而冲击有效信息或造成突然死机。

（5）装置内存容量应满足连续在规定的时间内发生规定次数的故障时能不中断地存入全部故障数据的要求。录波结束后，录波数据自动转至装置的硬盘保存。

（6）装置记录的数据应可靠、不失真，记录的故障数据有足够安全性，当故障录波器或后台机电压消失时，故障录波器不应丢失录波波形。

（7）为了便于调度处理事故，在线路或元件故障时，故障信息应上传到保护和故障信息管理子站系统和调度端，有助于事故处理时收集到重要的电气故障量。

（8）录波装置应能完成线路和主变压器各侧断路器、隔离开关及继电保护的开关量和模拟量的采集和记录、故障启动判别、信号转换等功能。对于线路故障录波器还应能记录高频信号量。

（9）故障录波器应能连续监视电力系统，任一启动元件动作，即开始记录，故障消除或系统振荡平息后，启动元件返回，在经预先整定的时间后停止记录，在单相重合过程中也能记录。故障录波器应能连续记录多次故障波形。

（10）要求记录由故障、振荡等大扰动引起的系统电流、电压、有功功率、无功功率及系统频率全过程的变化波形。

（11）应有足够的启动元件，在系统发生故障或振荡时能可靠启动。

（12）故障启动方式包括模拟量启动、开关量启动和手动启动。装置可以同时由内部启动元件和外部启动元件启动，并可通过控制字整定。

（13）装置应具有完善的录波数据综合分析软件，方便分析装置记录的故障数据设计，可再现故障时刻的电气量数据及波形，并完成故障分析计算，如谐波分析、相序量计算、幅值计算、频率计算、有功功率和无功功率计算等。

（14）故障录波器应能根据设定的条件自动向调度端上传有关数据和分析报告，并满足调度端对通信规约的要求。

（15）故障录波装置应具有记录动作次数的计数器。

（16）录波装置面板应便于监测和操作。应具有装置自检、装置故障或异常的报警指示等，并应有自检故障报警、录波启动报警、装置异常报警、电源消失报警和信号总清（手动复归）等主要报警硬接点信号输出。

（17）保护装置应具有对时功能，应具有硬对时和软对时接口，推荐采用 RS-485 串行数据通信接口接收时间同步系统发出的 IRIG-B（DC）码作为对时信号源。

7. 故障测距

（1）故障测距装置应采用微机型，有独立的启动元件，并具有将其记录的信息就地输出并向远方传送的功能。

（2）故障测距装置宜采用行波原理，应采用高速采集技术、时间同步技术、计算机仿真技术、匹配滤波技术和小波技术实现以双端行波测距为主，辅助以单端行波测距。

（3）故障测距装置的测距误差不应受运行方式变化、故障位置、故障类型、负荷电流、过渡电阻等因素的影响。

（4）故障测距装置应能监视 8 条线路，本侧装置与对侧装置可构成双端测距系统。测距装置具有自动识别故障线路的能力，能有效防止装置的频繁误启动和漏检。

（5）故障测距装置应具有多种启动方式，各种启动方式可方便地由用户选择，并可远方更改。

（6）故障测距装置应具有在线硬件和软件自动检测功能。当装置异常时，应发出报警信号。故障测距装置应具有掉电报警功能，并具备保存外部电源中断前所采数据的能力。

（7）故障测距装置应具有自复位电路，在因干扰造成程序走死时，应能通过自复位电路自动恢复正常工作。在硬盘发生故障时，故障数据采集单元应能正常工作，历史故障测距数据应有备份。

（8）故障测距装置可以从线路保护装置取得动作信号作为辅助判据，或将线路断路器的位置接点引入测距装置，应能根据断路器位置接点的变化判断故障线路，但测距装置不应对保护装置有任何影响。测距装置具有自动识别故障线路的能力，有效地防止装置的频繁误启动和漏检。

（9）当线路发生故障时，对端可以手动或自动通过数据网、拨号或专线方式调取该装置的故障信息进行自动故障测距。

（10）故障测距装置应能通过电力数据网、专线通道或拨号方式与故障测距主站及有关调度中心通信。故障测距装置测距主站及调度端应能自动接收或主动调取行波测距系统的测距结果、测距装置记录的行波数据，装置的工作状况，并应具有远方修改配置、进行整定的功能。

（11）故障测距装置面板应便于监测和操作。应具有装置自检、装置故障或异常的报警指示等，并应有自检故障报警、测距启动报警、装置故障报警、电源消失报警等主要报警硬接点信号输出。

（12）故障测距装置应具有接收对时功能，以实现行波测距装置与时间同步系统的同步，对时接口优先采用 IRIG-B（DC）或 1PPS＋RS-485 串口方式。

8. 电站同步相量测量系统

（1）动态实时监测与实时记录功能。装置应具有动态实时监测、实时记录功能，且两者的实现不能相互影响和干扰。

1）实时监测功能要求。装置应能同步实时测量安装点的三相基波电压、三相基波电流、频率和开关状态（包括机组、开关、电抗器、电容器等的运行或动作状态）。

装置应实时显示三相电压基波相量、三相电流基波相量、线路潮流、频率及开关状态信号。

装置应能同步实时测量发电机内电势和发电机功角、发电机励磁电压和励磁电流，励磁系统 AVR 自动/手动信号、PSS 投入/退出信。

装置应能同步实时测量水轮机调速器的一次调频投入/退出信号、一次调频动作信号、机组频率、机组导叶开度等。

装置应具备将所测的三相电压基波相量、三相电流基波相量、频率、发电机内电势及开关状态等信号实时发送到主站；应能接受多个主站的召唤命令，传送部分或全部测量通道的实时监测数据。

装置应能适用于三相平衡方式（全相）及三相非平衡方式（或缺相）电气运行模式，能正确记录电压基波相量、电流基波相量、频率等。

装置实时监测数据的输出速率应可以整定，在电网正常运行期间应具有多种可选输出速率。在电网故障或特定事件期间，装置应具备按照最高或设定记录速率进行数据输出的能力。

2）实时记录功能要求。应能连续实时记录所测三相电压基波相量、三相电流基波相量、频率及开关状态信号；此外，必须连续实时记录发电机内电势和功角。

当装置监测到电力系统发生扰动时，装置应能结合时标建立事件标识，并向主站发送实时记录告警信息。

当装置监测到继电保护或和安全自动装置跳闸输出信号（空接点）或接到手动记录命令时应建立事件标识，以方便用户获取对应时段的实时记录数据。

记录的数据应有足够的安全性，不应因直流电源中断而丢失已记录的数据；不应因外部访问而删除记录数据；不应提供人工删除和修改记录数据的功能。

应具有主动向主站传送记录数据和响应主站召唤向主站传送记录数据的能力。

（2）装置可扩展暂态录波功能，用于记录瞬时采样数据，数据的输出格式应符合 COMTRADE 格式的要求。

（3）装置应具有如下通信功能：

1）向主站传送实时监测数据、实时记录数据、装置的状态信息以及装置发出的请求信息。

2）接收并响应主站下达的命令。

3）向监控系统传送装置的状态及数据信息。

4）实现 C37.118 向其他规约（如 IEC 61850）的转换。

（4）状态标识。装置应对实时监测数据和实时记录数据的时钟同步状态进行标识。当同步时钟信号丢失、异常以及同步时钟信号恢复正常时，装置应建立事件标识。

（5）异常监视。装置应具有在线自动检测功能，在正常运行期间，装置中的单一部件损坏，应能发出装置异常信号。

（6）自恢复功能。装置应设有自恢复电路，在正常情况下，装置不应出现程序走死的情况，在因干扰而造成程序走死时，应能通过自复位电路自动恢复正常工作。

采用安全恢复模式设计（如一旦装置出现工作异常，应能重启并进入安全模式，退出附加功能的实现，满足最低的动态测量要求）。

（7）告警信号。TA/TV 断线、直流电源消失、装置故障、通信异常时，PMU 装置应发出告警信号，以便现场运行人员及时检查、排除故障。

（8）装置失电时的要求。装置的实时时钟信号及其他告警信号在失去直流电源的情况下不能丢失，在电源恢复正常后应能重新正确显示并输出。

（9）自诊断功能。装置异常及交直流消失等应有告警信号及各装置应有自诊断功能，装置本身也应有 LED 信号指示。

（10）人机接口。应提供人机接口，对装置进行参数配置、定值整定，并能够监视装置的运行状态等信息。

4.2.4 系统继电保护及自动装置配置要求

1. 500kV 线路保护

（1）组屏（柜）原则如下：

1）每回 500kV 线路配置 2 面保护屏（柜），双重化配置的双套保护分别安装在 2 面保护屏（柜）内。每面保护屏（柜）包含 1 套线路主、后备保护装置，1 套过电压保护及远跳保护装置。

2）主保护宜与后备保护一体，当主保护装置不含完整后备保护功能时，需配置单独的后备保护装置，但由主保护厂家负责组屏（柜）。

（2）组屏（柜）方案如下：

1）线路保护屏（柜）1。线路保护 1＋（过电压保护及远跳保护 1）。

2）线路保护屏（柜）2。线路保护 2＋（过电压保护及远跳保护 2）。

注：括号内的装置可根据电网具体情况选配。

（3）保护与通信设备的连接。

1）光缆连接要求如下：

a. 在继保室和通信机房均设保护专用的光配线柜，光配线柜的容量、数量宜按电站远景规模配置。

b. 继保室光配线柜至通信机房光配线柜采用 3 条（2 用 1 备）单模光缆，每条光缆纤芯数量宜按电站远景规模配置。

c. 继保室光配线柜至保护屏（柜）、通信机房光配线柜至保护通信接口屏（柜）均应采用尾缆连接。

2）保护通信接口屏（柜）。

a. 使用复用数字通道时，采用能满足 ITU G.703 的 2Mbit/s 数字接口装置。

b. 同一线路两套保护的数字接口装置宜安装在不同的保护通信接口屏（柜）上，每一面保护通信接口屏（柜）最多安装 8 台保护数字接口装置。

（4）保护配置。

1）每回 500kV 线路应配置双重化的线路纵联保护，每套纵联保护应包含完整的主保护和后备保护。

2）每回 500kV 线路应配置双重化的过电压及远方跳闸保护。远方跳闸保护应采用"一取一"经就地判别方式。

3）双重化配置的保护装置应分别安装在各自的保护屏（柜）内，保护装置退出、消缺或试验时，易整屏（柜）退出。

4）对于纵联电流差动保护，每面保护屏（柜）配置 1 套纵联电流差动主、后备保护装置，1 套过电压及远跳保护装置。

5）对于纵联距离保护，每面保护屏（柜）配置 1 套纵联距离主保护、后备保护装置，1 套过电压及远跳保护装置。

2. 母线保护

（1）组屏（柜）方案。每条 500kV 母线配置双套母线保护，每套母线保护独立组 1 面屏（柜），每面母线保护屏（柜）含 1 套母线差动保护装置。

（2）保护配置。

1）母线差动保护应采用微机型带比率制动特性的电流差动保护。每段母线配置两套母线差动保护。

2）每段母线分别按相设置差动继电器，包括启动元件、差动元件、断线监视元件。一个半断路器接线时母线保护不设电压闭锁回路。

3）每套母线保护按单独组屏（柜）考虑，保护屏（柜）含 1 套母线差动保护装置。

4）母线侧的断路器失灵保护需跳母线侧断路器时，通过启动母差实现。

3. 断路器保护及操作箱

（1）500kV 断路器保护。

1）500kV 断路器保护按断路器单元配置，每台断路器配置 1 面断路器保护屏（柜）。

2）线路断路器保护屏（柜）包含 1 套断路器失灵保护及 1 套重合闸装置、

1 套分相操作箱或断路器操作继电器。

3）变压器断路器保护屏（柜）包含 1 套断路器失灵保护装置、1 套分相操作箱或断路器操作继电器。

4）对于一个半断路器接线边断路器、母联断路器和分段断路器还应有充电保护。

5）断路器与 TA 之间有死区，应配置断路器死区保护。

（2）500kV 短引线（T 线）保护。

1）一个半断路器接线，当出线设有隔离开关时，每回出线配置双套短引线保护，短引线保护宜按串集中组屏（柜）。

2）一个半断路器接线，每串配置 1 面短引线保护屏（柜），包含 4 套短引线保护装置，不分散布置在断路器保护屏（柜）中。

4. 500kV 并联电抗器

（1）组屏（柜）方案。

1）两面屏（柜）方案如下：

a. 高抗保护屏（柜）1。高抗保护 1＋非电量保护。

b. 高抗保护屏（柜）2。高抗保护 2。

2）一面屏（柜）方案。高抗保护屏（柜）：高抗保护 1＋高抗保护 2＋非电量保护。

（2）保护配置原则。

1）主保护。

a. 差动保护：作为电抗器内部故障的主保护，保护分相设置，接于电抗器两侧电流互感器上，保护动作瞬时跳闸。

b. 匝间保护：作为电抗器匝间短路故障的保护，保护动作瞬时跳闸。

c. 非电量保护：按电抗器厂的要求，对电抗器和中性点电抗器装设继电器保护、压力释放、过温保护等非电量保护。跳闸型非电量瞬时或延时跳闸，信号型非电量瞬间发信号。跳闸型非电量保护出口继电器动作时间范围为 10～35ms，当电压低于额定电压 55％时应可靠不动作。

2）后备保护。

a. 过电流保护：作为电抗器内部故障的后备保护，采用三相式接线，接于电抗器高压侧套管电流互感器上，保护延时动作于跳闸。

b. 过负荷保护：对电抗器和中性点电抗器分别装设过负荷保护，保护延时动作于信号。

（3）主、后备保护应双重化配置。

5. 系统故障录波器

（1）组屏（柜）方案。每套故障录波装置组1面屏（柜），每面故障录波屏（柜）包括1套故障录波装置、1套故障录波分析软件和远传设备（modem）、1套光端接口设备。录波装置上应设置打印机接口，便于全站后台集中打印和调试。

（2）录波装置配置。每套500kV系统故障录波器的录波量配置为48路模拟量、128路开关量（可满足500kV系统三进三出一母联接线规模要求）。

6. 故障测距

（1）组屏（柜）方案。每套故障测距装置组1面屏（柜），每面故障测距装置屏（柜）包括1套行波故障测距装置（也可分为1套行波测距采集单元和1台用于数据存储和转换的主机）、1套时钟同步单元（根据需要配置）、1台液晶显示器、1套故障测距分析软件和远传设备。测距装置上应设置打印机接口，便于全站后台集中打印和调试。

（2）装置配置。为了实现线路故障的精确定位，对于大于80km的长线路或路径地形复杂、巡检不便的线路，应配置专用故障测距装置。

7. 电站同步相量测量系统

（1）组屏（柜）方案。电站同步相量测量系统组2面屏（柜）。1面屏（柜）布置在电站地下厂房，装有同步相量采集单元（PMU）等设备。1面屏（柜）布置在开关站继电保护室，装有同步相量采集单元（PMU）、数据集中器（PDC）、2台网络交换机等设备。

（2）装置配置。

1）系统结构。

a. 电站同步相量测量系统主要装置包括数据集中器（PDC）、电站地下厂房同步相量采集单元（PMU）、开关站同步相量采集单元（PMU）。PMU与PDC之间网络交换机，PDC与WAMS主站之间网络交换机等设备，彼此间的连接介质宜采用光纤。

b. 32位高性能的CPU和DSP、内部高速总线、智能I/O。

c. 装置具有友好的人机界面，液晶为320×240点阵，可以通过整定选择中文或英文显示。

2）接口的配置。

a. 预留控制输出接口：控制输出应为无源接点，接点的容量为直流220V，5A。

b. 数据集中器可连接1～8个PMU采集单元以及至少8个以上的主站，同时具有128G以上的大容量存储设备。

c. GPS对时采用高精度的IRIG-B码，可支持光纤接口和RS-485接口两种方式。

3）软件平台。

a. 操作系统。数据采集单元应采用嵌入式实时操作系统，可以完成多任务作业，使其具有较高的可靠性。数据库管理和应用系统可采用可靠、安全的多任务操作系统LINUX、OS2及UNIX。

b. 应用进程。装置各项功能模块化，各模块相互独立，任一模块异常不会影响其他模块的正常工作。多进程按优先级进行调度，通过消息机制实现同步。

c. 配置的软件应与系统的硬件资源相适应，除系统软件、应用软件外，还应配置在线故障诊断软件，数据库应考虑具有在线修改运行参数、在线修改屏幕显示画面等功能。软件设计应遵循模块化和向上兼容的原则。软件技术规范、汉字编码、点阵、字型等都应符合相应的国家标准。

4.2.5 系统继电保护及自动装置主要技术参数和技术要求

1. 系统继电保护及自动装置基本技术要求

（1）装置的额定值。

1）额定交流电压：220V。

2）额定直流电压：220V。

3）额定频率：50Hz。

4）TA二次额定电流：1A。

5）TV二次额定电压：100V（线电压）、$100/\sqrt{3}$V（相电压）。

（2）装置的温度特性。屏（柜）柜为室内布置，当室内温度为5～40℃时，装置应能满足精度要求；室内温度为-5～$+45$℃（极限时-20～$+55$℃）时，装置应能正常工作，不拒动不误动。

（3）耐受过电压的能力。装置应具有根据IEC标准所确定的耐受过电压的能力。

（4）直流电源的影响如下：

1）在额定直流电源下，其电压变化范围为80%～115%时，保护装置应正确动作。

2）直流电源的波纹系数不大于5％时，装置应正确动作。

（5）设备之间的信号传送。各保护装置之间、保护与通信设备之间或其他设备之间的联系，应由继电器的无源接点（或光电耦合）来连接，继电器接点的绝缘强度试验为交流2000V，历时1min。

（6）保护装置的功率消耗。

1）每个保护装置正常工作时直流功耗：不大于30W；

2）每个保护装置动作时直流功耗：不大于35W；

3）交流额定电流（1A）下的功耗（每相）：不大于0.15VA；

4）交流额定电压（100V）下的功耗（每相）：不大于0.2VA。

（7）输出触点容量。

1）跳闸触点容量：长期允许通过电流不小于5A；触点断开容量为不小于50W。

2）其他触点容量：长期允许通过电流不小于3A；触点断开容量为不小于30W。

（8）保护装置应具有完善的事件记录功能，可记录64次故障录波（包括保护动作时序和故障波形）、64次保护动作报告、1024次自检结果及1024次开关量变位。

（9）保护装置整定值及事件记录应有掉电记忆功能。

（10）系统平均无故障间隔时间（MTBF）不小于20 000h。

2. 500kV线路保护技术要求

（1）保护装置的测量范围为$0.05I_N \sim (20 \sim 40)I_N$（$I_N$为额定电流），在此范围内保护装置的测量精度均需满足：测量误差不大于相对误差5％或绝对误差$0.02I_N$，但在$0.05I_N$以下范围用户应能整定并使用，故障电流超过$(20 \sim 40)I_N$时，保护装置不误动不拒动。保护装置的采样回路应使用A/D冗余结构，采样频率不应低于1000Hz。

（2）保护动作时间。主保护整组动作时间：近端故障不大于10ms；远端故障不大于25ms（不包括通道传输时间）。

（3）动作值精度。对纵联电流差动保护，保护电流启动动作精度误差：不大于3％，时间继电器的动作精度误差：不大于最大整定值的1％。

对纵联距离主保护，距离保护电流启动动作精度误差：不大于3％，时间

继电器的动作精度误差：不大于最大整定值的1％。

（4）硬件配置参数。

A/D转换精度：不低于16位。

CPU：不低于32位。

（5）保护装置应具备存储8套以上的保护定值。

（6）对经过渡电阻性故障的保护。保护装置应有容许300Ω接地过渡电阻的能力。

（7）保护装置应提供三组通信接口（以太网或RS-485），一个调试接口、一个打印机接口。保护上传的信息量包括交流的采样值、保护动作的详尽信息、装置故障及异常信息等，保护装置的应答时间应小于50ms。

（8）保护装置与外部时钟对时误差小于1ms。

（9）保护装置应能记录相关保护动作信息，保留8次以上最新动作报告。每个动作报告至少应包括故障前2个周波、故障后6个周波数据。

（10）保护装置故障测距，测量误差应小于线路全长的3％（金属性故障）。

3. 母线保护技术要求

（1）保护装置的每个电流采样回路应能满足$0.1I_N$以下使用要求，在$0.05 \sim 20I_N$或者$0.1 \sim 40I_N$时测量误差不大于5％。保护装置的采样回路应使用A/D冗余结构，采样频率不应低于1000Hz。

（2）保护动作时间。

母线保护2倍额定值整组动作时间：不大于20ms；

母线保护返回时间：不大于40ms。

（3）动作值精度。

保护动作精度误差：不大于3％。

（4）硬件配置参数。

A/D转换精度：不低于16位。

CPU：不低于32位。

（5）500kV母线保护应具备存储2套以上的保护定值。

（6）保护装置应提供三组通信接口（以太网或RS-485），一个调试接口、一个打印机接口。保护装置上传的信息量应答时间应小于50ms。

（7）保护装置与外部时钟对时误差小于1ms。

（8）记录的录波报告为不小于10个，记录的事件不小于500条。记录的

报告或事件可被 PC 机读取。

4. 断路器保护及操作箱技术要求

(1) 保护动作时间。

1) 失灵保护动作时间：0.1～1s。

2) 单相重合闸和三相重合闸时间，应可分别调整，时间范围为 0.3～9.9s，级差为 0.1s（或更小）；重合闸装置启动后，在整组复归时间内，应准备三相跳闸。

3) 短引线保护的动作时间应小于 20ms。

(2) 动作值精度。保护动作精度误差：不大于 3%；时间继电器的动作精度误差：不大于最大整定值的 1%。

(3) 硬件配置参数。

A/D 转换精度：不低于 16 位。

CPU：不低于 32 位。

(4) 断路器保护装置应具备存储 8 套以上的保护定值。

(5) 保护装置应提供三组通信接口（以太网或 RS-485）、一个调试接口、一个打印机接口。保护上传的信息量包括交流的采样值、保护动作的详尽信息、装置故障及异常信息等，保护装置的应答时间应小于 50ms。

(6) 保护装置与外部时钟对时误差小于 1ms。

(7) 记录的录波报告为不小于 10 个，记录的事件不小于 500 条。记录的报告或事件可被 PC 机读取。

(8) 失灵保护电流元件应保证在被保护元件范围内故障有足够的灵敏度，判别元件的动作时间和返回时间均不应大于 20ms。

5. 500kV 并联电抗器保护装置技术要求

(1) 保护装置的每个电流采样回路应能满足 $0.1I_N$ 以下使用要求，在 $0.05～20I_N$ 或者 $0.1～40I_N$ 时测量误差不大于 5%。保护装置的采样回路应使用 A/D 冗余结构，采样频率不应低于 1000Hz。

(2) 公用部分。

1) 动作值精度。

差动速断段动作精度：不大于 5%；

差动及后备保护动作精度误差：不大于 3%；

各装置中时间元件的刻度误差应小于 3%。

2) 返回时间应小于 100ms。

3) 差动保护动作时间。

差动速断段：不大于 20ms（2 倍整定值）；

比率差动：不大于 30ms（1.2 倍整定值）。

(3) 硬件配置参数。

A/D 转换精度：不低于 16 位。

CPU：不低于 32 位。

(4) 保护装置应提供三组通信接口（以太网或 RS-485）、一个调试接口、一个打印机接口。保护上传的信息量包括交流的采样值、保护动作的详尽信息、装置故障及异常信息等，保护装置的应答时间应小于 50ms。

(5) 保护装置与外部时钟对时误差小于 1ms。

(6) 记录的录波报告为不小于 10 个，记录的事件不小于 500 条。记录的报告或事件可被 PC 机读取。

6. 系统故障录波装置技术要求

(1) 故障录波装置应能记录和保存从故障前 150ms 到故障消失时的电气量波形，最长可录波时间 10s。

(2) 故障录波装置应至少能清楚记录 5 次谐波的波形。

(3) 故障录波装置模拟量采样频率在高速故障记录期间不低于 4800Hz。

(4) 故障录波装置电流、电压波形采样精度为 0.5%。

(5) 故障录波装置交流电流工频有效值线性测量范围为 $0.1～20I_N$；交流电压工频有效值线性测量范围为 $0.1～2U_N$（U_N 为额定电压）。

(6) 直流电压采用精度不大于 1%。

(7) 动作值精度：事件量记录元件的分辨率应小于 1.0ms。

(8) 硬件配置参数 A/D 转换精度：不低于 16 位。

(9) 装置与外部时钟对时误差小于 1ms。

(10) 采用高性能 32 位微处理器＋双 DSP 的硬件结构，多个处理器并行工作。

(11) 通信接口：配有四个独立的以太网接口和二个独立的 RS-485 通信接口。支持电力行业通信标准 DL/T 667—1999（IEC 60870-5-103）和变电站通信标准 IEC 6185。

(12) 触发录波可记录大于 1024 次故障录波，连续录波大于 7 天。

(13) 功能完善的波形分析软件，支持波形缩放、阻抗分析、谐波分析、序分量分析、公式编辑、故障测距、波形打印等功能，支持 Windows 操作系统。

7. 故障测距技术要求

（1）双端测距误差不应大于 500m。

（2）采样频率不小于 500kHz。

（3）故障测距装置可储存的故障数据次数不小于 200 次。

（4）故障测距装置连续两次记录之间的时间间隔不大于 0.02s。

（5）装置与外部时钟对时误差±1μs。

8. 电站同步相量测量系统（PMU）技术要求

（1）采样、存储及通信。

1）采样速率：1.2kHz。

2）采样方式：同步采样，精度 1μs。

3）AD 分辨率：16bit。

4）开关事件分辨率：不大于 1ms。

5）暂态录波存储容量：16G（不少于 1000 次）。

6）动态录波存储容量：128G（不少于 14 天）。

7）实时数据存储速率：50Hz（100 帧/s，1min 形成 1 个文件）。

8）实时数据通信速率：50Hz（100、50、25、10 帧/s 可选）。

9）WAMS 主站通信能力：8～16 个。

10）同步时钟信号精度：±1μs。

11）信号传输灵敏度：不大于 20ms。

12）设备平均无故障时间（MTBF）：不小于 20 000h。

（2）电气量测量精度。

1）基波电压相量幅值测量误差极限。

$0.1U_N \leqslant U < 0.2U_N$ 时，基波电压相量幅值测量误差极限为 1.0%。

$0.2U_N \leqslant U < 0.5U_N$ 时，基波电压相量幅值测量误差极限为 0.5%。

$0.5U_N \leqslant U < 1.2U_N$ 时，基波电压相量幅值测量误差极限为 0.2%。

2）基波电压相角测量误差极限。

$0.1U_N \leqslant U < 0.2U_N$ 时，基波电压相角测量误差极限为 0.5°。

$0.2U_N \leqslant U < 0.5U_N$ 时，基波电压相角测量误差极限为 0.2°。

$0.5U_N \leqslant U < 1.2U_N$ 时，基波电压相角测量误差极限为 0.2°。

3）基波电流相量幅值测量误差极限。

$0.1I_N \leqslant I < 0.2I_N$ 时，基波电流相量幅值测量误差极限为 1.0%。

$0.2I_N \leqslant I < 0.5I_N$ 时，基波电流相量幅值测量误差极限为 0.5%。

$0.5I_N \leqslant I < 1.2I_N$ 时，基波电流相量幅值测量误差极限为 0.2%。

4）基波电流相角测量误差极限。

$0.1I_N \leqslant I < 0.2I_N$ 时，基波电流相角测量误差极限为 0.5°。

$0.2I_N \leqslant I < 0.5I_N$ 时，基波电流相角测量误差极限为 0.2°。

$0.5I_N \leqslant I < 1.2I_N$ 时，基波电流相角测量误差极限为 0.2°。

5）频率影响幅值测量误差极限。频率偏离额定值 1Hz 时，幅值测量误差改变量不大于额定频率时测量误差极限值的 50%；频率偏离额定值 3Hz 时幅值测量误差改变量不大于额定频率时测量误差极限值的 100%。

6）谐波影响。叠加 10% 的 13 次及以下的谐波电压，基波电压幅值误差标准同 1）。

7）发电机功角测量误差。在额定频率下不大于 1°。

8）有功功率、无功功率测量精度。在 49～51Hz 频率范围内，有功功率、无功功率测量误差极限为 0.2%。

9）频率测量精度。在 45～55Hz 频率范围，测量误差不大于 0.001Hz。

10）4～20mA 测量精度，误差小于 1%。

第 5 章 励 磁 系 统

5.1 编制依据

抽水蓄能电站励磁系统的设计应遵守以下设计标准、规程规范，所用标准为最新版本标准。当各标准不一致时，应按较高标准的条款执行。

GB/T 1094.11—2007 电力变压器 第 11 部分：干式变压器

GB/T 3797—2016 电气控制设备

GB/T 4208—2017 外壳防护等级（IP 代码）

GB/T 7409.1—2008 同步电机励磁系统 定义

GB/T 7409.2—2008　同步电机励磁系统　电力系统研究用模型

GB/T 7409.3—2007　同步电机励磁系统　大、中型同步发电机励磁系统技术要求

GB/T 10228—2015　干式电力变压器技术参数和要求

NB/T 10072—2018　抽水蓄能电站设计规范

DL/T 583—2018　大中型水轮发电机静止整流励磁系统技术条件

DL/T 489—2018　大中型水轮发电机静止整流励磁系统试验规程

DL/T 491—2008　大中型水轮发电机自并励励磁系统及装置运行和检修规程

DL/T 295—2011　抽水蓄能机组自动控制系统技术条件

DL/T 866—2015　电流互感器和电压互感器选择及计算规程

5.2　励磁系统设计原则

励磁系统设计原则如下：

（1）机组励磁采用自并励静止整流励磁系统，调节规律为PID+PSS。

（2）励磁系统除了应满足机组发电、发电调相（进相）、抽水、抽水调相、线路充电（零起升压）和黑启动的运行工况要求外，还应满足机组发电启动、电动工况启动（包括SFC和背靠背同步启动）、电气制动以及准同步并网等要求。

（3）机组正常起励由电网经励磁变压器供电，为了使机组在电网失电时能紧急开机发电，励磁系统仍应设有由厂用220V蓄电池供电的备用直流起励回路，起励电流按不大于10%空载励磁电流设计，起励时间不大于5s。

（4）励磁系统的电力系统稳定器（PSS）装置应能实现发电和抽水两种工况参数的自动切换和自动投切控制，其数学模型满足系统要求。

（5）励磁系统保证当发电电动机励磁电流和电压为发电电动机额定负载下励磁电流和电压的1.1倍时，能长期连续运行；励磁系统应能在2倍额定励磁电流下连续运行20s无损伤。励磁系统的短时过负荷能力应大于发电机转子绕组短时过负荷能力。励磁系统容量应能满足线路充电容量的要求。

5.3　励磁系统功能要求

在机组控制过程中，励磁系统能够精确快速地调节机端电压和无功功率，调节电动机的转子电流以实现电动机启动的同时调节电动机的机端电压和无功功率，主要实现以下功能：

（1）保证机组按要求升压、并网、增减无功负荷及解列后逆变灭磁、投电气制动、逆变灭磁停机。

（2）保证电动机按要求启动（包括SFC启动和背靠背启动）、升压、并网、增减无功负荷及解列后逆变灭磁、投电气制动、逆变灭磁停机。

（3）保证发电电动机稳定运行及空载、发电、电动、调相、停机等工况。

（4）励磁系统与电站计算机监控系统的机组现地控制单元（LCU）相连接，协调完成机组的启动和工况变换控制，以及单机或成组无功调节。励磁系统具有无功功率闭环调节功能。

（5）励磁系统具有控制磁场电压到正向或反向顶值电压的能力以实现强励和逆变灭磁。正向顶值电压为2倍的额定励磁电压，逆变灭磁时反向顶值电压不应小于1.6倍的额定励磁电压。当励磁顶值电压倍数小于2时，励磁顶值电流倍数与励磁顶值电压倍数相同。励磁顶值电压倍数超过2时，励磁顶值电流倍数仍取2。当系统稳定要求更高励磁顶值电压倍数时，按计算要求确定。

（6）励磁系统应具有逆变灭磁的功能，励磁系统的灭磁装置应满足：灭磁过程中，励磁绕组反向电压应控制在不低于出厂试验时绕组对地耐压试验电压幅值的30%，不超过出厂试验时绕组对地耐压试验电压幅值的50%。灭磁装置的起弧电压应大于整流电源电压最大值与灭磁电阻残压之和。灭磁装置最大分断能力不应小于额定励磁电流的300%。

（7）励磁系统具有事故灭磁功能，灭磁时间短。能在正常工况及下述非正常工况下可靠的灭磁：

1）机组正常运行时，定子回路外部或内部短路；

2）机组空载误强励（继电保护动作）；

3）机组带负荷误强励（继电保护动作）。

（8）励磁系统应具备电气制动停机控制功能，能够实现单独电气制动、电气和机械联合制动方式下发电电动机定子短路电流的控制，以满足制动停机的要求。

（9）满足机组零起升压和黑启动的功能需要，保证励磁电流平稳上升和下降。

（10）满足机组他励升压和升流试验需要，满足发电机空载和短路试验要求。

（11）励磁系统应具有自诊断功能，以监视励磁系统设备的运行。

5.4　励磁系统配置及设备选型

按机组设置自并励静止整流励磁系统。每套励磁系统需配置以下设备：励

磁变压器、励磁变压器高低压侧电流互感器、励磁变压器低压侧断路器、全绝缘浇注母线、晶闸管整流器、灭磁装置、直流起励装置、直流电缆、过电压保护装置、励磁调节器、控制保护监视信号系统等。

励磁系统设置两套独立的调节通道，两套调节通道互为热备用、相互自动跟踪，能够手动切换，运行通道故障时能自动切换和 TV 断线自动切换至备用通道。

励磁系统功率整流器不采用串联元件，并联运行的支路数冗余度按不小于 $N+1$ 模式配置，在 N 模式下要求保证发电电动机机组所有工况的运行（包括强励在内）；风冷功率整流柜如有停风情况下的特别运行要求时，并联运行支路的最大连续输出电流容量值，应按停风情况下的运行要求配置；在任何运行情况下，过电压保护器应使得整流器的输出过电压瞬时值不超过绕组对地耐压试验电压幅值的 30%。

励磁系统应装设励磁回路直流侧过电压保护装置，在任何运行情况下，应保证励磁绕组两端过电压时的瞬时值不超过出厂试验时绕组对地耐压试验电压幅值的 70%。

励磁变压器低压侧设置交流断路器，并装于柜内，交流断路器柜与励磁整流柜之间应采用全绝缘浇注母线连接。励磁柜至转子绕组之间采用直流电缆连接，正、负极应分别设置单独电缆。

励磁系统除全绝缘浇注母线、转子连接电缆外，其余各部分设备应分别组装成柜，柜内设备和元器件之间的连线应完整，其中励磁交流侧断路器柜与励磁变压器柜成组布置在母线洞内，励磁调节柜、整流柜、灭磁开关柜、灭磁电阻柜布置在地下厂房发电电动机层下游侧。励磁调节柜防护等级应在 IP31 以上，整流柜防护等级应在 IP21 以上，励磁变压器外罩防护等级应在 IP21 以上。

励磁柜结构及设备应充分考虑到元件更换、维修及检修的方便，并应有通风、防尘、防振、防结露措施。

5.5 励磁系统主要技术参数和技术要求

5.5.1 励磁系统总体技术参数及要求

（1）励磁系统电压响应时间不大于 0.1s。

（2）励磁系统应保证发电电动机机组端调压精度优于 ±0.5%。

（3）励磁系统应能保证发电电动机机组端电压调差率整定范围为 ±15%，级差不大于 1%。调差特性应有较好的线性度。

（4）励磁系统应保证在发电电动机空载运行情况下，频率值每变化 1%，发电电动机电压的变化值不大于额定值的 ±0.25%。

（5）空载 ±10% 阶跃响应，电压超调量不大于额定电压的 10%；振荡次数不超过 3 次；调节时间不大于 5s。

（6）发电电动机空转运行，转速在 0.95～1.05 额定转速范围内，突然投入励磁系统，使发电电动机机组端电压从零上升至额定值时，电压超调量不大于额定电压的 10%；振荡次数不超过 3 次；调节时间不大于 5s。

（7）在额定功率因数下，当发电电动机突然甩掉额定负载后，发电电动机电压超调量不大于 15% 额定值，振荡次数不超过 3 次，调节时间不大于 5s。

（8）自动电压调节器应能在发电电动机空载电压（包括长线路零起升压时）10%～110% 额定值范围内进行稳定、平滑的调节。手动励磁调节单元应保证在发电电动机空载电压（包括长线路零起升压时）10%～110% 额定值范围内进行稳定、平滑的调节。

（9）在发电电动机空载运行状态下，自动电压调节器和手动调节单元的电压给定值变化速度，应不大于额定电压的 1%/s，不小于额定电压的 0.3%/s。

（10）励磁系统标称响应不低于每秒 2 倍额定励磁电压。

（11）励磁系统及装置应适用于以下供电电源条件：

1）交流 380/220V 系统：电压允许偏差为额定值的 ±15%，频率偏差范围为 ±2%。

2）直流 220V 系统：电压允许偏差为额定值的 −20%～+10%。

3）励磁系统交流工作电源电压在短时间（不大于强行励磁持续时间）内、波动范围为 55%～130% 额定值的情况下，励磁系统应能维持正常工作。

4）励磁系统应能在机端频率 45～82.5Hz 范围内变化时维持正确工作。

（12）在环境温度为 −10～+40℃，月平均最大相对湿度为 90% 的条件下，励磁系统应满足规定的技术要求。

（13）励磁系统在承受下列交流工频耐压试验值（有效值）时，应无绝缘损坏或闪络现象。

1）与励磁绕组回路直接连接的所有回路及设备，额定励磁电压为 500V 及以下者，试验电压为 10 倍额定励磁电压，且最小值不得低于 1500V，持续时间 1min。额定励磁电压为 500V 以上者，试验电压为 2 倍额定励磁电压加

4000V，持续时间 1min。

2）与发电电动机定子回路直接连接的设备。与定子回路耐压试验值相同。

3）与励磁绕组不直接连接的设备，其参数见表5-1。

表 5-1　　　　　　　与励磁绕组不直接连接的设备参数表

设备额定电压 U（V）	工频耐压试验电压（kV，1min）
$U \leqslant 60$	1.0
$60 < U \leqslant 300$	2.0
$300 < U \leqslant 690$	2.5

（14）在励磁柜内应装设励磁绕组回路换极的开关或其他合适装置。

（15）励磁系统应能控制电气制动程序，在接受电站计算机监控系统指令后完成包括电气制动开关合闸在内的完整制动流程；在机组开停机及电气制动时应由励磁系统控制磁场断路器及电气制动开关的分合闸操作。励磁柜触摸屏应采用直流电源供电，柜内不允许使用借助旋转硬盘进行数据存取的装置。

（16）励磁系统应设有"现地"和"远方"两种控制方式。控制方式选择开关应设在励磁屏。当励磁系统与机组现地控制单元（LCU）之间的通道中断时，机组励磁电流维持断开前的数值，不应有任何波动。

（17）励磁系统各限制环节应满足发电电动机许可的最大工作范围，并与发电电动机、变压器保护相配合，在发电电动机、变压器保护动作之前发挥作用。励磁系统过励磁限制环节应与发电电动机或变压器的过励磁保护定值相配合，应具有反时限和定时限特性，宜与发电电动机和变压器的过励磁特性相匹配，当发电电动机端电压与运行频率之比（U/f）大于 1.053～1.11 时，过励磁限制应启动；当发电电动机频率低于 45Hz 时，励磁系统应自动灭磁。励磁系统应设有定子过电压限制环节，应与发电电动机过电压保护定值相配合，该限制环节应在机组保护动作之前动作。励磁系统的过励限制（即过励磁电流反时限限制和强励电流瞬时限制）环节的特性应与发电电动机转子的过负荷能力相一致，并与发电电动机保护中转子过负荷保护定值相配合。强励功能在发电电动机机组出口断路器分闸状态应闭锁。

（18）励磁系统的年强迫停运率（F. O. R）不应大于 0.1%。

（19）励磁系统应采用电站统一的时钟同步源，并具备事件实时记录存储功能，存储的数据在断电或浸水等情况下可读取。励磁装置自身应具有故障录波功能。

（20）发电电动机在额定工况下运行时，励磁系统各部分温升限值见表5-2。

表 5-2　　　　　　　　励磁系统各部分温升限值

部位名称			温升限值（K）	测量方法
干式变压器	绕组		80	检温计法
铜母线及导电螺钉连接处	铜母线		35	温度计法
	连接处	无保护层	45	
		锡的保护层	55	
		有银保护层	70	
电阻元件	距电阻表面 30mm 处的空气		25	
	印刷电路板上的电阻表面		30	
塑料、橡皮、漆皮绝缘导线			20	
整流管与散热器交接处			45	
晶闸管与散热器交接处			40	
全绝缘浇注母线			35	
熔断器连接处			40	

5.5.2　励磁变压器

（1）形式。单相、户内式、金属外壳封闭、自然冷却、干式变压器。

（2）额定值。

额定容量：应满足励磁系统和电制动系统的需要。

额定电压：一次。与发电电动机出口电压匹配。

　　　　　二次。根据实际计算确定。

（3）绝缘耐热等级：H 级。

（4）绝缘水平：

1）一次侧额定 1min 工频耐压（有效值）：40kV（一次侧 15kV），50kV（一次侧 20kV）。

2）一次侧额定雷电冲击耐压（峰值）：105kV（一次侧 15kV），125kV（一次侧 20kV）。

3）二次侧额定 1min 工频耐压（有效值）：3kV。

（5）线圈运行最大温升：不大于 80K。

（6）局部放电量：≤5pC。

（7）噪声水平：≤55dB（满载运行，距变压器本体 0.3m 处）。

（8）联结方式：Yd11或满足励磁系统自身要求。

（9）变压器三相电压不对称度不应大于1％，承受2倍额定励磁电流下的过载时间不少于20s，并应考虑整流器产生谐波使变压器绕组产生附加发热影响。变压器高、低压绕组之间应设有金属屏蔽并接地。励磁变压器额定容量应达到设计容量的1.25倍。

（10）变压器高压侧通过平板式母线端子与主变压器低压侧离相封闭母线连接，低压侧出线应与交流断路器相连。

（11）提供一组金属柜体放置3个单相变压器、电流互感器及附属设备。柜内应有金属隔板以隔离3个单相变压器。变压器柜顶应配有法兰，以便与离相封闭母线外壳法兰连接。励磁变压器高压侧母线与主变压器低压侧离相封闭母线连接的接口在励磁变压器柜顶的法兰内。如变压器低压绕组为三角形接线，则连接应采用绝缘硬铜母线在柜内实现。金属柜体的防护等级应不低于IP20。

（12）附件。

1）每相应设有一个绕组温度指示器。该指示器应带有两对独立的电气接点，分别作用于报警和跳闸。整定值应适合于现场调整。温度指示器应采用直流DC 220V供电。

2）每相应至少设有两个0℃时阻值为100Ω的铂型电阻温度探测器，用于测量绕组热点温度。

3）变压器低压侧应设有吸收电涌过电压的保护装置。

4）在变压器内装设带电显示装置，在变压器外壳门上装设电磁锁及门位置行程开关，防止带电误拉开变压器外壳门，并输出带电开门跳闸接点用于切断外部电源。

5）应配有吊耳或挂钩，以及顶起和滚动等安装用附件。

6）励磁变压器柜内应提供两个可连接120mm²铜芯接地电缆的接地端子。

（13）高、低压侧电流互感器。

1）形式：单相户内、环氧浇注绝缘。

2）配置：

a. 高压侧每相配置3个电流互感器，其中2个用于保护，1个用于测量；互感器变比及容量根据实际情况计算确定。

b. 低压侧每相配置4个电流互感器，其中2个用于保护，2个用于测量；

互感器变比及容量根据实际情况计算确定。

3）技术要求。

a. 励磁变压器高、低压侧电流互感器安装在励磁变压器金属柜内。

b. 电流互感器能承受额定短时耐受电流（有效值）及其持续时间3s所产生热应力和机械应力。

c. 电流互感器一次绕组有故障电流通过时二次侧所接仪表安全不损坏，TA仪表级保安系数 $F_s \leqslant 5$。

d. 电流互感器有直径不小于12mm的接地螺栓或其他供接地线连接用的零部件。接地处有明显的接地符号标志。二次出线端螺栓直径不小于6mm。所有端子（包括螺栓、螺母、垫圈等）用铜或铜合金制成，并有可靠防锈镀层，端子板有良好的绝缘性能和防潮性能。

e. 根据电流互感器的布置位置，设置相应的电流互感器端子箱，将数个分相电流互感器的二次绕组引出线集中到就近的一个端子箱，以便于外部设备连接。端子箱内设有足够的电流端子供内部布线和对外连接，并提供20％的备用端子。

5.5.3　晶闸管整流器

（1）晶闸管整流器采用三相桥式全控整流电路。晶闸管元件应经过严格筛选，选用参数指标高、特性稳定的元件。在机组额定出力运行温度下，晶闸管在阻断时，应能按下列公式承受耐压：

$$U_W = \sqrt{2} \times 2.75 \times U_{Trsek} \times 1.3$$

式中　U_W——晶闸管耐受电压；

　　　U_{Trsek}——励磁变压器二次电压。

（2）每个晶闸管元件支路应设置快速限流熔断器，使得一个晶闸管元件故障不至于引起其他晶闸管和熔断器损坏。

（3）应提供暂态过电压保护电路，以保护整流器设备不受来自交流系统和磁场电路暂态过电压的损害。

（4）晶闸管元件及其熔断器应组装在易于维护、检查和更换的抽屉式组合件中。每个组合件上应设有组件内各晶闸管运行状态指示灯，以便能快速确定故障晶闸管元件所在位置。

（5）当一个晶闸管组合件退出运行时，应满足包括强励在内的最大出力运行。当50％的晶闸管桥退出运行时，应保证发电动机能带额定负荷和额定功率因数连续运行，并自动限制强励。

（6）应对晶闸管元件及其熔丝提供合适的保护，以防止转子绕组短路过程中产生的过电流和过电压引起的损坏，该保护不应采用熔断器。

（7）当单只晶闸管元件用同型号元件替换，其正向压降特性不匹配时，励磁系统仍应满足所规定的技术要求。

（8）低压控制设备的引线应采用屏蔽线，且与交、直流强电回路隔离。

（9）为了满足整流器的冷却要求，应设有主、备用冷却风扇，并设置可靠的测量风压或风速传感器，当主用冷却风扇故障时，备用冷却风扇应自动投入运行。风扇电源应经一台辅助变压器取自励磁变压器，当该电源故障时，应自动切至厂用电回路。冷却风扇电源应装设缺相检测装置。风扇需包含相应的控制装置，包括电路开关、启动器、保护及报警装置。风扇运行引起的噪声应不大于 70dB（距风机 1m 处）。在进风口应配置过滤除尘装置。励磁风扇电机及电源开关配置时应留有一定裕量，避免风道滤网堵塞，电机电流加大时开关跳闸，滤网的布置应便于维护。

（10）当主、备用风扇全停时，整流器在额定工况下至少应能连续运行 15min。

（11）整流器各并联支路应设有均流措施，均流系数应不低于 0.9；各支路不允许晶闸管元件串联。

（12）机组在额定工况运行下，机端突然发生三相短路时，晶闸管元件不应损坏。

5.5.4　交流侧断路器

在励磁变压器低压侧应装设一台手车式快速断路器。断路器额定值不应小于励磁变压器低压侧最大连续电流，并能可靠地切断励磁变压器低压侧最大短路电流。断路器采用双跳闸线圈，操作电压为直流 220V，并设有满足控制保护要求且不少于 10 对开合和 10 对开断的独立的辅助位置触点，分合闸线圈回路应具有断线监视功能，并输出报警接点。断路器应为可抽出式，满足检修时作为明显隔离点的要求，并能上锁；断路器应单独组柜并落地布置，与励磁变压器柜布置在一起，柜上应装有断路器的控制开关和位置指示灯。断路器应具有就地/远方控制功能。断路器的机械操作次数不小于 40 000 次，电气操作次数不小于 10 000 次。

5.5.5　磁场断路器

磁场断路器应优先采用快速灭弧直流断路器，磁场断路器应满足 ANSI/IEEE C37.18 的要求。灭磁系统应能满足（包括空载及满载误强励、机组三相

短路等）最严重的工况要求。其额定值不应小于最大连续励磁电流，并能在强励状态下及励磁回路短路时，可靠地断开励磁回路。磁场断路器应设有电气跳闸机构，电气跳闸应设有双跳闸线圈，操作电压为直流 220V。磁场断路器在操作电压额定值的 85％～110％范围内应可靠合闸，在 65％～110％范围内应能可靠分闸。磁场断路器应设有满足控制保护要求且不少于 12 对开合和 12 对开断的独立的辅助位置接点，分合闸线圈回路应具有断线监视功能，并输出报警接点。断路器主触头应易于检查和更换。断路器的机械操作次数不小于 40 000 次，电气操作次数不小于 10 000 次。

5.5.6　灭磁电阻

（1）灭磁电阻应优先采用非线性电阻，非线性电阻元件荷电率不大于 60％，其容量应满足在 20％的非线性电阻组件退出运行时，仍能满足在尽可能短的时间内释放强励状态下储存在发电电动机励磁绕组中的能量。灭磁过程中，励磁绕组反向电压一般不低于出厂试验时励磁绕组对地试验电压幅值的 30％，不高于 50％。应提供控制装置，使非线性电阻在磁场断路器断开的同时，并接到励磁绕组两端。

（2）非线性电阻使用寿命不应少于 20 年，一般不应限制灭磁次数。

5.5.7　磁场过电压保护

推荐采用非线性电阻（可与灭磁电阻合一）、晶闸管跨接器、过电压监视装置或其他元件组成的更为先进可靠的磁场过电压保护装置，励磁绕组过电压的瞬时值不得超过励磁绕组出厂试验时对地耐压试验电压幅值的 70％。灭磁柜内应装设磁场过电压保护装置故障和过电压动作的指示装置。

5.5.8　备用起励回路

备用起励回路仅在主变压器低电压侧失电，系统要求机组开机发电时使用。备用起励回路设备应包括用于投、切起励回路的开关、起励接触器、可调试限流电阻、防止电流反向的闭锁元件及一些必要的控制设备。

5.5.9　励磁调节器

（1）励磁调节系统应设有从电源到脉冲形成单元都相互独立的双调节通道，每个调节通道设有自动电压调节（AVR）和自动励磁电流调节（FCR）功能。在其中一个通道退出运行时，励磁系统应能满足机组发电启动、电动工况启动、电制动和并网等要求。自动电压调节器的调节范围为：70％～110％的发电电动机额定电压。自动励磁电流调节器的调节范围为：下限不高于发电

电动机空载励磁电压的 20%（在主变压器与电力系统解列的情况下）；上限不低于额定励磁电压的 110%。

（2）在双调节通道之间，以及每个通道的 AVR、FCR 之间应设有双向自动平衡跟踪装置。应能自动和手动进行双通道之间，以及每个通道的 AVR、FCR 之间的切换。该切换不应引起明显的励磁电流变化。对于元器件引起的双通道输入、输出差值过大，应进行报警，并采取有效措施防止事故扩大。

（3）自动电压调节器和自动励磁电流调节器均应采用静态型给定装置。当给定值达到上限或下限值时，给定装置应限制给定值的变化，并向现地和远方发出信号。当接到外部指令（如励磁断路器跳闸或机组停机），给定装置应自动使给定值返回空载位置。上限、下限及空载位置应能在现场调整。

（4）励磁调节器应采用 PID 调节规律，参数应有较宽的调整范围，根据发电和电动两种工况设置不同的参数。

（5）为了满足机组的各种启、停要求，励磁调节系统的每个通道均应设有相应的励磁电流控制功能，各控制功能的控制、调节规律应便于修改和整定。

1）起始励磁控制功能。控制发电电动机起始励磁电流，使机端电压从零平稳上升到预定值。

2）SFC 启动控制功能。按变频启动要求，控制发电电动机励磁电流。

3）背靠背发电驱动控制功能。按背靠背启动要求，控制发电电动机励磁电流。

4）背靠背水泵启动控制功能。按背靠背启动要求，控制发电电动机励磁电流。

5）电气制动控制功能。在机组正常停机时控制发电电动机励磁电流，以满足电气制动的要求。

（6）为了满足机组在各种工况下安全运行，励磁调节系统的每个通道还应设有下列辅助功能单元。各辅助功能应便于在面板上整定。

1）最大励磁电流限制器。限制励磁电流不超过允许的励磁顶值电流。功率整流器部分支路退出或冷却系统故障时，应将励磁电流限制到预设的允许值内。

2）强励反时限限制器。在强行励磁到达允许持续时间时，限制器应自动将励磁电流减到长期连续运行允许的最大值。强励允许持续时间和强励电流值按反时限规律确定。限制器应当和发电电动机转子热容量特性相匹配，且在强励原因消失后，应能自动返回到强励前状态。

3）过励磁限制器。发电电动机滞相运行情况下，调节器应能保证发电电动机在 PQ 限制曲线内运行。当发电电动机运行点因为某种原因超出限制范围时，调节器应能限制励磁输出，确保自动将发电电动机运行点拉回到 PQ 限制曲线内。过励原因消失后应能自动返回到过励前状态。过励限制器可延时动作，以保证故障情况下机组尽可能地出力。

4）欠励磁限制器。发电电动机进相运行情况下，调节器应能保证发电电动机在 PQ 曲线限制范围内运行。当发电电动机运行点因为某种原因超出限制范围，调节器应能立刻自动地将发电电动机运行点限制到 PQ 限制曲线内。欠励磁限制器为瞬时动作，以防止故障情况下机组失步。欠励磁限制要与失磁保护配合，欠励磁限制动作应先于失磁保护。欠励磁限制器还应考虑机端电压的因素，具有自适应调整功能。

5）电压/频率限制。防止发电电动机和主变压器铁芯磁通过饱和。

6）定子电流限制。通过控制励磁电流来防止发电电动机过电流。

7）自动电压跟踪。在机组同期并网之前使机组电压迅速跟踪系统电压。

8）无功电流补偿。使发电电动机在 AVR 调节下按无功电流形成调差特性。

9）恒功率因数控制。使发电电动机在电动工况时，能按恒功率因数运行。

10）电力系统稳定器（PSS）。通过向电压调节器输入辅助控制信号，使机组对系统故障引起的电气-机械振荡产生阻尼，从而改善机组对功率振荡的响应。电力系统稳定器应具有必要的保护、控制和限制功能。其数学模型满足系统要求，其一般有效抑制低频振荡的频率范围为 0.1～2.0Hz。稳定器所需要的稳定控制信息，应取自发电电动机机组端的电压互感器和电流互感器，其输出分别为 100V 和 1A。

a. PSS 可以采用电功率、频率、转速或它们的组合作为输入信号。

b. PSS 应具有下列功能：

（a）自动投切；

（b）手动投切；

（c）机组有功功率调节时，对励磁调节应无明显影响，应首先选用无反调用的 PSS；

（d）输出幅值：限幅值为发电电动机电压标幺值的 ±5%～±10%；

（e）故障时应自动退出运行；

（f）当采用转速信号时应具有衰减轴承扭振信号的滤波措施；

（g）配置和整定等必须与电力系统相协调，保证其性能满足电力系统稳定运行的要求；

（h）投入 PSS 后，机组本机振荡模式阻尼水平明显提高，区域振荡模式阻尼水平有所改善；

（i）PSS 输出噪声应小于其输出限幅值的 5％；

（j）应具有测试 PSS 特性的模拟量输入和输出的测量口。

11）电压互感器断线保护。当 TV 断线时，应作用于励磁调节系统从主通道的 AVR 调节方式转换至备用通道的 AVR 调节方式。当备用 TV 通道断线时，励磁调节系统从 AVR 方式切换到 FCR 方式。

12）故障自动检测。监视励磁调节系统各功能单元工作是否正常。当电路元件或设备异常时，应立即发出故障信号，显示故障性质和部位，并使调节器系统工作在安全方式下。

13）其他辅助功能。

（7）励磁调节器微处理机：

1）应采用权威部门认可在工业环境中使用的高可靠性、低功耗、抗干扰性能强的 64 位或以上的工业用微处理机，其平均无故障时间应大于 40 000h。

2）微处理机应有足够的存储器容量和输入、输出接口，存储器容量和输入、输出接口应分别有 50％和 20％以上余量。

3）微处理机软件应能满足多级中断响应、调节计算、逻辑控制、数据采集、信息交换、故障诊断、容错功能等要求。并能采用通用高级计算机语言和梯形图逻辑，功能模块逻辑或相当的图形编程方法。

4）对于涉及安全运行的重要信息、控制命令和事故信号，需通过硬布线 I/O 直接接入机组 LCU。励磁系统与 SFC 之间的信息交换应采用硬布线接入。

5）数字式励磁调节系统还应提供一个数字通信接口，作为与编程调试终端的通信接口。

6）数字式励磁调节系统应设有完善的自检功能和容错功能。

7）移相电路应采用余弦移相，控制角与控制电压呈线性关系，且与可控桥交流侧电压无关。

5.5.10 控制、保护、测量、信号系统

（1）控制。

1）励磁系统应能接受计算机监控系统的机组现地控制单元（LCU）的指令，按自动或分步操作的方式，完成机组启动、停止、电制动、工况转换控制和运行调节。为此，励磁系统应与机组现地控制单元交换下列输入、输出信号（以 I/O 接口形式），以满足控制要求：

a. 自动电压调节器增、减指令；整定值达到上限、下限、空载等位置的输出信号。

b. 自动励磁电流调节器增、减指令；整定值达到上限、下限、空载等位置的输出信号。

c. 双调节通道之间的切换指令，每个通道的 AVR、FCR 之间的切换指令。

d. 磁场断路器跳、合闸指令及位置输出信号。

e. 交流侧断路器跳、合闸指令及位置输出信号。

f. 各种控制指令，如发电启动、背靠背发电启动、背靠背电动工况启动、SFC 电动工况启动、正常停机、紧急停机、电制动投/切、机组断路器位置信号、电制动短路开关位置信号、95％同步转速、50％同步转速等信号。

2）励磁系统至少应能在现地进行下列操作：

a. 现地/远方控制方式选择；

b. 自动电压调节器增、减调节；

c. 自动励磁电流调节器增、减调节；

d. 双调节通道之间的切换，每个通道的 AVR、FCR 之间的切换；

e. 磁场断路器跳、合闸；

f. 交流侧断路器跳、合闸；

g. 电制动投/切选择；

h. 起励方式选择；

i. 励磁系统现场试验所需的各种操作。

（2）保护继电器和辅助继电器。

1）励磁系统应装设下列保护。

a. 励磁过电压：监视励磁系统故障造成的励磁回路持续过电压现象；

b. 定子低电压：用于电气制动控制；

c. 励磁低电压：作为失磁保护的辅助判据。

2）励磁系统应设有必要的辅助继电器，以满足控制、保护、监视、信号等回路的要求。除电源监视继电器外，各辅助继电器不应长期处于带电动作状态。

（3）测量。

1）变送器：变送器应具有足够的绝缘耐压强度，其输出应完全与被测量电路隔离，输出回路应采用屏蔽电缆。变送器精度优于0.5%，采用直流4～20mA模拟量输出。变送器数量应保证不少于6个励磁电压和6个励磁电流独立输出。

2）磁场温度测量（软件实现）。

3）励磁控制柜应配置不小于17in的彩色液晶触摸屏，中文显示界面，可实现现地操作、控制和信息显示、报警提示。其显示的主要内容如下（不限于此）：

　a. 励磁电流。

　b. 励磁电压。

　c. 定子电压。

　d. 无功功率。

　e. 励磁变压器低压侧三相交流电流。

　f. 励磁变压器低压侧交流电压。

　g. 磁场温度。

　h. 双调节通道输出平衡参数。

　i. 其他必要的监视参数。

4）励磁控制柜正面的板面上至少装设下列仪表：

　a. 励磁电流表。

　b. 励磁电压表（应能切换测量转子绕组正极对负极、正极对地、负极对地的电压）。

　c. 定子电压表。

5）励磁控制柜盘面上应设有选测表和/或必要的测试孔，以便对下列数值进行选测和测试：

　a. 调节器输入电压和电流。

　b. 电压给定值。

　c. 励磁电流给定值。

　d. 控制触发输出电压。

　e. 所有限制器的输出。

　f. 所有控制器（包括PSS）的输出。

　g. 各设定值。

　h. 其他维护、定期校验和故障检测所需要的测试量。

（4）励磁系统信号。励磁系统至少应提供下列信号：

1）冷却风机故障及风机电源故障。

2）冷却风温度过高。

3）单个晶闸管熔断器熔断。

4）并联支路中两个或多个晶闸管熔断器熔断。

5）触发脉冲消失。

6）欠励限制器动作。

7）过励限制器动作。

8）最大励磁电流限制器动作。

9）U/f限制器动作。

10）定子电流限制器动作。

11）PSS动作。

12）调节通道自动切换。

13）励磁回路过电压。

14）励磁回路过负荷保护动作。

15）励磁控制回路电源消失。

16）电压互感器断线保护动作。

17）调节器辅助电源故障。

18）主用励磁调节系统故障。

19）备用励磁调节系统故障。

20）电制动故障。

21）控制程序超时故障。

22）强行励磁动作。

23）起励故障信号。以上信号除现地显示外，还应采用通信接口传送给机组LCU；励磁系统还应通过硬布线提供一个总故障信号和一个总跳闸信号输入至机组LCU的I/O模块。励磁系统装置应根据不同故障类型分别输出停机和跳闸信号，并通过硬布线方式输入至机组LCU的I/O模块。

5.5.11 辅助电源

（1）两个励磁调节通道中的每个励磁调节器均采用两路电源（一路直流和一路交流）供电。

（2）励磁系统控制回路电源采用直流电源，励磁调节系统备用电源应采用厂用交流电源。励磁调节系统的主、备用电源的自动切换，不应对调节系统运行产生任何扰动。

(3) 励磁冷却风机电源及励磁系统试验电源应采用厂用交流 380/220V 电源。

(4) 上述各种辅助电源系统应设有必要的控制、保护装置。

5.5.12 母线及连接电缆

(1) 励磁变压器低压侧交流断路器柜与励磁整流柜之间应采用全绝缘浇注母线连接。全绝缘浇注母线满足以下要求：

1) 母线截面应满足励磁系统设备正常运行和短路情况下的动热稳定要求；

2) 不会排放有毒气体；

3) 防护等级应达到 IP68，防撞等级应达到 IK10；

4) 母线槽应具有在 1.2 倍额定电流下，持续正常工作 2h 的能力；

5) 绝缘等级达到 B 级；

6) 母线材质采用高导电率铜材，导电率不小于 98%，且铜的纯度大于 99.9%。母线阻抗（80℃）应小于 $650 \times 10^{-7} \Omega/M$；

7) 防火特性：防火型汇流排 840℃耐受 30min；750℃耐受 3h；

8) 穿墙防火阻隔等级符合 IEC 60332-3 达 S120 级；

9) 垂直管道间防火阻隔符合 IEC 60332-3 的要求；

10) 防爆达到 EEx m Ⅱ 级；

11) 在环境温度 40℃时，其母线内部导体及连接处的额定电流温升低于 55K；

12) 具低电磁干扰特性；

13) 全绝缘浇注式母线槽的结构，应能布置在楼板或支架上，也能悬挂在梁或其他构筑物上，支、吊点位置处应设置固定措施，并制定支吊架固定方案；

14) 全绝缘浇注式母线槽的支、吊架跨距应设计合理，应保证支持跨距避开共振区，保证设备安全可靠运行；

15) 外壳支持构件应具有适量可调整功能，母线及支撑部件的设计和制造应允许在钢和砖石结构的建筑偏差范围内进行调整；

16) 全绝缘浇注式母线槽在轴向和辐向，应能满足支架或基础在 40mm 以内的不同沉降和位移；

17) 全绝缘浇注式母线导体直线段误差不超过本身长度的 0.1%；

18) 全绝缘浇注式母线段间导体连接的紧固件，宜采用非铁磁性材料，以免产生感应电流导致过热，接头螺栓螺母连接件应能防止松动，螺接面电流密度不大于 $0.1A/mm^2$；

19) 在全绝缘浇注式母线槽引出线接头和外壳的适当位置要标志黄、绿、红相序标记和接地标记；

20) 全绝缘浇注式母线槽、母线引出线和在现场浇注接头的绝缘外壳表面应光滑平整，无裂缝；

21) 全绝缘浇注式母线安装完成后，工频耐压试验，绝缘试验应按相关标准进行；

22) 免维护保养，产品安全运行寿命不小于 50 年；

23) 产品须通过机械负载试验、温升试验、短路强度试验、保护电路连续性试验、介电强度试验、绝缘电阻试验等型式试验，并有 3C 强制认证证书。

(2) 励磁柜至转子绕组之间采用直流电缆连接，正、负极应分别设置单独电缆，电缆需根据实际情况进行选型计算。

第 6 章　变频启动系统（SFC）

6.1　编制依据

变频启动系统的设计应遵守以下设计标准、规程规范，所用标准为最新版本标准。当各标准不一致时，应按较高标准的条款执行。

GB/T 1094.1—2013　电力变压器　第 1 部分：总则

GB/T 1094.5—2008　电力变压器　第 5 部分：承受短路的能力

GB/T 1094.6—2011　电力变压器　第 6 部分：电抗器

GB/T 1094.11—2007　电力变压器　第 11 部分：干式变压器

GB/T 1094.12—2013　电力变压器　第 12 部分：干式电力变压器负载导则

GB/T 1984—2014　高压交流断路器

GB/T 1985—2014　高压交流隔离开关和接地开关

GB/T 3859.1～4　半导体变流器

GB/T 3906—2006　3.6kV～40.5kV 交流金属封闭开关设备和控制设备

GB/T 10228—2015　干式电力变压器技术参数和要求

GB/T 11022—2011　高压开关设备和控制设备标准的共用技术要求

GB/T 12668.1~8　调速电气传动系统

GB/T 18482—2010　可逆式抽水蓄能机组启动试运行规程

NB/T 10072—2018　抽水蓄能电站设计规范

DL/T 402—2016　高压交流断路器

DL/T 403—2017　高压交流真空断路器

DL/T 404—2018　3.6kV~40.5kV 交流金属封闭开关设备和控制设备

DL/T 486—2010　高压交流隔离开关和接地开关

DL/T 593—2016　高压开关设备和控制设备标准的共用技术要求

DL/T 866—2015　电流互感器和电压互感器选择及计算规程

DL/T 1302—2013　抽水蓄能机组静止变频装置运行规程

6.2　变频启动系统设计原则

变频启动系统设计原则如下：

（1）目前抽水蓄能电站机组容量均较大，应采用变频（SFC）启动作为泵工况启动方式。机组台数 6 台及以上时，选用 2 台变频启动装置；机组台数少于 6 台时，选用 1 台变频启动装置，并以背靠背启动作为泵工况辅助启动方式。

（2）SFC 装置应满足机组在水泵水轮轮机转轮室压水条件下启动的要求。机组启动过程加速时间不大于 4min，即应在 4min 内将机组从静止状态加速到额定转速，并应符合电站总体工况转换时间相关项的要求。

（3）不允许采用外置滤波装置的方式限制 SFC 运行时，对电网系统及电站发电机电压系统、高低压厂用电系统产生的电压正弦波畸变率和馈送的谐波电流。

（4）SFC 装置应配置输入侧的隔离变压器（即输入变压器）。SFC 运行产生的谐波电压和电流应不影响机组保护、励磁、调速器、自动准同步装置、计算机监控系统设备和发电机电压设备、中性点设备、厂用电设备及其他设备的正常运行，不引起相关回路的谐波放大和谐振。

6.3　变频启动系统功能要求

SFC 装置应满足机组频繁启停的要求，能连续逐一启动电站各台机组，留有两次启动失败再启动的裕度，即一个工作周期内能连续启动 $n+2$ 次的能力（n 为机组台数）；并具有间隔时间 30min 后再次运行一个工作周期的能力。

为满足电站初期启动调试的需要，SFC 装置应具有双向拖动机组旋转的功能，并应具备拖动机组在额定转速下连续运行 4h 的能力。

自动控制功能：SFC 与电站计算机监控系统配合完成水泵启动，并与电站计算机监控系统完成数据和信息交换。SFC 接受电站计算机监控系统启动指令后，应能自动执行全部启动过程并恢复，准备启动下一台机组。

现地和远方手动控制功能如下：

（1）SFC 接受现地或远方手动启动指令后，应能自动执行全部启动过程，并恢复以备下一台机组的启动。

（2）手动分步控制：SFC 应能根据运行要求实现现地手动分步控制，可在 5%~105% 额定转速内调节机组转速，可以通过手动方式修改转速。

（3）SFC 应设置手动控制抽水调相的试验接口。

（4）控制方式由安装在 SFC 屏上的选择开关选定，试验方式应能开环控制方式，以满足静态试验要求。选择开关位置信号应送入电站计算机监控系统。

（5）SFC 现地控制屏应装置紧急停机按钮。

（6）SFC 应有频率设定和频率跟踪功能，机组同步过程中 SFC 能根据机组同步装置的增速和减速脉冲自动调整 SFC 的频率。

（7）SFC 应有频率稳定的功能，使机组频率自动保持在给定频率，波动值在规定范围内。

6.4　变频启动系统配置要求

变频启动装置（SFC）电源侧配置输入变压器，采用低压整流器/逆变器的接线方式，输入变压器一次侧额定电压等同于机组的额定电压，经输入变压器降压；输入变压器的二次侧额定电压、SFC 整流器和逆变器及辅助设备的额定电压低于机组的额定电压。设置输出变压器及旁路切换开关，输出变压器一次侧额定电压为逆变器的输出电压，经输出变压器升压，二次侧额定电压与机组额定电压相同。同时为了限制输入、输出短路电流和谐波，保证 SFC 系统安全稳定运行，在 SFC 输入、输出侧配置输入、输出电抗器。

每套 SFC 系统包括但不限于以下设备：输入电抗器、输入断路器、输入变压器、电流互感器、电压互感器、输入侧暂态过电压保护装置、整流器和逆变器、直流平波电抗器、切换开关、输出变压器、输出断路器、输出电抗器、输出侧暂态过电压保护装置、冷却系统、控制系统、保护和监测系统，上述设备之间连接用的电缆、全绝缘浇注母线。

除变压器本体外，SFC装置各部件（包括控制、保护、测量及其附属设备）均应装入金属封闭柜中。SFC输入断路器、输出断路器及其附属设备装于铠装式金属封闭开关柜内，SFC控制系统、整流桥、逆变桥、冷却系统、输出切换开关需组柜安装，各屏柜均布置在SFC盘柜室。SFC输入/输出电抗器，输入/输出变压器均布置在各自专用房间，直流电抗器根据实际情况可布置在SFC盘柜室内。各电抗器应尽可能采用金属外壳封闭式结构。

6.5　变频启动系统主要技术参数和技术要求

6.5.1　总体技术参数及要求

（1）可靠性指标。

1）SFC的可用率应不低于99.9%；

2）平均无故障工作时间（MTBF）应大于40 000h；

3）平均修复时间（MTTR）应不大于14h；

4）使用寿命不小于30年；

5）SFC启动成功率应不低于99.6%（在商业运行6个月后）。

（2）谐波电流及电压波形畸变率。SFC接入点（输入电抗器和离相封闭母线连接点）的谐波电压畸变率允许值：

1）谐波电压总畸变率不大于4%；

2）奇次谐波电压含有率不大于3.2%；

3）偶次谐波电压含有率不大于1.6%。

此外，谐波电压还应满足IEC 61000的有关要求。

（3）SFC应适应的厂用电波动范围。厂用电电压和频率、直流电压范围如下，SFC设备应能在此范围内正常工作。

1）交流380/220V系统：电压允许偏差为额定值的±15%，频率偏差范围为±2%。

2）直流220V系统：电压允许偏差为额定值的−20%～+10%。

（4）SFC装置在屏外1m处产生的30～500MHz电磁波强度应小于1V/m，噪声小于80dB（A）；屏外1m处频率为30～500MHz的干扰电磁波强度低于10V/m时，SFC应能正常工作。

（5）SFC系统应采用电站统一的时钟同步源，并具备事件实时记录存储

功能，存储的数据在断电或浸水等情况下可读取。

6.5.2　输入/输出变压器

（1）形式。宜采用户内、三相、铜绕组、油浸或干式、自冷、水冷或风冷变压器。推荐使用干式变压器。

（2）额定值。

1）额定容量。满足SFC系统容量的要求。

2）额定电压。输入变压器一次侧和输出变压器二次侧电压与机组额定电压相同；输入变压器二次侧和输出变压器一次侧电压根据实际情况由SFC系统厂家确定。

（3）SFC输入输出变压器在使用寿命期内，每年应能耐受不少于2000次额定电压合闸冲击。

（4）在变压器的一次侧和二次侧，应当根据SFC系统保护及测量要求配备电流互感器。

（5）油浸式变压器要求如下：

1）变压器绝缘油顶层温升不超过55K（温度计法），线圈温升不超过65K（电阻法），铁芯本体温升不超过65K。

2）储油设备（包括储油柜）应完全密封。

3）变压器油冷却器的油管应为双层铜管型，冷却器应按1.5倍设计压力进行耐压试验，历时30min。在此过程中，冷却器不得出现任何损坏或渗水，冷却器不得出现渗漏和任何有害变形。冷却器冷却水供排水管接口之间的压降不得超过0.1MPa。

4）变压器应设置轻、重瓦斯保护，温度保护、油位异常保护、压力释放保护以及冷却系统故障保护。变压器非电量保护应设置独立的电源回路和出口跳闸回路，并与电气量保护完全分开，并同时作用于断路器两个跳闸线圈，在保护柜上的安装位置也应相对独立。变压器非电量保护的引入电路应包括信号继电器、辅助继电器、连接片、跳闸和闭锁逻辑等电路。非电量保护中间继电器应由220V直流启动，启动功率大于5W，动作速度不宜小于10ms。变压器非电量保护动作信号应输入变压器电气保护装置。

5）变压器本体温度检测。应具有测量油温和绕组的温度计、测温电阻和温度变送器，数量至少各两只。温度计应带有两对电气独立接点。测温电阻应选用双元件铂型［0℃时，（100±0.1）Ω］，每个测温电阻应采用三根引线接至

变压器控制柜。

6）冷却系统温度检测。应为变压器冷却器总进出水口提供水温温度表（带有两对独立接点），温度变送器（4～20mA），并接入电站计算机监控系统。

（6）干式变压器技术要求如下：

1）变压器绕组最大温升不超过100K，并应考虑整流器产生谐波使变压器绕组产生附加发热影响。

2）变压器应具有良好的阻燃性能。变压器的接线端子应有足够的面积与多根电缆连接。

3）变压器高、低压绕组之间应设有金属屏蔽并接地。

4）变压器应带金属外壳，防护等级应不低于IP21。

5）如果变压器采用强迫风冷（AF）的冷却方式，变压器冷却系统需包含风扇及风扇的自动启停控制系统，包括电路开关、启动器、保护及报警装置。风扇运行引起的噪声应不大于70dB（距风机1m处）。

6）每相应设有一个绕组温度指示器，该指示器应带有两对独立的电气接点，分别作用于报警和跳闸。整定值应适合于现场调整。温度指示器应采用直流DC 220V供电。

7）每相应至少设有两个0℃时阻值为100Ω的铂型电阻温度探测器，用于测量绕组热点温度。

8）如果变压器采用强迫风冷的冷却方式（AF），应提供足够的温度控制接点用于风扇自动控制、并输出风冷控制系统报警接点和延时跳闸接点至电站计算机监控系统和继电保护装置。

6.5.3　输入/输出电抗器

在两处SFC引接电源输入端应各设置一组交流电抗器用以限制短路电流和谐波，要求通过电抗器后最大三相短路电流周期分量有效值应小于25kA。为保证SFC安全可靠运行，输出端设置交流电抗器一组。

（1）形式。户内、单相、干式、铝线、自然冷却、防潮。

（2）交流电抗器设在SFC输入端和输出端，其容量和电感值应考虑限制启动回路短路电流抑制换流过程中的电流突变，保证整流器和逆变器稳定运行，应满足SFC设备任一处故障不损坏SFC所有设备的要求。

（3）输入/输出电抗器一端均用全绝缘浇注母线或电缆接至SFC输入/输出断路器柜，另一端用离相封闭母线接至启动回路。

6.5.4　输入/输出断路器

（1）形式。输入/输出端应装设中置移开式三相真空断路器，断路器及其附属设备装于铠装式金属封闭开关柜内。

（2）断路器应具有除了频率低于20Hz之外各种运行条件下的开断能力，电源侧断路器应能操作空载的输入变压器而不产生危险的过电压。

（3）输出端的断路器在变频装置启动过程中，在特殊开断频率范围内，特别在中低频阶段SFC出口处发生短路，应能可靠开断。

（4）输入、输出断路器与隔离开关之间应有可靠的防止误操作的电气闭锁；输入断路器柜中的检修接地开关与输入断路器之间应有可靠的防止误操作的机械闭锁；两个输入断路器之间应有可靠的防止误操作的电气闭锁。

（5）应在SFC输入断路器柜内配置多功能电参数测量表。

（6）每个输入/输出断路器配有两个DC 220V跳闸线圈。

（7）SFC输入/输出断路器控制回路，断路器跳合闸回路监视信号应上送监控系统。采用硬接点上送至监控的信号应包括但不限于断路器分、合信号，接地开关分、合信号，控制电源正常、动力电源正常、断路器远方控制等。

（8）SFC输入/输出断路器应有不少于12对常开和12对常闭辅助位置接点，供电气闭锁和远方开关位置指示。所有的接点应具有220V DC 2.5A开断能力和10A持续电流能力。

（9）输入/输出断路器柜内应具有加热除湿自动控制回路。

6.5.5　电压互感器和电流互感器

（1）输入回路电流互感器。

1）SFC输入断路器回路每相配置4个电流互感器，其中1个用于输入变压器保护、1个用于测量，2个用于电站主变压器保护。TA宜布置在专用TA柜内。

2）电流互感器应能承受额定短时热稳定电流（有效值）及其持续时间4s所产生热应力和机械应力。

3）电流互感器一次绕组有故障电流通过时二次侧所接仪表安全不损坏，TA仪表级保安系数F_s不大于5。

4）电流互感器应有直径不小于12mm的接地螺栓或其他供接地线连接用的零部件。接地处应有明显的接地符号标志。二次出线端螺栓直径不小于6mm。所有端子（包括螺栓、螺母、垫圈等）应用铜或铜合金制成，并有可靠防锈镀层，端子板应有良好的绝缘性能和防潮性能。

5）用于各差动保护的电流互感器的特性应完全一致。

6）TPY 型电流互感器要求如下：

主变压器容量为 300MVA 及以上时，用于主变压器保护的两个电流互感器须配置 TPY 型号电流互感器，要求如下：

a. TPY 型保护用 TA 容量为 5Ω。

b. 一次系统短路电流直流分量衰减的时间常数 T_p 为 240ms。

c. 满足工作循环为 C-100ms-O 的要求。

d. 短路电流倍数 $K_{ssc}＝10$。

e. 在额定一次电流下，比值差不大于 ±1%，相位差不大于 ±60′。

f. 在准确限值条件下最大峰值瞬时误差不大于 10%，剩磁不超过饱和磁通的 10%。

（2）SFC 主回路电压互感器和电流互感器。

1）在 SFC 装置主回路应设置足够数量的电压互感器和电流互感器。电压互感器和电流互感器的数量，布置位置、变比、精度、特性、容量和形式应满足保护、测量和监控的需要。

2）波形畸变应不影响电压互感器和电流互感器正常工作，布置在逆变桥交流侧的电压互感器和电流互感器应有良好的低频特性，频率在 2～55Hz 范围内变化时，精度应满足保护和测量的要求。

3）电压互感器和电流互感器应安装在密封防尘的屏内，二次电压和二次电流回路应接至屏内端子排上。

6.5.6 切换开关

逆变器出口设置 1 组切换开关及 1 组输出变压器出口旁路切换开关，带接地开关。

（1）额定频率为 50Hz。

（2）工作频率为 0～52.5Hz。

（3）切换开关应适合频繁操作，无检修操作次数不小于 5000 次。输出变压器出口旁路切换开关应保证频率升至 3%～15% 额定频率条件下可靠分闸。

（4）切换开关之间，切换开关与输出断路器之间应有可靠的防止误操作的电气闭锁；切换开关与接地开关之间应有可靠的防止误操作的电气闭锁，如果为一体安装，还应有机械闭锁，以保证安全。电气闭锁回路不能用重动继电

器，应直接用断路器或隔离开关、接地开关的辅助触点。

（5）切换开关应设在金属柜内，并配置控制箱（柜），应能就地和远方电动操作，操动机构、开关位置指示及其他辅助设备应满足自动和手动、现地和远方控制和监视隔离开关的要求。

（6）操动机构电动机电源为交流 380V，控制电压为 220V DC。当电动机接线端子的电压在其额定电压的 80%～110% 范围内时，切换开关的隔离开关应可靠分闸和合闸。各相主隔离开关的合闸不同期性应能方便地调整，合闸终了时应可靠保证接触。

（7）操动机构应安装有不少于 12 对常开和 12 对常闭的辅助位置触点供控制、信号及联动回路之用，辅助触点应可靠接触，具有电压 220V DC 下 2.5A 开断能力和 10A 持续电流能力，应能可靠地通过并切断控制回路的电流。控制箱（柜）还应设置现地/远方选择开关和控制开关、按钮及指示灯、加热器和配套的开关、插座。

6.5.7 整流器和逆变器

（1）整流桥和逆变桥应为三相全控桥，其中晶闸管整流桥应为 6 脉冲或 12 脉冲，每臂并联支路数为 1。桥臂串联晶闸管元件个数应尽量少。

（2）应保证在正常工作及各种故障情况下，晶闸管元件不因过电压或过电流而损坏。桥臂中每臂应有一只冗余晶闸管，当冗余晶闸管故障时，晶闸管的电压裕度应不低于 1.1 倍的额定工作电压的两倍。

（3）晶闸管元件采用非直接的光传输电触发方式，触发脉冲应采用光缆传输。SFC 系统应具备防止晶闸管元件表面结露的措施，避免 SFC 晶闸管元件损坏。晶闸管元件冷却方式应优先采用强迫风冷，也可采用强迫水冷。如采用水冷，需要考虑 SFC 装置安装地点的环境温度，冷却水管路应装设控制阀门及测量、控制元件，并应采取防结露措施。

（4）采用强迫风冷系统：各晶闸管的冷却条件须一致，进风口应设置合适的过滤器；冷却风扇一主一备，采用两回 380V 交流电源，自动切换。

（5）采用强迫水冷系统：冷却水源取自厂内技术供水系统，并提供备用的热交换器。进水口应装设冷却水开启、关闭电磁阀，出水口应装设示流信号器，管路应采用不锈钢。拔出任一晶闸管元件不应漏水、渗水，冷却用循环水应允许采用一般蒸馏水，并采取措施避免未净化水与循环水在热交换器故障时混合。二次冷却回路的冷却器两侧应设置有检修用隔离阀门。

（6）晶闸管整流桥和逆变桥装在屏内，晶闸管元件应有温度监视、工作状态监视、触发脉冲检测、紧急触发系统以及其他必要的检测系统和辅助设备。

（7）晶闸管元件对地绝缘水平应不低于相同电压等级电气设备的对地绝缘水平。触发系统的绝缘水平应与晶闸管元件绝缘水平相适应。

（8）在每支路的串联晶闸管中，每个晶闸管应设过电压自触发保护回路。晶闸管的交直流侧均应装设相应的过电压保护设备及过电流保护设备。

6.5.8　暂态过电压保护装置

（1）SFC整流桥和逆变桥交流侧应各设一套暂态过电压保护装置。

（2）形式：单相、无间隙避雷器与电容器并联方式或其他有效的方式。

（3）暂态过电压保护装置参数选择应保证晶闸管元件和其他设备不因暂态过电压而损坏。

（4）暂态过电压保护装置应安装在密闭柜内，记录暂态过电压保护装置动作次数的计数器应设在屏面密封观察窗附近。

（5）暂态过电压保护装置各部件（如避雷器、电容器、电阻器等）均应符合各自相应的IEC标准。

6.5.9　直流电抗器

（1）形式。户内单相、空芯或铁芯、干式、铜线、自然空气冷却、防潮。

（2）直流电抗器应保证逆变器在所有运行工况时可靠地工作。

（3）绝缘等级：H级。

（4）绕组温升：80K。

（5）直流电抗器应充分考虑限制直流回路中电压和电流的谐波分量及直流电流上升速度，应对电抗器进行直流耐压试验。

6.5.10　全绝缘浇注母线及电缆

SFC输入变压器至功率柜、SFC输出隔离开关至SFC输出变压器均采用全绝缘浇注母线连接，输出变压器至输出断路器之间、输出断路器至输出电抗器之间，SFC输入电抗器至输入开关柜、输入开关柜至输入变压器、功率柜与直流电抗器之间采用全绝缘浇注母线或电缆连接。

（1）全绝缘浇注母线。

1）母线截面应满足SFC系统设备正常运行和短路情况下的动热稳定要求。

2）不会排放有毒气体。

3）防护等级应达到IP68；防撞等级应达到IK10。

4）母线槽应具有在1.2倍额定电流下，持续正常工作2h的能力。

5）绝缘等级达到B级。

6）母线材质采用高导电率铜材，导电率不小于98%；且铜的纯度大于99.9%。母线阻抗（80℃）应小于$650\times10^{-7}\,\Omega/M$。

7）防火特性：防火型汇流排840℃耐受30min；750℃耐受3h。

8）穿墙防火阻隔等级符合IEC 60332-3达S120级。

9）垂直管道间防火阻隔符合IEC 60332-3的要求。

10）防爆等级为EEx m Ⅱ级。

11）在环境温度40℃时，其母线内部导体及连接处的额定电流温升低于55K。

12）具低电磁干扰特性。

13）全绝缘浇注式母线槽的结构，应能布置在楼板或支架上，也能悬挂在梁或其他构筑物上，支、吊点位置处应设置固定措施，并制定支吊架固定方案。

14）全绝缘浇注式母线槽的支、吊架跨距应设计合理，应保证支持跨距避开共振区，保证设备安全可靠运行。

15）外壳支持构件应具有适量可调整功能，母线及支撑部件的设计和制造应允许在钢和砖石结构的建筑偏差范围内进行调整。

16）全绝缘浇注式母线槽在轴向和辐向，应能满足支架或基础在40mm以内的不同沉降和位移。

17）全绝缘浇注式母线导体直线段误差不超过本身长度的0.1%。

18）全绝缘浇注式母线段间导体连接的紧固件，宜采用非铁磁性材料，以免产生感应电流导致过热，接头螺栓螺母连接件应能防止松动，螺接面电流密度不大于$0.1A/mm^2$。

19）在全绝缘浇注式母线槽引出线接头和外壳的适当位置要标志黄、绿、红相序标记和接地标记。

20）全绝缘浇注式母线槽、母线引出线和在现场浇注接头的绝缘外壳表面应光滑、平整、无裂缝。

21）全绝缘浇注式母线安装完成后，工频耐压试验，绝缘试验应按ANSI标准进行。

22）免维护保养，产品安全运行寿命不小于50年。

23）产品须通过机械负载试验、温升试验、短路强度试验、保护电路连续性试验、介电强度试验、绝缘电阻试验等型式试验，并有3C强制认证证书。

24）全绝缘浇注式母线绝缘材质可采用环氧树脂或火山岩无机矿物质。

（2）中压电缆。

1）形式：交联聚乙烯绝缘、单芯、铜芯、无卤低烟、A 级阻燃电缆。

2）电缆及用于制造电缆的材料的电气特性应符合国家和国际相关标准。

3）电缆的外护层需加阻燃剂，阻燃等级为 A 级。

4）电缆终端的额定电压等级及其绝缘水平，应不低于所连接电缆的额定电压等级及其绝缘水平。应采用冷缩型电缆终端。

5）电缆外表皮必须从 0 开始每隔 1m 印制米数，要求字迹清晰，不易脱落。

6.5.11 控制、保护、测量系统

（1）微处理机。

1）SFC 装置采用微机控制，微处理机应为高可靠性、低噪声、低功耗和抗干扰能力强的工业微机。CPU 字长要求不小于 64 位，可用率应不小于 99.9%，平均无故障时间不小于 40 000h。其运算速度应与晶闸管变频装置功能和要求相适应。

2）微处理机应有足够的存储器容量、输入/输出信号接口和模拟量信号接口，存储器容量应有 50% 以上余量，输入/输出接口和模拟量信号接口应有 20% 以上余量。

3）微处理机软件应满足多级中断响应、调节计算、逻辑控制、数据采集、信息交换、故障诊断、容错功能等要求，并能采用高级计算机语言和图形编程方法。

4）SFC 控制装置应有自动对时功能及同步对外接口，实现与计算机监控系统的时钟同步，误差不大于 1ms。

5）SFC 用于控制保护，检测的微机处理器，CPU 应冗余配置。

（2）转子极位测量及测频。

1）采用电气测角和测速方法，提供强迫换流控制信号。相应测速部件、信号传输电缆（或光缆）及其附属设备，每台机组设置一套。

2）SFC 装置控制设备应根据启动机组采集相应转子极位信号和转速信号，不容许采用接点切换方式采集信号。

3）通过在机组静止的情况下加转子电流，感应出定子电压，来测量转子的初始位置。

（3）继电保护。

1）保护装置应采用数字型，有良好的抗干扰和低频特性，不受电压波形畸变影响而误动。采用数字型保护时，保护装置采用独立的双直流电源供电，电源采用无触点切换，应至少配置以下规定的保护：

a. 输入变压器。电流差动保护、过电流保护、过负荷保护、温度保护、冷却系统故障等保护。

b. 输出变压器及其连接设备。电流差动保护、过电流保护、过电压保护、低电压保护、温度保护、冷却系统故障等保护。

c. 晶闸管整流桥、逆变桥、直流电抗器及其连接设备：电流差动保护、过电流保护、电流变化率保护、过电压保护、绝缘故障保护、转子的初始位置故障保护、晶闸管元件脉冲故障保护、冷却系统故障等保护。

d. 其他保护：机组分离故障保护、过速保护、磁通故障保护、过载保护、电源故障保护、紧急停机。输入、输出断路器需具有跳闸回路监视装置，用于监视 SFC 输入、输出断路器的跳闸回路。

2）保护系统的逻辑跳闸电路，要便于外来跳闸信号的引入。

3）保护动作信号和故障报警信号除能在 SFC 盘柜屏面显示外，还应采用通信接口传送给计算机监控系统主变压器洞现地控制单元；SFC 系统还应通过硬布线提供一个总故障信号和一个总跳闸信号输入至主变压器洞现地控制单元的 I/O 模块。

4）SFC 应支持正常启动全过程录波、故障及异常时自动录波、设备任意一段工作状态手动录波。

（4）测量。SFC 控制柜应具有不小于 17in 的彩色液晶触摸屏，可实现现地操作、控制和信息显示、报警提示。SFC 控制柜上至少具有以下电气测量显示内容：SFC 输入线电压、SFC 输入相电流、SFC 输出线电压、SFC 输出相电流、SFC 输出频率、SFC 电动转矩、SFC 有功功率输出、冷却水温度、其他。

（5）与计算机监控系统、机组励磁系统的接口。

1）SFC 与电站计算机监控系统、机组励磁系统交换的开关量信号应采用各自独立的无源接点；SFC 与电站计算机监控系统、机组励磁系统交换的模拟量信号应采用 4～20mA。

2）SFC 控制用微处理机至少应提供两个数字通信接口。一个作为编程调试接口，另一个用于实现与电站计算机监控系统（CSCS）主变压器洞现地控制单元的通信，以便传送控制保护和电气测量信息。SFC 系统与电站计算机监控系统的数字通信可采用现场总线技术。

3）控制系统应设有完善的自检和容错功能。

第7章 直流电源系统

7.1 编制依据

直流系统的设计应遵守以下设计标准、规程规范，所用标准为最新版本标准。当各标准不一致时，应按较高标准的条款执行。

GB/T 2900.41—2008 电工术语 原电池和蓄电池

GB/T 7251（所以部分） 低压成套开关设备和控制设备

GB/T 17478—2004 低压直流电源设备的性能特性

GB/T 19638（所以部分） 固定型阀控密封式铅酸蓄电池

GB/T 19826—2014 电力工程直流电源设备通用技术条件及安全要求

GB/T 21225—2007 逆变应急电源

DL/T 459—2017 电力用直流电源设备

DL/T 637—2019 电力用固定型阀控式铅酸蓄电池

DL/T 724—2000 电力系统用蓄电池直流电源装置运行与维护技术规程

DL/T 781—2001 电力用高频开关整流模块

DL/T 857—2004 发电厂、变电所蓄电池用整流逆变设备技术条件

DL/T 5044—2014 电力工程直流电源系统设计技术规程

DL/T 5137—2001 电测量及电能计量装置设计技术规程

7.2 直流电源系统设计原则

直流电源系统设计原则如下：

（1）直流电源系统应配备：高频开关电源模块，雷击电涌保护器，仪表及电流、电压采集装置，微机监控装置，绝缘监测装置，蓄电池及蓄电池管理单元等。

（2）直流电源系统采用 220V 电压。

（3）电站通常配置地下厂房、地面开关站、上水库和下水库 4 套直流电源系统，如果下水库与地面开关站距离较近，可与地面开关站共用直流电源系统。

（4）地下厂房直流电源系统和地面开关站直流电源系统应装设 2 组蓄电池；上、下水库直流电源系统装设 2 组蓄电池，下水库为检修闸门的可只设 1 组蓄电池。

（5）每组蓄电池组及其充电装置分别接入不同的母线段。2 组蓄电池的直流电源系统，其 2 段直流母线之间应设置联络开关，满足正常运行时 2 段母线切换时不中断供电的要求。

（6）地下厂房直流电源系统一般设置机组分屏和公用分屏及主变压器洞分屏的主、分屏 2 级供电方式，也可在其他负荷相对集中的地方设置分屏。

（7）直流电源系统供电采用放射状结构，严禁环路。

（8）直流电源系统应选用优质高分断直流断路器，开断短路电流能力应满足安装地点直流电源系统最大短路电流的要求。分馈线开关与总开关之间至少应保证 3～4 级级差。

（9）直流电源系统不设降压装置。

（10）直流电源宜采用阀控式密封铅酸蓄电池。

（11）蓄电池事故放电时间按 2h 计算。

（12）应急照明采用逆变应急电源（EPS）或电力用逆变电源系统。

7.3 直流电源系统功能要求

直流电源系统功能要求如下：

（1）满足电站直流负荷的供电要求。

（2）直流系统为长期连续工作制。

（3）具有稳压、稳流及限压、限流特性和软启动特性，避免对电池造成冲击。

（4）具有自动和手动浮充电、均衡充电及自动转换功能。

（5）应具有短路保护功能，短路排除后自动恢复输出。

（6）应具有以下保护报警功能：过温保护、过电压保护、过电流保护、欠电压报警、过电压报警、交流欠电压、交流过电压、缺相报警等。

（7）应具有监控功能，且不依赖微机监控装置独立工作，应具备人机对话功能。应支持与微机监控装置通信、接收，并执行监控装置的指令。

（8）交流输入端设有防过电压设备。

（9）均流：在多个模块并联工作状态下运行时，各模块承受的电流应能做到自动均分负载实现均流。

7.4 直流电源系统配置及设备选型

7.4.1 地下厂房直流电源系统配置要求

地下厂房直流系统主要为地下厂房设备的控制、操作和保护等提供220V直流电源，主要负荷对象包括：各机组LCU、主变压器洞LCU、公用LCU、发电电动机保护装置、变压器保护装置、电缆保护装置（地下侧）、机组故障录波装置、励磁系统、调速系统、机组辅助控制设备、进水阀控制系统、SFC控制设备、机组状态监测系统（现地采集单元）、电力系统安全自动装置、全厂保护及故障信息系统地下厂房采集单元、部分重要的机组自动化元件、地下厂房内的厂用电系统、地下GIS设备、厂房内油气水等公用设备控制系统等。

地下厂房直流电源设备包括2组蓄电池、3套高频开关充电装置、2套直流系统监控装置、2套蓄电池管理单元、2套直流主配电设备、每台机旁的直流配电分柜、公用直流分柜、主变压器洞直流分柜、直流绝缘监测及交流混入检测装置、配电及保护器具、监视仪表等。

地下厂房直流系统主接线采用单母线分段，设母线联络开关。每段母线接一组蓄电池；两段母线接3套充电装置，其中2套充电装置固定接于相应各段母线，第三套充电装置跨接于两段母线之间。正常运行时保证只有1组蓄电池向直流母线供电。为满足在运行中二段母线切换时不中断供电的要求，切换过程中允许2组蓄电池短时并联运行。蓄电池按浮充电方式运行。每面直流馈电分柜内设两段直流母线，两段母线间不设联络开关。

7.4.2 地面开关站直流电源系统配置要求

地面开关站直流系统主要为地面开关站设备控制及操作、开关站LCU、开关站设备继电保护、开关站设备故障录波、电力系统安全自动装置、电能计量、全厂保护及故障信息系统、开关站厂用配电系统、电缆保护装置（地面侧）、开关站UPS等提供直流控制电源。

地面开关站直流电源设备包括2组蓄电池、3套高频开关充电装置、2套直流系统监控装置、2台直流绝缘监测及交流混入检测装置、2套蓄电池管理单元、2套直流配电设备、配电及保护器具、监视仪表等。

地面开关站直流系统采用单母线分段接线，两段直流母线设联络开关。其中2套充电装置固定接于相应各段母线，第三套充电装置跨接于两段母线之间。正常运行时保证只有1组蓄电池向母线供电，为满足在运行中二段母线切换时不中断供电的要求，切换过程中允许2组蓄电池短时并联运行。

7.4.3 上、下水库直流电源系统配置要求

上水库直流系统主要为上水库各闸门启闭机、上水库LCU、上水库配电系统等提供直流控制电源。

下水库直流系统主要为下水库各闸门启闭机、下水库LCU、下水库溢洪道溢流闸门启闭机、下水库配电系统等提供直流控制电源。

上、下水库直流电源设备均包括2组蓄电池、2套高频开关充电装置、2台直流绝缘监测及交流混入检测装置、2台直流系统监控装置、2套蓄电池管理单元、2套直流配电设备、配电及保护器具、监视仪表等，如下水库为检修闸门，各设备按1组配置。

上、下水库直流系统均采用单母线分段接线，两段直流母线设联络开关。正常运行时保证只有1组蓄电池向母线供电，2组蓄电池在倒闸操作时允许短时并联运行。如下水库为检修闸门，则采用单母线接线。

7.4.4 应急照明电源

电站应急照明可采用电力用逆变电源系统或EPS应急电源系统。

1. 电力用逆变电源系统

电站可配置2套电力用逆变电源系统，地下厂房与地面开关站各1套。每套逆变电源装置应具有两路输入，一路从电站用交流220V输入，另一路从站用直流220V输入，正常情况下由交流供电，交流故障时应无间断切换到直流供电。

2. EPS应急电源系统

电站可配置2套EPS应急电源系统，地下厂房与地面开关站各1套。每套EPS应急电源系统应自带一组蓄电池及充电器。每套EPS应急电源系统有2回400V三相四线交流进线电源和1回220V直流进线电源（自配蓄电池）。地下厂房、地面开关站EPS蓄电池组事故放电时间按不少于90min设置。

地下厂房及地面开关站EPS应急电源系统均包括1组蓄电池、1面主机柜、1面配电柜。蓄电池采用电池架安装。

正常情况下，EPS 应急电源系统工作在旁路方式，两回 400V 厂用电经双电源切换后为应急照明设备供电，电流不通过逆变装置；当厂用电源故障时，自动切换装置（静态开关）动作，应急照明设备由蓄电池经过逆变器供电。当厂用电源从故障状态恢复正常时，自动切换装置（静态开关）动作，逆变器自动退出运行，应急照明设备恢复至由 400V 厂用电供电。

EPS 应急电源系统应设置维修旁路开关。

7.5 直流电源系统主要设备技术参数和技术要求

7.5.1 直流电源系统主要技术参数

交流输入额定电压：三相四线 380V。

交流电源频率：50Hz。

直流输出额定电压：220V。

稳流精度：≤±1%。

稳压精度：≤±0.5%。

纹波系数：≤0.5%。

效率：≥90%。

噪声：<55dB（距离装置 1m 处）。

平均无故障时间（MTBF）：≥100 000h。

7.5.2 高频开关电源模块

（1）主要技术参数如下：

1）交流输入额定电压：三相 380V。

2）交流输入额定频率：50Hz。

3）直流额定输出电压：220V。

4）额定输出电流：40/20A。

5）功率因数：≥0.90。

6）稳流精度：≤±1%。

7）稳压精度：≤±0.5%。

8）纹波系数：≤0.5%（采用峰-峰值计算）。

9）效率：≥90%。

10）软启动时间：2～10s。

11）高频模块并联工作时输出电流不均衡度：<±5%。

（2）技术要求如下：

1）应具有监控功能，且不依赖监控单元独立工作，应具备人机对话功能。应支持与监控单元通信、接收并执行监控装置的指令。

2）应具有短路保护功能，短路排除后自动恢复输出。

3）应具有以下保护报警功能：过温保护、过电压保护、过电流保护、欠电压报警、过电压报警、交流欠电压、交流过电压、缺相报警等。

整流模块支持带电热插拔。

冷却方式为自冷或智能风冷。

7.5.3 蓄电池

环境温度在 −10～+45℃ 条件下，蓄电池性能指标应满足正常使用要求。

蓄电池在环境温度 20～25℃ 条件下，浮充运行寿命不应低于 15 年。

蓄电池组按规定的试验方法，10h 率容量应在第一次充放电循环时不低于 $0.95C_{10}$，五次循环应达到 C_{10}。2V 蓄电池放电终止电压为 1.85V，12V 蓄电池终止电压为 11.10V。0℃ 时蓄电池有效可用容量应不低于 85% 额定 10h 放电率容量。

蓄电池间接线板、终端接头应选择导电性能优良的材料，并具有防腐蚀措施。蓄电池槽、盖、安全阀、极柱封口剂等材料应具有阻燃性。

蓄电池必须采用全密封防泄漏结构，外壳无异常变形、裂纹及污迹，上盖及端子无损伤，正常工作时无酸雾溢出。

蓄电池极性正确，正负极性及端子应有明显标志。极板厚度应与使用寿命相适应。

同一组蓄电池中任意两个电池的开路电压差，对于 2V 单体电池不应超过 30mV。

蓄电池使用期间安全阀应能自动开启闭合，闭阀压力应在 1～10kPa 范围内，开阀压力应在 10～49kPa 范围内。

两个蓄电池之间连接条的压降，$3I_{10}$（I_{10} 表示蓄电池 10h 放电率电流）时不超过 8mV。

电池组间互连接线应绝缘，终端电池应提供外接铜芯电缆至直流柜的接线板。

蓄电池以 $30I_{10}$ 的电流放电 1min，极柱不应熔断，其外观不得出现异常。

蓄电池封置 90 天后，其荷电保持能力不低于 85%。

蓄电池的密封反应效率不低于 95%。

蓄电池需具有较强的耐过充能力。以 $0.3I_{10}$ 电流连续充电 16h 后，外观应无明显变形及渗液，蓄电池自放电率每月不大于 4%。

蓄电池在 $-30℃$ 和 $65℃$ 时封口剂应无裂纹和溢流。

蓄电池组应考虑装设蓄电池管理单元的位置。

每节蓄电池应有编号。

7.5.4 监控单元

监控单元是高频开关电源及其成套装置的监控、测量、信号和管理系统的核心部分。该单元能综合分析各种数据和信息，对整个系统实施控制和管理。

监控单元应能适应直流电源系统各种运行方式，具备液晶汉显人机对话界面，应能与成套装置中各子系统通信，并可与电站计算机监控系统通信，通信接口为 RS-485、RS-232 或以太网。

监控单元应能显示充电装置输出电压、充电装置输出电流、母线电压、电池电压、电池电流、两路三相交流输入电压、各模块输出电压电流、各种报警信号、各种历史故障信息、单体电池电压、电池组温度等信息。

监控单元应能对以下故障进行报警：交流输入过电压、欠电压、缺相，直流母线过电压、欠电压，电池欠电压，模块故障，电池单体过电压、欠电压等。该单元应有自身故障硬接点输出。

当系统在断电之后重新启动时，应按电池的放电容量或放电时间确定进行均充或浮充，均充结束后自动转入浮充状态，充电过程自动控制。

7.5.5 蓄电池管理单元

蓄电池管理单元应具备的主要功能：监测蓄电池单体电压，对蓄电池充、放电进行动态监测，并应具备对蓄电池组温度进行实时测量功能。本单元可独立设置，也可分别由监控单元和检测模块来完成。蓄电池采样线需经过带熔丝端子连接到蓄电池管理单元。蓄电池电压采样精度应能精确到 3 位小数。

7.5.6 直流系统绝缘监测装置

直流电源系统绝缘监测装置应具备的主要功能：在线监测直流电源系统对地绝缘状况（包括直流母线和各个馈线回路绝缘状况），并自动检出故障回路，能够实现对交流窜入直流系统的监测，且能定位交流窜入的支路。能监测母线正对地、母线负对地电压，能检测出每个支路的正对地电阻和负对地电阻。

绝缘检测装置不宜对直流电源系统注入交流信号。

绝缘检测装置应与成套装置中的总监控单元通信。

监测交流侵入电压，测量范围：$0\sim300V$，测量误差：0.5%，分辨率：0.1V。

监测直流电压，测量范围：$0\sim300V$，测量误差：0.3%，分辨率：0.1V。

监测正负母线对地电压，测量范围：$0\sim300V$，测量误差：0.3%，分辨率：0.1V。

测量正负母线对地电阻，测量范围：$0\sim200k\Omega$，测量误差：5%，分辨率：$0.1k\Omega$。

测量支路正负极对地电阻，测量范围：$0\sim100k\Omega$，测量误差：10%，分辨率：$0.1k\Omega$。

故障波形记录，当发生交流窜入直流系统故障时，能够进行故障波形记录，录波响应时间小于 40ms。

蓄电池绝缘降低故障检测与告警。

直流互窜监测及选线功能。

具有北斗、GPS 对时功能。

7.5.7 仪表

直流电源系统应配置数字式母线电压、蓄电池电压、充电装置电流、蓄电池电流等表计，电压表精度 0.2 级，电流表精度 0.5 级。

7.5.8 放电装置

地下厂房配置一套固定式有源逆变放电装置。放电装置要求在放电时电能回馈电网。

LCD 中文显示输出电压、电流及工作状态，精确直观。人机交互界面采用 7in 的高性能嵌入式一体化触摸屏，中文显示，操作方便。

放电时对蓄电池进行恒流放电，能根据蓄电池电压或预设时间自动终止。充电或放电时最大效率应达 92%（满功率时）。

放电时对电网的电压总谐波畸变率不大于 5%，谐波电流含有率不大于 5%（第 2～第 19 次谐波）。逆变稳流精度不大于 1.0%。

其余直流电源系统共配置 1 台移动式放电装置，用于对蓄电池进行定期核对性放电。

放电装置应具有放电数据记录、存储、显示、打印及装置自诊断功能。

7.5.9 EPS 应急电源

（1）主要技术参数。

额定工频耐受电压（1min）：3kV。

逆变效率：≥90％。

静态开关切换时间：≤3ms。

输出电压（应急时）：AC 380V±3％。

输出频率（应急时）：50Hz±0.5Hz。

输出波形：纯正弦波。

过载能力：120％正常工作。150％ 10s 保护。

主机控制器性能指标：不低于 32 位 DSP。

逆变元件：IGBT。

（2）技术要求。应具有 7in 及以上大屏幕 LCD 汉字信息显示和 LED 运行状态显示，应支持与监控单元通信、接收并执行监控装置的指令。

应具有输入/输出过/欠电压、过电流、短路保护、过温保护、交直流互锁等功能。

7.5.10　电力用逆变电源

交流输入：380/220V（1±15％），50Hz（1±5％）。

直流输入：220V（176～242V）。

交流输出：380V（1±1％）。

输出频率：50Hz±0.2Hz。

稳压精度：≤±3％。

变换效率：≥85％。

动态电压瞬变范围：≤±10％。

瞬变响应恢复时间：≤20ms。

同步精度：≤±2％。

电压波形失真度：≤3％。

噪声：＜55dB。

第 8 章　设备状态在线监测系统

8.1　编制依据

状态监测系统的设计应遵守以下设计标准、规程规范，所用标准为最新版本标准。当各标准不一致时，应按较高标准的条款执行。

GB/T 11805—2019　水轮发电机组自动化元件（装置）及其系统基本技术条件

GB/T 18482—2010　可逆式抽水蓄能机组启动试运行规程

GB/T 28570—2012　水轮发电机组状态在线监测系统技术导则

GB/T 50063—2017　电力装置电测量仪表装置设计规范

NB/T 35004—2013　水力发电厂自动化设计技术规范

DL/T 293—2011　抽水蓄能可逆式水泵水轮机运行规程

DL/T 305—2012　抽水蓄能可逆式发电电动机运行规程

DL/T 578—2008　水电厂计算机监控系统基本技术条件

DL/T 619—2012　水电厂自动化元件（装置）及其系统运行维护与检修试验规程

DL/T 822—2012　水电厂计算机监控系统试验验收规程

DL/T 862—2016　水电厂自动化元件（装置）安装和验收规程

DL/T 1009—2016　水电厂计算机监控系统运行及维护规程

DL/T 1066—2007　水电站设备检修管理导则

DL/T 1197—2012　水轮发电机组状态在线监测系统技术条件

DL/T 5065—2009　水力发电厂计算机监控系统设计规范

DL/T 5413—2009　水力发电厂测量装置配置设计规范

8.2　在线监测系统设计原则

设备状态在线监测系统主要包括机组状态监测系统及振摆保护装置、发电电动机接地监测、主变压器在线监测、GIS 在线监测等部分。

设备状态在线监测系统的接入不应改变设备的完整性和正常运行，能准确可靠地连续或周期性监测、记录被监测设备的状态参数及特征信息，监测数据应能反映设备状态，并且系统具有自检、自诊断和数据上传功能。

设备状态在线监测系统应具有测量数字化、功能集成化、通信网络化、状态可视化等主要特征，符合易扩展、易升级、易改造、易维护的工业化应用要求。

设备状态在线监测系统的配置可根据被监测设备的重要性、监测装置的可靠性、维护及投入成本等灵活选择。

设备状态在线监测系统应采用标准、开放的通信协议，在条件具备时建立全厂统一的状态监测、分析、辅助诊断平台。

机组状态监测系统能通过 Web 服务器和远方设备评价中心通信，提供满足设备状态评价中心要求的数据格式和内容，实现实时监测与远程分析诊断功能。

机组状态监测系统应严格执行〔2014〕发展和改革委员会第 14 号令《电力监控系统安全防护规定》及国能安全〔2015〕36 号"国家能源局关于印发电力监控系统安全防护总体方案等安全防护方案和评估规范的通知"的要求，进行安全防护，以保证电力监控系统和电力调度数据网络的安全。

8.3　在线监测系统功能要求

8.3.1　机组状态监测系统及振摆保护功能要求

1. 振摆机械保护功能

系统应能提供机组振摆机械保护功能，作为机组振动、摆度和大轴轴向位移的机械保护，接收发电机上导轴承摆度、发电机下导轴承摆度、水导轴承摆度、发电机上机架振动、发电机下机架振动、水轮机顶盖振动、大轴轴向位移传感器信号，设置报警定值和机械停机定值，直接采用独立的继电器无源接点输出。

2. 监测功能

机组状态监测系统应能监视和显示机组当前的运行状态，并以数值、曲线、图表等各种形式和监测画面，从不同的角度、分层次地显示出机组的各种状态信息，实现实时在线监测功能。

3. 分析功能

系统应具备数据分析的能力，应提供各种专业的数据分析工具，并根据状态监测量及工况参数和过程量参数的变化预测机组状态的发展趋势，并以分析报告等形式提供趋势分析预测功能，应提供数据导入、导出和离线分析功能。

（1）振动与摆度分析。系统应能自动对机组的稳态运行、暂态过程（包括瞬态）的振动、摆度进行分析，提供波形、频谱、轴心轨迹、空间轴线、瀑布图、级联图、趋势图、相关趋势图等时域和频域分析工具。

（2）轴向位移。系统应自动对大轴轴向位置的变化进行分析，提供趋势图、相关趋势图等分析工具。

（3）压力脉动分析。系统应对各过电流部位的压力脉动进行分析，提供波形、频谱、瀑布图、级联图、趋势图、相关趋势图等时域和频域分析工具。并能提供分析压力脉动的时域特性、频域特性与工况参数关系的工具。

（4）发电电动机空气间隙分析。系统应能对发电电动机定、转子之间的空气间隙进行监测分析，自动计算定转子圆度、定/转子中心相对偏移量和偏移方位、定转子间气隙（最大值、最小值和平均值）及气隙最大值和最小值对应的磁极号等特征参数，并能分析机组静态与动态下气隙参数的相对关系和气隙的变化趋势。

（5）磁通密度及转子磁极匝间短路分析。系统应对发电电动机定、转子之间的磁通密度进行监测分析，计算各磁极的磁通密度等特征参数，并提供磁通密度与工况参数的关系和相同工况下磁通密度的长期变化趋势，辅助分析转子磁极匝间短路和磁极松动等引起电磁回路故障的可能性。

（6）发电电动机局部放电分析。对发电电动机定子绕组的局部放电，系统应给出各相局部放电值和局部放电量，提供长期趋势分析，分析判断出局部放电的大致发生部位。

（7）机组运行工况分析。应分析不同负荷下机组运行特性，为确定以发电机工况运行的机组稳定运行区、限制运行区和禁止运行区提供技术依据，供机组优化运行参考。

4. 诊断功能

系统应能根据故障机理提供一套针对可逆式机组的运行状态进行分析诊断的专家系统，并在操作系统控制下，随实时任务自动地选取合适的数据，进行自动分析和诊断，并给出分析诊断结果的功能。

5. 试验功能

应当能够满足与本系统相关的各种现场试验的数据采集和数据整理工作。

6. 报警功能

系统应提供报警功能，当监测到的信号超过设定限值后发出报警。限值的选取应是与工况相关联的。系统应能根据发电方向、抽水方向等工况结合水头、负荷、导叶开度等情况将机组运行状态分成不同工况，各工况单独设定报警值，为机组提供准确的报警信号。

8.3.2 发电电动机接地监测功能要求

1. 转子接地故障定位功能

具有接地故障点定位显示功能，发电电动机转子绝缘智能监测装置实时在线监测转子绝缘状态，当转子绝缘低于整定的接地告警值时（接地告警整定范围为 $1\sim500k\Omega$，接地告警值在确保发电电动机保护装置能在绝缘降低到整定值后动作，接地告警整定值应略高于保护装置整定值；绝缘降低告警整定值一般设在 $100k\Omega$，接地告警值则为 $50k\Omega$），发接地保护信号，同时装置自动定位发生接地的某号磁极或某一块磁极连接板。

2. 转子匝间短路告警及定位功能

发电电动机转子匝间短路智能监测装置实时监视发电电动机转子各磁极磁势大小，在屏幕显示其磁势波形，若某号磁极发生匝间短路故障，装置能定位发生匝间短路的磁极号，并发匝间短路告警信号，同时记忆储存匝间短路的磁势波形等数据。

3. 实时监测发电电动机转子绝缘状态功能

将转子电压的正极、负极、大轴线接入发电电动机转子绝缘监测装置，在发电电动机组开机运行状态下，装置不用外加电压，通过采集转子电压，经过装置内部阻抗网络变换、处理和计算得到转子对地绝缘值，对转子绝缘状态进行实时在线监测。

4. 转子绝缘预判功能

发电电动机转子绝缘智能监测装置实时监测发电电动机转子绝缘变化状态，当绝缘变化下降到某一整定值时，发出绝缘降低信号，绝缘电阻降低整定范围 $1\sim500k\Omega$。如当绝缘电阻由 $5M\Omega$ 下降到 $500k\Omega$ 时，发出绝缘降低信号，以便运行人员加强监视和提前做好处理准备。

5. 机组停机状态下绝缘状态监测功能

机组停机状态下，转子电压为 0，发电电动机转子绝缘智能监测装置也应能对转子绝缘状态监测。若绝缘低于整定值时，发绝缘降低告警信号和接地告警信号。

6. 与转子一点接地保护配合运行功能

发电电动机转子绝缘监测装置工作在配合运行时，接地保护动作后，将停留在接地时的状态，并保存、记忆绝缘变化曲线、接地电阻值、接地定位点，同时发电电动机转子绝缘监测装置自动将机组大轴切换到转子一点接地保护。

7. 监测数据记忆储存功能

当装置发接地告警信号后，装置自动记忆储存告警时的时间、电压值、绝缘值、分布、接地部位、绝缘变化曲线，转子匝间短路的波形曲线，通过记忆接地发生前后接地位置处绝缘的变化曲线，分析出接地点故障类型和变化机理。

8.3.3 主变压器在线监测功能要求

1. 油中溶解气体监测和微水连续监测

每台变压器提供油中气体分析在线监测装置，监测变压器油中溶解的氢气（H_2）、一氧化碳（CO）、二氧化碳（CO_2）、乙炔（C_2H_2）、乙烯（C_2H_4）、甲烷（CH_4）、乙烷（C_2H_6）等气体组分及总可燃气体和水分（H_2O）含量；监测各组分气体的变化率。同时结合底层油温用于对比变压器的综合绝缘状况，当故障气体浓度变化率和总量超过设定的临界值时输出报警信号。实现各种故障气体的含量和趋势预警，当故障气体含量或发展趋势超标时向后台工程师站输出报警信号。

2. 变压器高压套管绝缘在线监测

采用末屏微电流传感器、末屏电流信号采集处理模块、电压信号采集处理模块等，实时监测变压器高压套管的介质损耗值及电容值，为套管绝缘性能的降低提供早期预警。

3. 变压器铁芯、夹件泄漏电流监测

采用穿芯式电流传感器，安装于铁芯、夹件接地线上，采用穿心式 TA 连续监测变压器铁芯、夹件接地电流，提供在线监测实时监测数据。

8.3.4 GIS 监测功能要求

GIS 应进行 SF_6 气体泄漏和含氧量监测。监测装置应预留与通风空调监控系统接口，用于启动 SF_6 排风机。应将报警信号送至监控系统，报警信号至少包括 SF_6 含量高报警、氧气含量低报警、SF_6 气体泄漏和含氧量监测装置故障报警等信号。

8.3.5 金属氧化物避雷器在线监测装置

装置应具备金属氧化物避雷器的泄漏电流（全电流、阻性电流）、系统频率、母线电压、谐波电压、放电次数等金属氧化物避雷器绝缘状态实时监测功能。

装置应具备金属氧化物避雷器历史数据等数据的显示及相关趋势分析

功能。

装置应具备 5min 内完成一次全站监测的功能。

8.3.6 在线监测上位机单元

1. 总体功能要求

机组状态监测系统能通过 Web 服务器和管理信息大区（Ⅲ区）网络建立与远方设备评价中心的通信连接，实现实时监测与远程分析诊断功能。电厂设备状态在线监测与分析软件对电厂设备的状态监测参量、过程量参数以及相应的工况参数进行实时监测，应能对监测数据长期存储、管理、综合分析，反映机组长期运行状态变化趋势，并以数值、图形、表格、曲线和文字等形式进行显示和描述，能够及时对电厂设备异常状态进行预警和报警。

2. 数据获取

应通过相关标准的通信协议从现地监测单元获取机组和变电设备的状态监测量及工况参数，能从第三方设备获取过程量参数。

3. 数据存储与管理

（1）应具备数据存储与管理功能。

（2）数据库应采用高效数据压缩技术，存储至少两年的机组稳态、暂态过程（包括瞬态）数据和高密度录波数据；应提供黑匣子记录功能，完整记录并永久保存机组出现异常前后 15min 的原始采样数据，以满足系统状态分析需要。

（3）应储存机组最近累计运行 7×24h 的原始采样数据和 3 年的特征数据；应完整记录并永久保存机组出现异常前后 15min 的原始采样数据。

（4）应储存变电设备运行 3 年的特征数据；应完整记录并永久保存变电设备出现异常前后 15min 的原始采样数据。

（5）应能存储电厂两个大修周期的状态在线监测历史数据。

（6）数据库应具备自动检索功能，用户可通过输入检索工况快速获得满足条件的数据。

（7）应具备数据下载功能，根据数据检索条件下载相关数据。

（8）应提供历史数据回放功能。

（9）数据库应具备自动管理功能，对数据的有效性、合法性进行检查、清理和维护；对超过规定存储时间的数据进行清理，对数据库的性能进行动态维护使其始终保持高效状态；应实时监测硬盘的容量信息，当其剩余容量低于设

定值时自动发出警告信息；应提供自动和手动全备份、增量备份数据的功能。

（10）数据库应具备多级权限认证功能，只有授权用户才能使用相关访问数据。

4. 在线监测和报警

（1）应能对机组的振动、摆度、轴向位移、压力脉动、空气间隙、磁通密度、局部放电等状态监测参量以及相应的工况参数和过程量参数进行实时监测和报警；提供能以结构图、棒图、表格和曲线等形式进行显示；报警定值应可根据设备特性和运行工况进行组态设定；出现报警时，系统应推出报警画面。

（2）应能对变压器油中溶解气体、含水量、绕组温度、工况参数等进行监测。

（3）装置应具备 GIS 室氧含量及 SF_6 浓度连续在线监测及越限告警功能。

8.4 在线监测系统配置要求

8.4.1 机组状态监测系统及振摆保护装置配置要求

1. 配置总体要求

（1）机组状态在线监测系统应根据抽水蓄能机组的结构特点、电站机组台数及电站运行方式等条件合理选择监测项目和系统规模。

（2）机组状态在线监测系统除应对机组的振动、摆度、压力脉动等运行状态进行实时监测外，还应对机组的轴向位移、空气间隙、磁通密度、局部放电等运行状态进行实时监测，以实现对机组运行状态的分析和辅助诊断，提出故障或事故征兆的预报。

（3）机组状态在线监测系统应采用开放、分层分布式系统结构。

（4）机组状态在线监测系统可由传感器、现地监测单元和上位机单元组成。

（5）每台机组单独设置成熟的机组振摆机械保护装置一套，用以完成机组振摆机械保护功能。振摆保护装置与状态监测系统共用一套传感器，相关信号由传感器先直接上送振摆保护装置，再由振摆保护装置转送至状态监测系统。

（6）每台机组配置一套局部放电监测装置，用于在线监测发电电动机带负荷运行情况下定子绕组局部放电，由电容耦合器、局部放电监测仪和相关的端子盘、专用电缆、接口及分析软件组成。耦合器应采用云母薄片电介质制成，其电容额定值应为 80pF，测量带宽为 40～350MHz。局部放电监测装置应集成于机组

状态监测系统，由机组状态监测系统统一进行数据管理、分析和诊断。

2. 测点配置

测点配置见表 8-1。

表 8-1 测 点 配 置

序号	监测项目	测点数	备注
1	大轴键相	2	
2	发电机上导轴承 X、Y 向摆度	2	信号来自振摆保护装置输出
3	发电机下导轴承 X、Y 向摆度	2	
4	水导轴承 X、Y 向摆度	2	
5	大轴轴向位移	1	信号来自振摆保护装置输出
6	发电机上机架 X、Y 向水平振动	2	
7	发电机上机架 Z 向振动	2	
8	发电机下机架 X、Y 向水平振动	2	信号来自振摆保护装置输出
9	发电机下机架 Z 向振动	2	
10	水轮机顶盖 X、Y 向水平振动	2	
11	水轮机顶盖 Z 向振动	2	
12	发电机定子机座水平振动	2	测点应设置在机座外壁相应定子铁芯高度 2/3 处。两个测点互呈 90° 径向布置，一般以 +X、+Y 布置
13	发电机定子机座垂直振动	1	测点应设置在定子机座上部
14	发电机定子铁芯振动	6	
15	蜗壳进口压力脉动	1	
16	转轮与顶盖间压力脉动	2	
17	尾水管进口压力脉动	2	
18	导叶与转轮进口间压力脉动	2	
19	转轮与底环/泄流环间压力脉动	1	
20	尾水管肘管压力脉动	2	
21	空气间隙	8	8 个测点宜分两层均布
22	磁通密度	1	
23	局部放电电容耦合器	≥6	每相每支路各布置 1 个

8.4.2 发电电动机接地监测配置要求

发电电动机接地监测配置见表 8-2。

表 8-2 发电电动机接地监测配置

序号	设备名称	型号/规格	数量	备注
1	发电电动机转子绝缘故障智能监测装置		1 台	
2	发电电动机转子匝间短路故障智能监测装置		1 台	
3	转子电压变送器		1 个	
4	键相传感器		1 个	
5	磁极波传感器		1 个	
6	附件		1 套	

8.4.3 主变在线监测装置配置要求

1. 油中溶解气体监测装置

每台变压器配备一套油中溶解气体及含水量在线监测装置，监测变压器油中溶解的氢气（H_2）、一氧化碳（CO）、二氧化碳（CO_2）、乙炔（C_2H_2）、乙烯（C_2H_4）、甲烷（CH_4）、乙烷（C_2H_6）等气体组分及总可燃气体和水分（H_2O）含量；监测各组分气体的变化率。

2. 套管绝缘在线监测装置

一组三相套管配备 3 只末屏传感器，利用和电流法原理测量变压器套管绝缘参数。

3. 铁芯、夹件接地电流在线监测装置

每台变压器配备一台铁芯接地电流在线监测装置及一台夹件接地电流在线监测装置，测量变压器铁芯、夹件接地电流。

8.4.4 GIS 监测配置要求

GIS 室 SF_6 气体泄漏与含氧量监测见表 8-3。

表 8-3 GIS 室 SF_6 气体泄漏与含氧量监测

元件名称	单位	数量	备注
SF_6 监测主机	台	1	一般采用壁挂式安装于 GIS 室门口
SF_6、O_2 传感器	个	按需	采用 RS-485 通信，分散安装于 GIS 室近地面处
声光报警灯	个	按需	安装在 GIS 室各出入口
红外探头	个	1	检测人员进入，并发出报警提示

8.4.5 金属氧化物避雷器在线监测装置

每台金属氧化物避雷器配备一台避雷器在线监测装置。

8.4.6 上位机单元配置要求

抽水蓄能电站设备状态在线监测系统可按不同系统配置上位机单元。

上位机单元应由包括状态数据服务器、工程师工作站、Web 服务器及相关网络设备、软件等组成。

所有上位机硬件设备的数量及配置应满足系统规模和功能要求，并留有扩展空间。

状态数据服务器用于存储、分析、管理从各数据采集装置传送过来的机组实时状态数据、历史状态数据及各种特征数据，进行数据分析及故障诊断，并承担与电站 Web 服务器的数据通信。状态数据服务器应具有很好的扩展性和兼容性。状态数据服务器要求组柜布置，配置相应的组网设备，并设置经国家指定部门检测认证的电力专用横向单向安全隔离装置。

Web 服务器负责机组状态监测系统与电站管理信息系统、远程诊断中心等的通信，同时还需存储与状态数据服务器同样的数据。通过 Web 服务器，机组状态监测系统可将本系统的数据发送给电站管理信息系统和远程诊断中心，并能在电站管理信息系统和远程诊断中心中进行数据浏览和查询。Web 服务器要求组柜布置，配置相应的网络设备，并在 Web 服务器与电站管理信息系统、远程诊断中心之间设置硬件防火墙，在硬件上采取物理隔离措施，在软件上，采用综合过滤、访问控制，应用代理技术实现链路层、网络层与应用层的隔离，在保证网络透明性的同时，实现对非法信息的隔离，以保证 Web 服务器的数据和程序安全。

工程师工作站负责发布状态数据服务器中的各种数据及分析诊断结果，并供现场工程师监测和分析机组的有关信息。

8.5 在线监测系统主要技术参数和技术要求

8.5.1 机组状态监测系统及振摆保护装置技术要求

1. 现地监测单元

（1）基本要求如下：

1）每台机组现地监测单元配置一面标准屏柜，用于振摆保护及机组在线监测。

2）振摆保护装置应能提供监测信号的 4～20mA 模拟量输出和报警继电器输出。振摆保护装置的报警及越限停机逻辑、定值应能通过软件组态设置。

3）机组在线监测系统配置两台数据采集箱，一台用于振动、摆度和压力脉动等稳定性参数数据采集，另一台用于空气间隙、磁通密度和局部放电等发电机参数数据采集。还需配置传感器电源、工业液晶屏、网络设备以及接线端子等。

4）机组在线监测数据采集箱应提供 4～20mA 模拟量输出，并提供至少 8 路独立的报警继电器输出，报警定值和报警逻辑应能通过软件组态设置。数据采集箱还应具有串口和以太网接口。数据采集箱应能通过通信方式或硬接线采集机组有功、断路器位置等工况参数。

5）机组在线监测数据采集箱应具有不依赖上位机进行现地监测、分析和试验功能，能对状态监测量、运行工况参数及过程量参数进行数据采集、处理和分析，并能以图形、图表和曲线等方式进行显示。

6）机组在线监测数据采集箱中各模块均应能独立工作，其中某一通道或某一模块的故障不会影响其他通道或其他模块正常工作。某一模块发生故障时用户仅需自行用备用模块更换即可。采集箱内提供导轨以便于插拔，模块安装后可用紧固螺钉锁紧以防止误插拔。应具有安装、维护、更换方便，可靠性好的特点。

7）机组在线监测数据采集箱内各 I/O 模块应是标准化、积木式的，结构上是插入式的，且易替换。各数据采集模块应具有通道和模块 OK 指示灯。数据采集模块应能合理设定采样周期，以便对信号进行整周期采样。数据采集箱应采用容错、自诊断和抗干扰等措施达到高可靠性。

（2）现地在线监测装置主要技术指标如下：

1）存储容量：满足 72h 实时数据的存储。

2）接口：USB 接口、网口、串行口及其他标准接口。

3）A/D 分辨率：16 位及以上。

4）采样频率：稳定性参数每通道不小于 2kHz，气隙磁通参数不小于 12kHz。

5）工作温度：－10～＋50℃。

2. 传感器

（1）摆度和键相传感器。摆度和键相传感器应采用非接触式位移传感器，可选择电涡流传感器或电容式位移传感器。摆度及键相传感器应采用国际知名品牌的产品。摆度和键相传感器主要性能指标要求如下：

1）频响范围：0～1000Hz。

2）线性测量范围：≥2mm。

3）幅值非线性度：≤±2%。

4）温度漂移：≤0.1%/℃。

5）工作温度：—10～+60℃。

（2）振动传感器。振动传感器应采用低频速度型传感器。低频速度传感器可采用国内知名品牌产品。低频速度传感器主要性能指标要求如下：

1）频响范围：0.5～400Hz。

2）线性测量范围：0～1000μm（峰-峰值），0～50mm/s。

3）幅值非线性度：≤±5%。

4）工作温度：—10～+60℃。

5）顶盖或特殊位置的传感器应具有防水功能。

（3）定子铁芯振动传感器。定子铁芯振动测量宜采用防电磁干扰的速度或加速度型传感器。定子铁芯振动传感器应采用国际知名品牌产品。

速度传感器主要性能指标要求如下：

1）频响范围：1～400Hz。

2）线性测量范围：0～20mm/s（0-峰值）或0～1000μm（峰-峰值）。

3）幅值非线性度：≤±5%。

4）工作温度：0～60℃。

加速度传感器主要性能指标要求如下：

1）频响范围：1～1000Hz。

2）线性测量范围：±10g。

3）幅值非线性度：≤±5%。

4）工作温度：0～125℃。

（4）轴向位移传感器。轴向位移（或抬机量）传感器应采用非接触式位移传感器，量程应满足机组轴向位移（或抬机量）限值的要求。轴向位移传感器主要性能指标要求如下：

1）频响范围：0～1000Hz。

2）线性测量范围：≥20mm。

3）幅值非线性度：≤±2%。

4）温度漂移：≤0.1%/℃。

5）工作温度：—10～+60℃。

（5）压力脉冲传感器。压力脉动传感器应具有良好的响应速度，并能承受被测点可能出现的最高压力或负压。可采用压电型、压阻型或电容式压力传感器。压力脉动传感器主要性能指标要求如下：

1）精度：≤±0.2%。

2）频响范围：0～1000Hz。

3）工作温度：—10～+60℃。

4）线性测量范围：0～1.5倍工作压力。

（6）空气间隙传感器。空气间隙传感器可采用平板电容式传感器，并配以相应的专用电缆和前置器。空气间隙传感器应采用国际知名品牌产品。空气间隙传感器、前置器主要性能指标要求如下：

1）测量范围：0.5～1.5倍设计气隙值。

2）非线性度：<2%。

3）频响范围：0～1000Hz。

4）温度漂移：<0.05%/℃。

5）工作温度：传感器0～125℃，前置器0～55℃。

6）相对湿度：<95%。

7）抗磁强度：1.5T。

（7）磁通密度传感器。磁通密度传感器应采用国际知名品牌产品。磁通密度传感器主要性能指标要求如下：

1）测量范围：线性量程不小于±2.0T，最大可测量±4.0T。

2）满量程输出：±10V。

3）非线性误差：<1%。

4）工作温度：传感器：0～+125℃；前置器（如有）：0～+55℃。

（8）局部放电传感器。局部放电传感器应采用环氧云母制成的电容耦合器。电容耦合器及其局部放电监测仪应采用国际知名品牌产品。电容耦合器主要性能指标要求如下：

1）标称电容值：80pF（±4pF）。

2）工作温度：0～125℃。

3）电压等级：与发电机电压相匹配。

4）应能通过不低于2倍发电机线电压加1000V的耐压试验，且在该电压下其本身无局部放电。

（9）传感器安装要求如下：

1）传感器的安装和布置应不影响机组的安全可靠运行。

2）用于键相、摆度、转轮间隙、轴向位移等测量的非接触式传感器的安装，应根据机组被测部位和传感器特点，设计相应的传感器支架。支架要有足够的刚度，使传感器安装后支架的固有频率远大于被测信号的最高频率。支架应采用焊接、螺接或粘贴方式固定在安装部位。

3）用于振动测量的速度传感器和加速度传感器的安装，应刚性连接在被测部件上。可根据传感器的结构和尺寸设计安装底座，安装底座宜采用焊接方式永久固定在安装部位，对于不宜焊接的部位宜采用粘贴或螺接方式固定。

4）压力脉动传感器宜靠近被测点安装，安装高程宜低于取压口位置，测压管应尽可能短并安装检修阀门和配置排气装置。

5）空气间隙传感器和磁通密度传感器宜采用粘贴方式固定在定子内壁，粘胶应能在发电电动机工作温度下长期稳定运行。传感器延伸电缆应贴近定子表面固定或从定子铁芯通风孔引出，不得碰及转动部件、不得影响机组通风冷却。

6）局部放电电容耦合器应布置在绕组高压侧出线端、定子绕组母线汇流排附近，按照定时或定向噪声分离技术的要求安装，其安装方式不得降低定子绕组的耐电压性能。电容耦合器和局部放电监测仪的接地点应可靠接地。

7）传感器供电应采用线性电源，避免使用开关电源直接供电。

8.5.2 发电电动机接地监测主要技术参数和技术要求

（1）励磁电压显示：$0\sim1000V$，分辨率为 0.1V（不小于 0.5V 时）。精度为 0.5 级。

（2）励磁绝缘电阻显示：$0\sim1M\Omega$、$0\sim5M\Omega$、$0\sim8M$、$0\sim10M\Omega$。误差：$100k\Omega$ 以上时小于 10%，$100k\Omega$ 以下为 $\pm1k\Omega$。

（3）接地定位显示：$0\%\sim100\%$。误差：$\pm1\%$。可显示某号磁极接地或某磁极之间的连线接地。

（4）接地保护整定范围：$1\sim500k\Omega$。接地保护继电器输出两对空接点，容量可直接驱动 220V 及以下电压型中间继电器，返回系数：1.1。

（5）绝缘电阻测量时：励磁电压为 $0\sim600V$，接地定位时：励磁电压为 $1\sim600V$。

（6）接地保护输出延时整定：$4\sim100s$。

（7）装置具有带隔离的 RS-485 通信接口，能与上位机通信，实现远方监测。

（8）工作电源：直流或交流 220V（$1\pm10\%$）。

8.5.3 主变压器在线监测装置主要技术参数和技术要求

1. 油中溶解气体监测装置

（1）每台变压器提供油中气体分析在线监测装置，用于变压器初始故障监视，应是高智能的溶解气体监视装置，应能连续测量氢气（H_2）、一氧化碳（CO）、二氧化碳（CO_2）、乙炔（C_2H_2）、乙烯（C_2H_4）、甲烷（CH_4）、乙烷（C_2H_6）等气体和微水含量，并要求乙炔（C_2H_2）分辨率不大于 0.5×10^{-6}。并能提供各气体组分浓度，并给出实时数据趋势图、单一组分及多组分监测结果的原始谱图，且提供通过改良三比值法、大卫三角法、援例分析法等方法的综合辅助诊断分析结果，其结果能够以 Excel 数据格式导出备份；最小检测周期应小于 1h，检测周期连续可调，可通过现场和远程按需设定。

（2）具有对被监测设备油中溶解气体组分异常的报警功能，报警标识应醒目，能显示报警数值，并能输出无源报警接点。

（3）在线监测系统运行期间，如果监测系统内主要部件或单元故障后，装置能够发出装置异常的报警信号，并能输出无源报警接点。

（4）监测装置应具备长期稳定工作能力，能够免标定、免维护。

（5）具有恒温、除湿等功能。

（6）对最低检测限值和最高检测限值之间气体含量的油样进行分析的同时，取同一油样在气相色谱仪上检测，以色谱仪检测数据为基准，计算测量误差，在线监测装置的测量误差需符合表 8-4 中测量误差要求。

表 8-4　　　　　　　　　多组分在线监测装置技术指标

检测参量	最低检测限值（μL/L）	最高检测限值（μL/L）	测量误差要求
氢气（H_2）	2	5000	最低检测限值或$\pm3\%$，测量误差取两者最大值
乙炔（C_2H_2）	0.1	50 000	
甲烷（CH_4）	1	50 000	
乙烷（C_2H_6）	1	50 000	

检测参量	最低检测限值（μL/L）	最高检测限值（μL/L）	测量误差要求
乙烯（C_2H_4）	1	50 000	
一氧化碳（CO）	1	50 000	
二氧化碳（CO_2）	3	20 000	
氧气（O_2）	100	150 000	
氮气（N_2）	100	150 000	

（7）测量误差＝（在线监测装置检测数据－色谱仪检测数据）/色谱仪检测数据×100％。

（8）在线监测系统的输出数据具备就地读取和远传功能，既可以就地读取装置的数据，又可以在控制室内实现数据的远程集中管理。

（9）在线监测装置的安装和运行不能对变压器的安全运行带来任何影响或威胁，如绝缘性能降低、密封破坏等；能够承受油箱的正常压力，对变压器油进行处理时产生的正压与负压不引起油渗漏；保证密封性，防止采样部分引起的外界水分和空气的渗入。在线监测单元采用循环取样方式，油气采集部分需进行严格控制，应满足不污染油、循环取样不消耗油（即不得排放检测油样）等条件。取样前应排除取样管路中及取样阀门内的空气和"死油"，且所取油样必须能代表变压器中油的真实情况，取样方式不影响主设备的安全运行，并确保回油不影响变压器安全运行；必须在装置管路中加装一套气泡和油泡消除装置，确保返回到变压器本体里的油是无气泡的。

（10）油管应采用不锈钢材质。

（11）装置应带不锈钢外壳，外壳厚度不应小于 2.0mm。

2. 套管绝缘在线监测装置

（1）装置采用灵敏的在线获取介质损耗因数和电容值的和电流法来实现变压器套管绝缘的在线监测，该系统是通过安装在套管测试抽头的末屏传感器连续检测一组三相套管的泄漏电流，随后通过对泄漏电流的矢量分析表征电容量及介质损耗的变化，并通过与系统初始值的比较而得到泄漏电流的在线趋势显示。

（2）装置应具备主变压器套管的三相不平衡电流、介质损耗因数、电容量以及泄漏电流等的绝缘状态参数的实时监测功能。

（3）装置应具备三相不平衡电流、介质损耗因数、电容量以及泄漏电流及其变化率等状态数据、历史数据等数据的显示及相关趋势分析功能。

（4）装置可以通过三相不平衡电流幅值提供问题严重性的信息，通过三相不平衡电流矢量确定套管发生故障的相位，并确定套管的介质损耗因数或电容量是否正在变化。

（5）装置应具备 5min 内完成一次全站监测的功能。

（6）在线监测装置应满足表 8-5 中的要求。

表 8-5　　　　套管绝缘在线监测装置标准技术参数表

序号	参数名称		标准参数值
1	传感器类型		穿芯式有源零磁通传感器
2	泄漏电流	测量范围	0.1～600mA
		分辨率	100μA
		测量误差	±1%或±100μA
3	介质损耗	测量范围	0.1%～30%
		分辨率	0.1%
		测量绝对误差	0.1%
4	等值电容	测量范围	50～50 000pF
		分辨率	50pF
		测量误差	±1%或±50pF
5	电流传感器精度技术指标	比差 绝对比差精度	±0.01%
		比差 非线性度精度	±0.005%
		比差 温度特性精度	50μL/L
		角差 绝对比差精度	±0.01°
		角差 非线性度精度	±0.005°
		角差 温度特性精度	±0.005°
6	采样周期		≤5min
7	测量内容		泄漏电流
			介质损耗
			电容量
8	装置输入回路要求		应有断线报警装置和报警信号 应有可靠的过电压保护装置
9	系统设计使用寿命		超过 8 年

3. 铁芯、夹件接地电流在线监测装置

铁芯、夹件接地电流在线监测装置技术要求见表 8-6。

表 8-6 铁芯、夹件接地电流在线监测装置技术要求

序号	参数名称		参数值
1	传感器类型		穿芯式 TA
2	铁芯、夹件接地电流	测量范围	0～11 000mA
		分辨率	1mA
		测量误差	≤±2.5%
3	采样周期		≤5min

序号	参数名称		标准参数值
4	谐波电压	测量范围	3、5、7、9 次
		测量误差	±2%
5	采样周期		≤5min
6	系统设计使用寿命		超过 8 年

8.5.4 GIS 监测主要技术参数和技术要求

GIS 室 SF$_6$ 气体泄漏及氧含量监测装置标准技术参数见表 8-7。

表 8-7 GIS 室 SF$_6$ 气体泄漏及氧含量监测装置标准技术参数

序号	参数名称	标准参数值
1	SF$_6$ 浓度检测精度	0～3000μL/L，误报误差小于 1.5%
2	氧含量检测范围	0～25%，误差小于 1%，报警条件为不高于 18%
3	湿度检测精度	±3%RH
4	温度检测精度	±0.5℃
5	绝缘性能	>20MΩ（外壳与电源间）
6	抗电强度	监控报警装置应能承受 1500V、50Hz 历时 1min 的介电强度试验，不出现击穿和闪烁现象
7	通信接口	RS-485
8	通信方式	有线通信：RS-485
9	报警及排风功能	有
10	系统设计使用寿命	超过 8 年

8.5.5 避雷器监测装置技术参数和技术要求

避雷器监测装置标准技术参数见表 8-8。

表 8-8 避雷器监测装置标准技术参数

序号	参数名称		标准参数值
1	传感器类型		穿芯式有源零磁通传感器
2	泄漏电流	测量范围	0.01～50mA
		分辨率	10μA
		测量误差	±1%或±10μA
3	阻性电流	测量范围	0.01～10mA
		分辨率	10μA
		测量误差	±1%或±10μA

8.5.6 上位机单元

1. 状态数据服务器

（1）机型：服务器。

（2）CPU：Intel Xeon Processor 6 核 2.0GHz，1333MHz 前端总线，12M 二级高速缓存。

（3）内存容量：≥8GB，400MHz，容量可扩展。

（4）硬盘存储器：≥1TB×4，可热插拔，15 000 转 Ultra 320 SCSI。

（5）磁盘阵列卡：集成 RAID。

（6）可读写光驱：52XR/48XW/24XE。

（7）操作系统：符合开放系统标准的实时多任务多用户成熟安全的操作系统。

（8）网络支持：快速以太网 IEEE 802.3u，TCP/IP 或类似的最新的网络支持，100MB 以太网。

（9）通信接口：网络接口至少 2 路，串行接口至少 2 路，同步时钟接口 1 个。

（10）汉化功能：符合 GB 2312，支持双字节的汉字处理能力。命令和实用程序及图形界面都有相应的汉字功能。

（11）标准 ASCII 键盘，鼠标器各一个。

（12）显示器：TFT 型，17in，分辨率不小于 1280×1024，其中 X 射线辐射满足国际安全标准，应具有抗电磁干扰能力。

2. 工程师工作站

（1）机型：工作站。

（2）CPU：Intel Xeon Processor 2.4GHz，800MHz 前端总线，2M 二级高速缓存。

（3）内存容量：≥2GB，400MHz，容量可扩展。

（4）硬盘存储器：500GB×2，可热插拔，15000 转 Ultra 320 SCSI。

（5）操作系统：符合开放系统标准的实时多任务多用户成熟安全的操作系统。

（6）图形界面支持：多窗口画面。

（7）网络支持：快速以太网 IEEE 802.3u，TCP/IP 或类似的最新的网络支持，100MB 以太网。

（8）通信接口：网络接口至少 2 路，串行接口至少 2 路，并行接口至少 1 路。

（9）汉化功能：符合 GB 2312，支持双字节的汉字处理能力。命令和实用程序及图形界面都有相应的汉字功能。

（10）标准 ASCII 键盘，鼠标器各一个。

（11）显示器：TFT 型，22in，分辨率 1920×1080，图像显示稳定无闪烁无眩光，X 射线辐射满足国际安全标准，应具有抗电磁干扰能力。

（12）打印机：配置 1 台 A3 幅面的中英文彩色激光打印机，自带汉字库，具有快速汉字打印能力；主要性能要求：打印速度：$12×10^{-6}$，分辨率：1200dpi。

3. Web 服务器

性能及配置与状态数据服务器相同。

4. 网络设备

（1）局部区域网络必须符合工业通用的国际标准 IEEE 802.3u 以及 TCP/IP 规约，网络选用 100M 高速光纤以太网。

（2）网络设备应采用 GE、罗杰康或同等工业级以太网交换机，采用模块化结构，安装于状态数据服务器柜内。

（3）为了与电站管理信息系统进行数据通信，状态数据服务器柜需配置经国家指定部门检测认证的电力专用横向单向安全隔离装置。为保证 Web 服务器的数据和程序安全，在 Web 服务器与电站管理信息系统、远程诊断中心之间应配置硬件防火墙装置。

第 9 章 通 信 系 统

9.1 编制依据

通信系统设备应遵守以下设计标准、规程规范，所用标准为最新版本标准。当各标准不一致时，应按较高标准的条款执行。

GB/T 3377—1982 电话自动交换网多频记发器信号方式

GB/T 3378—1982 电话自动交换网用户信号方式

GB/T 3380—1982 电话自动交换网铃流和信号音

GB/T 7611—2016 数字网系列比特率电接口特性

GB/T 15542—1995 数字程控自动电话交换机技术要求

GF 011—1995 国内 NO.7 信令方式技术规范事务处理能力（TC）部分

DL/T 548—2012 电力系统通信站过电压防护规程

DL/T 598—2010 电力系统自动交换电话网技术规范

DL/T 795—2016 电力系统数字调度交换机

YD/T 585—2010 通信用配电设备

YD/T 627—2012 数字交换机数字中继接口（2048kbit/s）参数及数字中继接口间传输特性和测试方法

YD/T 731—2018 通信用 48V 整流器

YD/T 778—2011 光纤配线架

YD/T 799—2010 通信用阀控式密封铅酸蓄电池

YD/T 954—1998 数字程控调度机技术要求和测试方法

YD/T 1058—2015 通信用高频开关电源系统

YD/T 1095—2018 通信用交流不间断电源（UPS）

YD/T 1235.1 通信局（站）低压配电系统用电涌保护器技术要求

YD/T 1522（所有部分） 会话初始协议（SIP）技术要求

YD/T 5077—2014 固定电话交换工程验收规范

YD 5098—2005 通信局（站）防雷与接地工程设计规范

9.2 通信系统设计原则

9.2.1 系统通信

（1）根据抽水蓄能电站接入系统方案，确定系统通信需要配置的设备，设备布置在站内通信机房，并预留一定的备用盘柜位。

（2）利用厂内通信配置的两套独立的通信电源系统，系统通信设备所需的电源容量纳入厂内通信电源系统合并考虑。

9.2.2 厂内通信

（1）行政交换网采用 IP 多媒体子系统（IP multimedia subsystem，IMS）技术。IMS 行政交换网设备包括核心网设备、会话边界控制设备（SBC）、接入设备和初始会话协议（session initiation protocol，SIP）终端 4 个部分。接入设备和 SIP 终端布置在电站侧。

（2）数字程控调度交换机应有多种接口电路，具有组网和汇接功能，可连接各种数字或模拟终端设备。采用模块式结构，方便扩容。公共部分冗余配置，热备份方式工作，采用容错等安全措施。

（3）按照电力系统的要求，通信电源必须稳定可靠，在发生事故时，通信电源不得中断，每套通信设备必须采用双电源系统同时供电。

（4）每套高频开关通信电源设备采用 1 套高频开关电源屏、1 面交直流电源配电屏和 1 组阀控式密封铅酸胶体蓄电池组。

（5）高频开关电源屏由交流输入部分、高频开关整流模块、监控单元、直流输出等部分组成。

（6）UPS 电源系统由 UPS 主机、交流输入单元、交流输出配电单元、蓄电池组等设备组成。

（7）UPS 主机由整流器、逆变器、静态旁路开关、手动检修旁路开关、监控单元等组成。

（8）为满足电站计算机监控、工业电视、消防、通信、MIS 等系统在电站范围内对光纤的需求，在各个节点间铺设主干光缆，并配置光配线设备。

9.3 通信系统功能要求

9.3.1 IP 多媒体子系统（IP multimedia subsystem，IMS）

1. 接入设备

用于普通老式电话业务（plain old telephone service，POTS）终端、传真机接入 IMS 的设备，包括接入网关（access gateway，AG）和综合接入设备（integrated access device，IAD）。

（1）AG 设备。AG 位于 IMS 的接入层，应将 POTS 终端/传真机接入 IMS

网络，应具备呼叫控制、模拟话音与 IP 包的转换、放音收号等接入网关功能。

支持 SIP 的 AG 应接入代理呼叫会话控制功能（proxy call session control function，P-CSCF），支持 H.248 的 AG 应接入接入网关控制器（access gateway control function，AGCF）。

1）接入 IMS 网络。AG 应支持 POTS 终端和传真机等接入 IMS 网络功能。AG 应支持 IP 地址配置功能。

2）注册和注销。

a. 支持检测用户线状态；

b. 支持代理用户注册 IMS 的能力，具备通配 IMPU（IP Multimedia Public Identity——IP 多媒体公共标识）注册和逐用户注册功能；

c. 支持重注册功能，具备通配 IMPU 重注册和逐用户重注册功能；

d. 支持代理用户注销 IMS 的能力，具备通配 IMPU 注销和逐用户注销功能；

e. 支持 SIP Digest 注册，完成 IMS 核心网对用户注册鉴权和会话鉴权。

3）呼叫处理功能。

a. AG 应支持呼叫处理和控制功能；

b. AG 应支持语音处理功能；

c. AG 应支持数图功能及用户本地和远程配置修改数图；

d. AG 应支持虚拟局域网（virtual local area network，VLAN）和优先级标记功能。

4）用户数据配置功能。AG 应支持用户数据的配置，如码号、鉴权数据等；应具备逐用户配置和通配符配置功能。

5）服务质量（quality of service，QoS）要求。

a. AG 应支持拥塞处理功能，保证已接通或正在接续呼叫的语音质量；

b. AG 应具备通过 SIP OPTIONS 心跳机制维护和 IMS 核心网之间通信功能，在一段时间内，AG 未收到心跳信息，AG 判断与 IMS 核心网通信中断，通信中断后，应通过定期重发心跳消息以判断通信状态恢复。

6）自交换。应支持自交换功能，AG 与 IMS 核心网连接中断后，AG 可启用自交换的拨号方案，支持本设备中的用户之间互相拨打电话。

7）时间同步。AG 应支持 NTPv3 协议时间同步功能。

（2）IAD 设备。IAD 位于 IMS 的接入层，应支持 POTS 终端/传真机接入

IMS 网络，应具备呼叫控制、模拟话音与 IP 包的转换、放音收号等接入网关功能。

支持 SIP 的 IAD 应接入 SBC/P-CSCF，支持 H.248 的 IAD 应接入 AGCF。

1）接入 IMS 网络。

a. IAD 应支持 POTS 终端和传真机等接入 IMS 的功能；

b. IAD 应支持 IP 地址配置功能；

c. IAD 应支持配置信令端口，并限制媒体端口取值在较小范围内，应具备在防火墙上开放相关端口实防火墙穿越要求；

d. IAD 应支持 PROXY 方式的 NAT 穿越功能，可支持 STUN 方式的 NAT 穿越功能，STUN 方式要求见 IETF RFC 3489。

2）注册和注销功能。

a. 支持检测用户线状态；

b. 支持静态配置或动态发现 SBC，并通过归属 SBC 向 IMS 注册；

c. 支持代理用户注册 IMS 的能力，具备通配 IMPU 注册和逐用户注册功能；

d. 支持重注册功能，具备通配 IMPU 重注册和逐用户重注册功能；

e. 支持代理用户注销 IMS 的能力，具备通配 IMPU 注销和逐用户注销功能；

f. 支持 SIP Digest，完成 IMS 核心网对用户的注册鉴权和会话鉴权。

3）呼叫处理功能。

a. IAD 应支持呼叫处理和控制功能；

b. IAD 应支持语音处理功能；

c. IAD 应支持数图功能，并支持本地和远程配置和修改数图功能；

d. IAD 应支持 VLAN 和优先级标记功能。

4）用户数据配置功能。IAD 应支持用户数据的配置，如码号、鉴权数据等；具备逐用户配置和通配符配置功能。

5）级联功能。IAD 应支持下行以太网接口的级联功能。

6）堆叠功能。机架型 IAD 应支持堆叠功能，支持堆叠的设备数不少于 4 个。

7）QoS 要求。

a. IAD 应支持拥塞处理功能，保证已接通或正在接续呼叫的语音质量；

b. IAD 应具备通过 SIP OPTIONS 心跳机制维护和 IMS 核心网之间通信功能，在一段时间内，IAD 未收到心跳信息，IAD 判断与 IMS 核心网通信中断，通信中断后，应通过定期重发心跳消息以判断通信恢复状态。

8）自交换功能。IAD 应支持自交换功能，IAD 与 IMS 核心网连接中断后，AG 可启用自交换的拨号方案，支持本设备中的用户之间互相拨打电话。

9）时间同步。IAD 应支持 NTPv3 协议时间同步功能。

10）逃生功能。IAD 应支持 FXO 口方式的逃生功能，当 IAD 与 IMS 核心网连接中断，IAD 用户可从 FXO 口通过 PSTN 与其他用户通信。

2. SIP 终端

SIP 终端部署在用户侧，采用 SIP 协议与 IMS 网络设备进行通信，可根据不同的安全要求，通过接入网连接到 IMS 网络的 SBC 或 P-CSCF 设备。

（1）注册功能。

1）初始注册。SIP 终端应具备初始注册功能，能够注册到 IMS 网络。

2）注册更新。SIP 终端注册成功后，应周期性发送重注册消息实现在 IMS 网络中注册状态的更新。

3）注销。SIP 终端应提供相应的界面键钮，用户在该界面能够主动完成注销。

4）注册鉴权。

a. SIP 终端进行注册时，应支持 IMS 网络对用户进行鉴权，只有鉴权通过才能成为 IMS 网络中的合法用户；

b. SIP 终端在鉴权失败重新发起的带有鉴权信息的注册消息中，Call-id 应相同，Cseq 增加；

c. SIP 终端应支持 SIP Digest 鉴权方式，用户应在 SIP 终端界面上配置鉴权使用的用户名和密码，其中用户名应为用户已在 IMS 开户的 IMPU。

（2）呼叫处理功能。

1）信令处理功能。

2）能力协商。SIP 终端应支持初始 INVITE 请求中带有协商能力的功能，即初始发起的 INVITE 消息能带有 SDP。当 SIP 终端接收到未携带协商能力初始 INVITE 请求时，SIP 终端在响应消息中应携带包含自身所支持媒体能力的 SDP。

3）二次拨号。SIP 终端应支持二次拨号，二次拨号产生的 DTMF 信号音的传送应支持带内方式，可支持带外方式。

4）媒体端口打开。

5）加密要求。SIP 终端可与 SBC 配合完成对信令和媒体进行加密，可支持 IP Sec/TLS 等传输加密协议，并与 SBC 配合能够完成加密传输。

9.3.2 数字程控调度交换机

1. 基本功能

（1）具有汇接功能。局向数要求不小于 128。

（2）调度呼叫用户无链路阻塞。

（3）用户呼叫调度无链路阻塞。

（4）调度通话优先，任意数量用户摘机、通话或拨号状态，调度均能直呼用户、中继；用户、中继均能直呼或热线呼叫调度台。

（5）调度台具有强拆、强插、呼叫转移、保持等功能。能强拆、强插正在进行内部通话的分机用户的通话。

（6）调度台话机具有最高优先权。调度台能主动建立或拆除某些用户间的通话，能对任一用户呼叫、插话或拆除。

2. 调度功能

（1）调度方式。调度台能通过下列两种可选方式向调度对象发送调度命令。

1）语音通道方式；

2）文字传真方式。

（2）调度范围。数字程控调度交换机具有对包括电力专网及分机用户进行调度的功能。

（3）调度台操作键种类。

1）调度台具备"功能键"和"用户键"两大类操作键，供调度员操作。

2）用户键，代表一个号码；能为用户/中继号码，也能为组呼时的组号。

3）功能键，能提供完成各种调度、会议、转接等功能的键。

（4）"用户键"设置功能。调度台的每个"用户键"能设置成与一个用户（电力专网或分机用户）、一条中继、一个组呼或一个会议相对应，并能直观地将设置内容显示于各"用户键"上。

（5）"组呼"功能的等级设置功能。

1）"组呼"能设置等级，调度系统能设置多个"组呼"，每个等级只对应

一个"组呼"。同一调度台能设置多组"组呼"。

2）同一用户能被设置在不同等级的组呼内，当多个组呼同时发生时，该用户被接至等级最高的组呼内通话。

3）调度系统能同时发出多个"组呼"呼叫。

（6）调度台状态提示功能。

1）对各种呼叫状态均具有声光的提示。

2）具有主叫用户号码显示功能。

（7）调度台及其功能。

1）调度员通过调度台实施调度操作。调度交换机能配置一个或多个调度台。若有多个调度台，能根据需要划分为若干个调度台组，进行分组操作。

2）调度台须为数字式、模块化设计、紧凑的结构并适合桌式安装。控制台须由电话手柄、LCD 显示器和按键台组成，配备一个数字接口，用于与电话交换机的连接。调度台与主机通信采用 2B＋D 或 GB703 数字接口通信。调度台具有外置录音接口，外置录音接口标准为：模拟音频信号，能接在标准的数字或模拟录音设备上。

3）调度员能通过按相应的"用户键"或拨号方式进行调度呼叫，实现点呼、组呼等多种呼叫功能。

4）多个调度台时，同组调度台内具有互助功能，当用户或外线呼叫调度台时，所有同组互助的调度台都有声、光响应，任一调度台都可应答；调度台全忙时，具有呼入排队等待功能，在所有调度台上均显示进入排队等待的呼叫。

5）调度台能预置轮询呼叫次序，并依次自动发出呼叫，也能中途人工干预。

6）调度台与主机之间的连接电缆长度最少应达到 1.5 km。

7）调度台具有免提功能，要有外接麦克风插口，当外接麦克风时，内部麦克风不起作用。

8）调度台能外接功放或有源音箱。外接功放或有源音箱时，内部扬声器不起作用。

9）一般呼叫。调度席位能通过按键，按普通话机一样进行拨号，并享有普通话机都具有的功能。

10）热线呼叫。调度席位上能储存多个热线用户，热线用户号码位长最少

可达到 16 位。调度员摘机并启动该热线用户健，系统对该用户进行热线呼叫，调度员不用拨号。

11）来话通知和状态显示。当有呼入进入席位时，调度组内的各个席位同时振铃。在所有的调度台上均有显示，能方便地在任何席位上选择应答。当同时有多个电话呼叫调度台时，在调度台上能任意选择应答并随意保持或形成会议。在呼叫、振铃、通话、会议等状态时调度席位上都有相应的显示。不论在什么状态下，不同组的调度席位之间无任何关联。

12）调度控制系统。如果采用集中控制方式，控制系统必须是冗余系统，一套控制系统故障时，系统能自动切换至备份系统上运行，切换时不影响调度系统正常运行。如果采用全分散式控制时，一个或几个调度席位故障时，其他席位均能正常运行而不受到任何影响。

3. 电话会议功能

（1）调度台能通过点呼或会议组呼呼出会议出席者，并具有增减用户及"点名"的功能。

（2）调度台与会议主席为双向用户，会议出席者为单/双工通话用户，由调度员完成操作控制。

（3）调度台能中途退出/返回会议（在此期间调度员不再控制会议）。

（4）调度在会议过程中对挂机用户能自动再振铃。

4. 其他功能

（1）系统有区别调度呼叫与普通呼叫振铃的功能。具有多种不同的振铃方式，能区分内部呼叫，外部呼叫及紧急呼叫的振铃方式。

（2）用户功能。能对每个用户进行等级设置。

（3）中继局向设置功能。对中继局向分组设置，能是一条中继一个局向，也能是多条中继一个局向。能设置多个中继局向接至电力专网。

（4）密码保护。用户等级设置和中继局向设置等均需输入正确密码才能操作，密码可以自行修改。

（5）键权跟踪功能。当一个调度台有两部以上调度话机时，各话机能分组调度，该调度台上的按键操作权归属哪部调度话机能自动跟踪。

（6）能提供实时同步录音接口。

（7）交换功能。

1）分机用户能通过拨号进行用户间的呼叫。

2）调度台和有权拨外线的用户具有直接拨外线功能。

3）分机用户你通过调度转接至公用网或电力专网。

4）外线用户呼入能通过调度台转接至任一分机用户或外线直接呼叫调度交换机中的任一分机用户。

5）具有夜服功能。

6）对脉冲话机拨号和双音频话机拨号均能兼容。同一号线能允许脉冲话机与双音频话机并机使用。

（8）交换机除符合 GB/T 15542—1995《数字程控自动电话交换机技术要求》的规定外，还要满足电力调度通信系统特有的功能要求：

1）交换网内的呼叫类别具有控制呼叫、管理呼叫、数据呼叫和维护呼叫四种类别。系统对于所有的呼叫要赋予特殊的标记，称为"呼叫服务信息"，即系统对所有的呼叫要给出一个初始的优先级，有条件时要给出一个初始的保护级。

2）调度台的呼叫类别为控制呼叫；调度、继电保护、调度自动化和通信等专业的业务电话以及有关领导的指挥电话为管理呼叫；维护数据和其他数据为数据呼叫；维护员呼叫等业务为维护呼叫。

3）交换网内具有强拆、强插、缩位拨号、回叫、转移、会议、保持等功能。

4）交换网内具有紧急呼叫的功能，在被调度点发生紧急事故时，紧急分机能直呼上级调度。在正常运行状态时，紧急分机没有优先权，仅在发生紧急事故且通道拥塞的情况下能通过授权码或其他方式提升到最高优先级。

5）具有迂回路由、重找路由、重试路由、路由闭塞、路由重启、基于服务质量和呼叫服务信息来选择路由等。

6）当局间电路采用电力线载波电路时，交换机具有控制转接点电力线载波机压扩器退出的功能。

7）交换机要有硬盘加载或 CPU 失电保护配置。

8）交换机具有故障转换功能。

9）交换机除了常规的维护管理功能外，还具有远方告警和远方维护功能。

10）交换机的信号系统须能与现运行的调度程控交换网兼容。

11）交换机能提供用户需要的各种中继和用户接口。

12）交换机与现有通信网内各种传输设备能有效联接和可靠工作。

9.3.3 高频开关通信电源

1. 整流及交直流配电的功能要求

（1）交流供电。

1）输入自动切换：两路输入有电气互锁和机械互锁。两路供电主备工作，主用电路过电压或欠电压，自动投入备用电路，待主用电路正常后，自动切换备用电路，重新启动主用电路。交流系统除了要向整流系统供电，还要有对外交流输出回路。

2）过/欠电压监测。设有交流输入过/欠电压保护，并具有交流输入故障声光告警。

3）在交流母线（交流配电单元和整流模块输入端）对地要装设氧化锌避雷器，具有防雷保护及告警。

（2）整流模块。

1）整流模块双输出至直流配电单元；

2）整流模块告警；

3）工作温度过高保护；

4）风扇故障保护。

（3）直流配电单元。

1）输出各分路通断的检测和告警；

2）蓄电池充电方式转换（此功能也可由开关模块单元实现）；

3）电池过放电保护及告警（此功能也可由开关模块单元实现）；

4）交流输入过/欠电压告警；

5）2面交直流配电屏的直流单母线之间均有分段连接开关可以实现手动切换；

6）在直流母线上要装设防雷单元。

（4）监控模块。

1）显示系统和各个整流模块、交/直流配电单元产生的告警信息，并能控制开关任一整流模块，清除告警信息；

2）设置系统运行及保护参数；

3）电池状态监测及均浮充自动控制；

4）查询系统当前状态；

5）具有与后台及远端通信的功能，并提供 RS-232/RS-485/RJ-45 接口；

6）具有 I/O 接点和通信接口，能将电源装置的主要信号接入电站计算机监控系统。

2. 阀控式密封铅酸胶体蓄电池组的功能要求

（1）当蓄电池环境温度在 $-20\sim+50℃$ 条件下，其性能指标要满足正常使用要求。

（2）蓄电池电解液无酸分层现象，环境温度在 $-20\sim+50℃$ 条件下为固体凝胶电解质。

（3）蓄电池组按规定的试验方法，10h 放电率容量在第一次充放电循环时不低于 $0.95C_{10}$，第五次循环要达到 C_{10}，放电终止电压为 1.8V。0℃时蓄电池有效可用容量不低于 85％额定 10h 放电率容量。

（4）蓄电池间接线板、终端接头均采用导电性能优良的材料，具有绝缘护套，并具有优异的防腐蚀性能。蓄电池槽、盖、安全阀、极柱封口剂等材料应具有阻燃性，达 V0 级。

（5）蓄电池采用全密封防泄漏结构，外壳无异常变形、裂纹及污迹，上盖及端子无损伤，正常工作时无酸雾逸出。

（6）蓄电池极性正确，正负极性及端子有明显标志，便于连接。电池采用厚极板设计，正极板厚度不低于 4mm。

（7）电池电压均衡性要满足一组蓄电池中任意两个电池的开路电压差不超过 20mV（2V 蓄电池）。

（8）为保证使用安全，蓄电池要使用低开阀压力设计。使用期间安全阀自动开启闭合，闭阀压力要在 $1\sim10kPa$ 范围内，开阀压力要在 $10\sim20kPa$ 范围内。

（9）两个蓄电池之间连接条的压降不超过 8mV。

（10）电池组间互连接线应绝缘，终端电池要提供外接铜芯电缆至直流屏的接线板。

（11）蓄电池在大电流放电后，极柱不能熔断，其外观不得出现异常。

（12）20℃下蓄电池封存 60 天后，其荷电保持能力不低于 60％。

（13）蓄电池宜采用蓄电池架安装。

9.3.4 UPS 电源

1. 启动功能

（1）在没有交流输入的情况下，UPS 电源具备可由蓄电池组启动，负载可由蓄电池组通过逆变器供电。

（2）在 UPS 电源启动时，整流器应具备软启动功能。

2. 监控单元功能

（1）操作权限管理。监控单元应具有操作权限密码管理功能，任何改变运行方式和运行参数的操作均需要权限确认。

（2）定值设置功能。监控单元应能对交流输入保护定值、UPS 电源运行及告警参数定值进行设置。定值设置值应具有掉电保持功能。

（3）运行及告警参数定值。交流输入电压高/低告警值、交流输入频率高/低告警值、交流输出电压高/低告警值、直流工作电压高/低告警值。

（4）保护定值。交流输入过/欠电压值、直流电压低值以及交流输出过/欠电压值。

3. 显示和存储功能

（1）面板具有中文显示功能。

（2）能实时显示模拟量测量值、开关量状态、告警信息。

（3）能以模拟盘方式显示 UPS 电源的不同工作状态。

（4）能查询保护定值、开关量记录和告警记录。

（5）开关量记录和告警记录等信息存储能力均不小于 200 条。

4. 测量功能

模拟量包括交流输入线电压、相电流，交流旁路输入线电压和相电流，交流输出线电压、相电流，交流输入、输出和旁路频率，交流输出负载率等。

开关量包括整流器运行状态、自动旁路运行状态以及逆变器运行状态、各主回路开关/断路器位置状态等。

5. 告警功能

交流输入/输出电压超限告警、交流输入中断告警、交流输入频率超限告警、整流器关闭告警、逆变器关闭告警、旁路供电告警、交流输入断路器跳闸告警、交流旁路输入断路器跳闸告警、交流输出断路器跳闸告警、交流馈线开关跳闸告警、监控单元故障等。

告警或故障时，监控单元应能发出声光报警，并应以硬接点形式和通信方式输出，宜保留不小于 6 个硬接点输出。当监控装置失压、故障时不影响报警。接点容量 DC 220V/2A，并引入端子排。

6. 通信功能

监控单元至少应有 1 个 RS-485 和 2 个以太网通信接口，通信规约应采用以太网、Profinet、Profibus-DP、Modbus、IEC 61870-5-103 或 IEC 61850，具备与监控系统通信能力。

支持 IRIG-B 或 NTP 时钟对时方式。

7. 保护功能

交流输出短路保护、交流输出过载保护、整流器/逆变器/静态旁路开关等过温度保护、直流电压低保护、交流输入缺相保护、交流输入过/欠电压保护以及交流输出过/欠电压保护。具有紧急关机保护功能。

9.3.5　光纤配线架（ODF）

1. 光缆固定与保护功能

应具有光缆引入、固定和保护装置。该装置具有以下功能：

（1）将光缆引入并固定在机架上，保护光缆及缆中纤芯不受损伤；

（2）光缆金属部分与机架绝缘；

（3）固定后的光缆金属护套及加强芯应可靠连接高压防护接地装置。

2. 光纤终接功能

应具有光纤终接装置。该装置应便于光缆纤芯及尾纤接续操作、施工、安装和维护；能固定和保护接头部位平直而不位移，避免外力影响，保证盘绕的光缆纤芯、尾纤不受损伤。

3. 调线功能

通过光纤连接器插头，能迅速方便地调度光缆中的纤芯序号及改变光传输系统的路序。

4. 光缆纤芯和尾纤的保护功能

光缆开剥后纤芯有保护装置并固定后引入光纤终接装置。

5. 容量

每机架容量和单元容量（按适配器数量确定）应在产品企业标准中作出规定，光纤终接装置、光纤存储装置、光纤连接分配装置在满容量范围内应能成套配置。

6. 标识记录功能

机架及单元内应具有完善的标识和记录装置，用于方便地识别纤芯序号或传输路序，且记录装置应易于修改和更换。

7. 光纤存储功能

机架及单元内应具有足够的空间，用于存储余留光纤。

9.4 通信系统配置及设备选型

9.4.1 系统通信

系统通信各系统的建设，需严格按照电网调度管理规程等相关要求进行规划设计，满足电站及输变电工程接入系统后与电网调度管理部门之间的电力生产调度通信要求，并满足继电保护、安稳、调度自动化、调度语音、电能计量、视频会议、视频监控、综合数据等业务对通信通道的要求。因对各个电站的规划不同，与电网调度管理部门之间的电力生产调度通信要求也不同，故各个电站的系统通信设备也不同，需根据各个电站接入系统方案，来确定相应的系统通信需要配置的设备。

9.4.2 厂内通信

厂内通信由厂内生产调度通信设备、IMS 行政交换网设备、电话布线设备等组成。

1. 厂内生产调度通信

为了满足电站内部的生产调度通信需要及电力系统调度通信组网的要求，使电站能迅速可靠地实现与电网调度控制中心的调度联系，在电厂设置生产调度交换机。配置智能调度操作台、数字录音设备、维护计费终端及相应的配线设备。该机具有调度、交换、汇接及组网功能，以 2M 中继方式接入省调或网调的系统调度交换网。该交换机同时用于站内的生产调度通信。

2. IMS 行政交换网

为了满足电站内部的生产管理通信需要及对外通信的需要，同时作为生产调度通信的备用手段，在电厂设置 IMS 行政交换网设备。

3. 电话布线

各工程根据电站枢纽布置、电缆通道规划等电厂实际情况确定电话布线方案，合理配置音频配线架、电话分线箱、配线柜等配线设备。

9.4.3 通信电源与 UPS 电源

按照电力系统的要求，通信电源必须稳定可靠，在发生事故时，通信电源不得中断，每套通信设备必须采用双电源系统同时供电。

各工程根据本电站实际设备负荷，配置高频开关通信电源设备和 UPS 电源系统。每套高频开关通信电源设备采用 1 套高频开关电源屏、1 面交直流电源配电屏和 1 组阀控式密封铅酸胶体蓄电池组。

9.4.4 电站光缆综合配线系统及主干光缆

各工程根据本电站控制、通信、网络设备的分布情况，以及枢纽建筑物的位置，确定本电站的主要节点，配置光纤配线设备。在各个节点间铺设主干光纤网络，以满足生产控制实时业务对通道可靠性和独立性的总体需求。

9.5 通信系统主要设备技术参数和技术要求

9.5.1 IMS 系统

1. 接入设备

（1）AG 设备。

1）语音性能。AG 时延指标为编解码时延、收端输入缓冲时延和内部队列时延等的总和，也称为环回时延，时延指标应满足以下要求：

a. 采用 G. 711 编码时，环回时延小于 120ms；

b. 采用 G. 729 编码时，环回时延小于 150ms；

c. 采用 G. 723 编码时，环回时延小于 200ms。

AG 应支持不间断长时间通话不少于 24h。

AG 应满足以下语音特性指标要求：

a. 监视话机摘机不拨号的时间为 10～20s；

b. 监视话机位间不拨号的时间为 10s；

c. 监视话机久叫不应的时间为 60s；

d. 播放催挂音时间为 60s；

e. 播放忙音时间为 40s；

f. 拍叉时长参数上下限范围是 80～300ms。

AG 应支持上述各时长可配置，设备通过调整达到以上要求可视为符合要求。

2）传真性能。AG 的传真呼叫建立时间应小于 20s。

AG 应支持连续传送不少于 20 页 A4 纸的长文件。

3）可靠性要求。AG 应具有高可靠性、高稳定性、可用性，应满足以下要求：

a. 主处理板、电源和通信板等主要部件应具有冗余热备，并支持热插拔功能；

b. 网络侧接口应支持主备用或负荷分担方式；

c. 达到或超过 99.999% 的可用性；

d. 支持 MTBF>10 万 h，MTTR<5min；

e. 支持双归属功能，具备以下两种工作模式：若核心网容灾采用主备方式，当 AG 与主用 IMS 核心网中断，应自动切换到备用 IMS 核心网，应不影响已建立或正在建立的语音呼叫和传真等业务，新呼叫能成功建立；当主用链路恢复时，可选择切回主用 IMS 核心网或保持在备用 IMS 核心网；若核心网容灾采用负荷分担方式，当 AG 与原有 IMS 核心网中断，应自动切换到另一个 IMS 核心网，新呼叫能成功建立；当原有链路恢复时，应切回原有 IMS 核心网。

4）接口要求。

a. 用户侧接口要求。AG 应提供模拟 Z/Za 接口支持模拟终端接入 IMS。

b. 网络侧接口要求。AG 应支持 100Mbit/s 以太网接口；AG 可支持 1000Mbit/s 接口。

c. 网管接口。AG 应提供本地维护管理接口，应支持 RS-232 接口、100Base-T 和/或 1000Base-T 自适应以太网接口，可支持 V.35 接口或 V.24 接口；AG 本地操作维护以太网接口应与上行网络侧以太网接口分离。

AG 与设备网管系统的接口采用 100Base-T 和/或 1000Base-T 接口。

（2）IAD 设备。

1）语音性能。IAD 应支持不间断长时间通话不少于 24h。IAD 应满足以下语音特性指标要求：

a. 监视话机摘机不拨号的时间是 10～20s；

b. 监视话机位间不拨号的时间是 10s；

c. 监视话机久叫不应的时间是 60s；

d. 播放催挂音时间是 60s；

e. 播放忙音时间是 40s；

f. 拍叉时长参数上下限范围是 80～300ms。

IAD 应支持上述各时长可配置，设备通过调整达到以上要求可视为符合要求。

2）传真性能。IAD 的传真呼叫建立时间应小于 20s。IAD 应支持连续传送不小于 20 页 A4 纸的长文件。

3）可靠性要求。

a. IAD 网络侧接口应支持主备用或负荷分担；

b. 应采用容错技术设计，达到或超过 99.99% 的可用性；

c. MTBF>3 万 h，MTTR<3min；

d. 上行以太网接口应支持 4000V 的防雷设计；

e. 支持双归属功能，支持以下两种工作模式：①若核心网容灾采用主备方式，当 IAD 与主用 IMS 核心网中断，应自动切换到备用 IMS 核心网，应不影响已建立或正在建立的语音呼叫和传真等业务，新呼叫能成功建立；当主用链路恢复时，可选择切回主用 IMS 核心网或保持在备用 IMS 核心网。②若核心网容灾采用负荷分担方式，当 IAD 与原有 IMS 核心网中断，应自动切换到另一个 IMS 核心网，新呼叫能成功建立；当原有链路恢复时，应切回原有 IMS 核心网。

4）接口要求。

a. 用户侧接口要求。IAD 应提供模拟 Z/Za 接口支持模拟终端接入 IMS。IAD 应提供一个下行 100M/1000Mbit/s 以太网接口，支持二层交换功能用于 IAD 级联。

b. 网络侧接口要求。IAD 应至少支持 100Mbit/s 以太网接口。IAD 应具备 FXO 口，当 IAD 与 IMS 核心网中断或者 IAD 断电等异常情况时，IAD 具备 IAD 下的用户话机与 FXO 口跳接功能。

c. 网管接口。IAD 应提供本地维护管理接口，应支持 RS-232 接口、100Base-T 自适应以太网接口，可支持 V.35 接口或 V.24 接口；机架型 IAD 本地操作维护以太网接口应与上行网络侧以太网接口分离。IAD 与设备网管系统的接口采用 100Base-T 接口。

2. SIP 终端

（1）容量要求。具备存储功能的 SIP 终端相关容量应满足以下要求：

1）应支持 500 条以上联系人记录；

2）已拨、已接、未接通话记录各 100 条；

3）当信息容量满时，SIP 终端应支持提醒用户。

（2）性能要求。SIP 终端的性能应满足以下要求：

1）启动时间（SIP 终端上电到 IMS 网络注册成功）及系统重启时间均应小于 90s；

2）网络条件较差条件时（丢包率为 1%，网络抖动时间为 20ms，时延为 100ms）；

3）恶劣的环境下（丢包率为 5%，网络抖动时间为 60ms，时延为 400ms）。

（3）可靠性要求。SIP 端的 MTBF 应大于 5000h。

9.5.2　数字程控调度交换机

1. 信号方式

（1）用户信号方式：号盘或按键脉冲信号接收器。

——脉冲速率为 8～14 个脉冲/s。

——脉冲断续比为（1.3～2.5）：1。

——脉冲串间隔不小于 350ms 时应能可靠识别。

（2）中继信号方式：二线环路中继转发号盘脉冲。

——脉冲速率为（10±1）个脉冲/s。

——脉冲断续比为（1.6±0.2）：1。

——脉冲串间隔不小于 500ms。

（3）用户线条件。

——最大环路电阻不大于 1.8kΩ（包括话机电阻）。

——回路电流不小于 18mA（必要时可升高馈电电压）。

——线间绝缘电阻不小于 20kΩ。

——线间电容不大于 0.5μF。

（4）中继线条件。

二线环路中继线条件如下：

——最大环路电阻不大于 1.8kΩ（包括中继器的环路电阻）。

——线间绝缘电阻不小于 20kΩ。

——线间电容不大于 0.5μF。

2. 铃流及信号音

（1）铃流。铃流源为（25±3）Hz 正弦波，谐波失真应不大于 10%，输出电压为 90V±15V；正常振铃采用 5s 断续，即 1s 送、4s 断，断续时间的允许偏差应不大于 10%。

（2）信号音。信号音源为（450±25）Hz 正弦波，谐波失真应不大于 10%。

3. 时钟同步

调度交换机应配备 4 级以上时钟，时钟准确度应大于 ±50×10⁻⁶。

调度交换机经数字中继与其他交换机相连时，应能提取线路时钟，实现主从同步方式，发送方向能由系统取得时钟。

调度交换机可配备 2048kHz 外时钟同步接口。

4. 大话务量要求

（1）内部呼叫接续故障率应不大于 1‰。

（2）内部呼叫加自环（出中继及入中继）的接续故障率应不大于 1‰。

5. 传输要求

（1）传输损耗。

两分机用户之间或分机用户在二线环路中继之间的传输损耗应不大于 7dB，并应不小于 2dB。

在基准频率为 1020Hz 时，两个传输方向的传输损耗和差应不大于 1dB。

在基准频率 1020Hz、电平－10dBm（该测试点的相对电平为零）的正弦信号加到一个 Z 接口输入端，相应 Z 接口输出端的电平在运行的任一 10min 间隔内与开始测试时的电平比较，其变化不大于 ±0.2dB。

（2）衰减频率失真。在基准频率 1020Hz、电平－10dBm（该测试点的相对电平为零）的正弦信号加到一个 Z 接口输入端，在 300～3400Hz 范围内，在输出端以 1020Hz 测得的衰减为 0dB 时，其他频率衰减隔离范围应符合以下要求：①300～400Hz 时，－0.6～＋2.0dB。②400～600Hz 时，－0.6～＋1.5dB。③600～2400Hz 时，－0.6～＋0.7dB。④2400～3000Hz 时，－0.6～＋1.1dB。⑤3000～3400Hz 时，－0.6～＋3.0dB。

（3）噪声。空闲时的加权噪声应不大于－65dBm0P。

9.5.3　通信专用电源技术要求

1. 通用技术条件

（1）正常使用的环境条件。

1）海拔：不大于 3000m，若超过 3000m 时应按 GB/T 3859.2—2013《半导体变流器　通用要求和电网换相变流器　第 1-2 部分：应用导则》的规定降容使用。

2）环境温度：－10～＋40℃；蓄电池在环境温度－10～＋45℃条件下应能正常使用。

3）日平均相对湿度：不大于 95%，月平均相对湿度：不大于 90%。

4）安装使用地点无强烈振动和冲击，无强电磁干扰，外磁场感应强度：不大于 0.5mT。

5）安装垂直倾斜度：不大于 1.5%。

6）工作环境不得有爆炸危险介质，周围介质不含有腐蚀金属和破坏绝缘的有害气体及导电介质，应通风良好并远离热源。

（2）正常使用的电气条件。

1）交流输入电压：单相 AC 220(1±15％)V 或三相 AC 380(1±15％)V。

2）交流输入频率：50(1±5％)Hz。

3）交流输入电压不对称度：不大于 5％。

4）交流输入电压应为正弦波，非正弦含量：不大于额定值的 10％。

（3）基本参数。

1）－48V 高频开关电源充电装置的稳流精度不大于±1％，稳压精度不大于±0.3％，电压纹波系统不大于 0.5％。

2）直流输出标称电压：－48V。

3）直流输出电压范围：－(42.2～57.6)V。

4）UPS 电源的稳压精度不大于±3％；动态过程中，负荷以 0～100％变化，其偏差值不大于±5％，恢复时间小于 20ms。

（4）机房环境要求：

1）机房温度：10～28℃，蓄电池室温度：10～30℃；宜保持在 25℃。

2）机房湿度：30％～80％，蓄电池室湿度：20％～80％。

2. －48V 高频开关电源系统

（1）每套高频开关电源系统应有两路独立交流输入，互为备用，并具备自动切换功能，即当运行的一路交流输入失电时能自动切换到另一路交流输入。

（2）－48V 高频开关整流模块配置数量应不少于 3 块且符合 N＋1 原则，容量应在模块数量为 N 的情况下大于本套高频开关电源蓄电池组容量的 10％与通信总负载容量之和；承载一、二级骨干通信网业务或 220kV 及以上继电保护、安控业务的通信站，容量应在模块数量为 N 的情况下大于本套高频开关电源蓄电池组容量的 20％与通信站总负载容量之和。

（3）多块整流模块并列运行时，应具有良好均流性能，均流不平衡度应小于额定电流值的 5％。模块间的均流不平衡度按下式计算：

$$b = \frac{I - I_P}{I_N} \times 100\%$$

式中　b——均流不平衡度；

　　　I——实测模块输出电流的极限值；

　　　I_P——N 个工作模块输出电流的平均值；

　　　I_N——模块的额定电流值。

3. 通信用 UPS 电源系统

（1）环境条件。

1）温度。

工作温度：5～40℃。

贮存温度：－25～＋55℃（不含电池）。

2）相对湿度。

工作相对湿度：不大于 93％（40±2）℃。

贮存相对湿度：不大于 93％（40±2）℃。

3）大气压力。海拔不应超过 1000m。

4）振动与冲击（容量不小于 20kVA 的 UPS 应符合运输试验要求）。

振动：振幅为 0.35mm，频率 10～55Hz（正弦扫频），3 个方向各连续 5 个循环。

冲击：峰值加速度为 150m/s²，持续时间为 11ms，3 个方向各连续冲击 3 次。

（2）外观与结构。

1）机箱镀层牢固，漆面匀称，无剥落、锈蚀及裂痕等现象。

2）机箱表面平整，所有标牌、标记、文字符号应清晰、正确、整齐。

（3）UPS 主机宜采用在线式 UPS。

（4）UPS 主机容量应按满足供电范围内所有设备额定负荷大小计算，计及负荷综合功率因数和 UPS 在实际工作情况下的负荷率，并预留一定裕量。

（5）UPS 电源系统的直流输入应与交流输入和输出侧完全电气隔离。

4. 阀控式密封铅酸胶体蓄电池组

额定电压：48V。

正常浮充电压：2.23～2.30V/单体（25℃）。

正常均充电压：2.35～2.40V/单体（25℃）。

蓄电池内阻：不大于 0.4mΩ。

单体电池额定电压：2.0V。

充电方式：均、浮充方式。

蓄电池浮充寿命：不少于 15 年（20℃温度且在正常浮充电压下）。

自放电率：不大于 4％/月（25℃条件下）。

9.5.4 光纤配线架技术要求

1. 环境要求

使用环境条件：工作温度为－5～＋40℃。

相对湿度：不大于85％（＋30℃）。

大气压力：70～106kPa。

2. 外观与结构

（1）机架结构形式。按机架结构形式可分为封闭式、半封闭式和敞开式。

机架高度分为2600、2200mm和2000mm三类，其宽度推荐选用120mm的整数倍，深度推荐选用300、450mm及600mm。

机架外形尺寸的偏差不超过±2mm；外表面对底部基准面的垂直度公差不大于3mm。

（2）机械活动部分。机械活动部分应转动灵活、插拔适度、锁定可靠、施工安装和维护方便。门的开启角应不小于110°，间隙应不大于3mm。

（3）引入光缆弯曲半径。结构应牢固，装配具有一致性和互换性，紧固件无松动。外露和操作部位的锐边应倒圆角。

（4）机架结构。引入光缆进入机架时，其弯曲半径应不小于光缆直径的15倍。

（5）保护套、衬垫及纤芯和尾纤弯曲半径。光缆光纤穿过金属板孔及沿结构件锐边转弯时，应装保护套及衬垫。纤芯、尾纤无论处于何处弯曲时，其曲率半径应不小于30mm。

（6）机架表面。涂覆层应表面光洁，色泽均匀、无流挂、无露底，金属件无毛刺锈蚀。

（7）结构装置上的文字、图形、符号和标志。结构装置上的文字、图形、符号和标志均应清晰、完整、无误。

3. 材料

（1）防腐蚀性能。ODF所有的零件采用的材料应具有防腐蚀性能，如该材料无防腐蚀性能应作防腐蚀处理；其物理、化学性能必须稳定，并与光缆护套和尾纤护套相容。为防止腐蚀和其他损害，这些材料还必须与其他设备中所常用的材料相容。

（2）金属电镀件。ODF中表面电镀处理的金属结构件，在通过GB/T 2423.17—2008《电工电子产品环境试验 第2部分：试验方法 试验Ka：盐雾》标准的盐雾试验方法进行48h盐雾试验后，外观不得有肉眼可见的锈斑。

（3）涂覆处理要求。采用涂覆处理的金属结构件，其涂层与基体应具有良好的附着力，附着力应不低于GB/T 9286—1998《色漆和清漆 漆膜的划格试验》中表1中2级要求。

（4）燃烧性能要求。设备中非金属材料的结构件及光纤连接器的燃烧性能应能符合以下条件之一：

1）试验样品没有起燃；

2）试验样品离火后持续有焰燃烧时间不超过10s，并且火焰或从试验样品上掉落的燃烧或灼热颗粒未使燃烧蔓延到放在试验样品下面的底层。

4. 高压防护接地装置

（1）机架高压防护接地装置与光缆中金属加强芯及金属护套相连，连接线的截面积应大于6mm²。

（2）机架高压防护接地装置与地相连的连接端了的截面积应大于35mm²。

（3）机架高压防护接地装置与机架间绝缘，绝缘电阻不小于1000MΩ/500V（直流）。

（4）机架高压防护接地装置与机架间耐电压不小于3000V（直流）/1min不击穿、无飞弧。

（5）机架高压防护接地装置应能可靠接地，接地处应有明显的接地标志。

第10章 工业电视系统

10.1 编制依据

工业电视系统设计应遵守以下设计标准、规程规范，所用标准为最新版本标准。当各标准规定不一致时，应按较高标准的条款执行。

GB/T 25724—2017 公共安全视频监控数字视音频编解码技术要求

GB/T 50115—2019 工业电视系统工程设计标准

GB 50198—2011 民用闭路监视电视系统工程技术规范

GB 50311—2016 综合布线系统工程设计规范

GB 50343—2012　建筑物电子信息系统防雷技术规范

NB/T 35002—2011　水力发电厂工业电视系统设计规范

GA/T 367—2001　视频安防监控系统技术要求

10.2　工业电视系统设计原则

抽水蓄能电站工业电视系统采用全数字式视频监控方式，满足电站集中监控、无人值班（少人值守）的需要。

10.2.1　系统监控点选择原则

工业电视系统的目的是改善劳动条件、保障设备和运行人员安全、实现远程操作，系统设点原则如下：

（1）需要传送特定信息的地方。

（2）容易发生事故及故障的地方。

（3）生产过程中的关键部位。

（4）出于安全保卫需要的地方。

（5）重要机电设备布置的场所。

10.2.2　系统设计及设备选择原则

系统设计及设备选择应保证系统的可靠性、先进性、开放性、实用性、安全性、抗干扰性、可扩展性。设备应采用技术先进、成熟的工业级产品，保证在电站环境条件下可靠运行。

10.2.2.1　可靠性

系统的网络结构、软硬件选择应采用高可靠性设计，可以长期在线稳定运行。系统所选用的计算机以及摄像机必须是专业厂家生产，有实际运行经验的产品。

10.2.2.2　先进性

系统的硬件设置、软件配置、传输技术选择及系统的总体性能设计应符合主流技术发展方向、具备一定先进性。

10.2.2.3　开放性

系统应采用开放的网络结构和通信协议，数据格式和编程接口对用户开放，能够实现与其他系统的联动通信、不同品牌设备的接入，用户能够进行二次开发。

10.2.2.4　实用性

系统功能设计应充分考虑现场运行和维护的实用性，能够满足运行的所有

功能要求，维护工程师能够通过简单的操作，完成处理各种测试、分析任务和诊断任务。

10.2.2.5　抗干扰性

系统设计和设备选用应采取可靠的抗干扰措施，防止过电压、电磁场、静电等干扰系统设备和通信，造成设备的损坏和误动作。

10.2.2.6　安全性

系统应采取措施保证数据的安全性、通信安全性和设备操作安全性，应按电力系统要求配置相应的网络防护设备，在系统内部采取加密、权限管理、操作安全检查等安全管理措施。

10.2.2.7　可扩展性

系统的网络带宽、硬件配置、软件配置等应为将来的扩展留有一定的裕度，保证一定程度的扩展内不需更换主要设备。

10.3　工业电视系统功能要求

10.3.1　图像采集

能实时采集各监视点的图像，并转换成数字信号进行图像处理。

10.3.2　图像处理

能对图像信息进行压缩、整理、加工等处理，使图像更清晰，失真度更小。

10.3.3　图像显示

可实时显示多个视频图像窗口，每个视频图像窗口的大小、层次和位置可通过图像工作站或控制键盘任意调整设定。可以实现图像的分组切换、巡检、预案显示。

在监视器上能实现显示画面的分割、拼接、切换、平铺、层叠、放大、缩小、静止等。

10.3.4　图像监视

向中控室操作人员提供现场实时图像，取得设备运行的全面信息，尤其是不能由计算机监控系统提供的信息，如设备的实际运行状况、烟、光等。

对历史图像进行完整的保存与回放，满足运行监控、管理对信息的要求，为设备故障或事故分析和处理提供准确、可靠的依据。

10.3.5 图像存储

建立图像数据库，可存储系统中图像供各种用途调用。

10.3.6 镜头自动控制

摄像机镜头的光圈调节由镜头的光检测电路，根据被摄物体的照度自动控制光圈大小；能够防闪烁、自动调节焦距、自动背光补偿及自动白平衡。

10.3.7 自动调用功能

能根据预置的图像，自动成组切换、调用相应的图像画面在监视器或大屏幕上显示。

10.3.8 报警及联动控制功能

当监控点发生报警时，如火警、非法闯入、手动报警等，应能自动推出关联的摄像机图像，同时启动数字录像机。图像监控工作站发出语音报警提示。

10.3.9 循环切换功能

具有图像的自动循环切换和手动切换功能，可将任意摄像机的图像切换到系统中任意一个监视器，并使每个监控点的地址及说明均可叠加在相对应的图像画面上。自动循环切换间隔时间可灵活设置。

10.3.10 移动侦测功能

可设置移动侦测区域，实现多区域移动侦测，当异常情况发生时，能自动跟踪监测物体，同时能自动报警、录像等。

10.3.11 电子地图功能

图像监控工作站应具有前端布点电子地图功能。可以用操作手柄、鼠标或键盘激活每个布点，自动切换出相关联的摄像机图像。

10.3.12 预置功能

可以根据需要事先设置好所需监视点，并可自动扫描巡视。

可以设置预置点。报警时，摄像机能自动转动到相应预置的目标点，并自动调节好相应的光圈、焦距、变焦等参数。

10.3.13 图像打印功能

系统应设置打印功能，打印的启动方式应具有定时启动、报警启动和手动启动等方式。

10.3.14 报警布防、撤防功能

报警的布防和撤防应包括报警点、报警设备类型、摄像机序号及联动动作等设置。所有报警点必须布防，系统应能在报警信号发生时作出响应，可以根据需要在不同时段布防和撤防。

10.3.15 录像功能

10.3.15.1 录像方式

（1）使用网络方式对每路视频图像进行实时录像。

（2）具有报警录像功能，当报警发生时，自动进行录像，直至报警解除。

（3）手动录像，录像指令可以由图像监控工作站或授权的计算机下达。

（4）定时录像，根据设定的时间段自动录像。

（5）可通过图像监控工作站以网络方式随时调用录像存储服务器保存的任一路图像数据或将任一路图像数据转存。

10.3.15.2 录像检索及播放

（1）录像检索功能，可对系统中任一路图像进行录像，并按照时间、图像编号、摄像机号码等建立索引，以便保存记录，支持快速查找，以供各种分析取证。

（2）播放功能，将检索到的录像文件可以进行播放。一次可以播放单个录像文件，也可以连续播放多个录像，播放速度的快、慢可调整，文件播放结束后自动返回原来的状态。

10.3.15.3 录像管理

（1）录像硬盘空间管理功能，当剩余硬盘空间到达设置界限时，自动删除最早的录像文件。剩余硬盘空间和每次删除的录像空间可以根据需要设置。

（2）录像文件备份功能，录像文件可以有选择地备份到硬盘，以便重要录像的长期保存。

（3）录像文件删除功能，可以随时将没有保存价值的录像文件手动删除。

10.3.16 自诊断功能

（1）系统设备自诊断。系统设备应具有自诊断功能，当设备自身故障时报警。

（2）设备自身防盗功能。前端设备若发生被盗，有报警提示，并显示被盗设备位置。

电站重要地方设防报警，一旦发生警情，能准确指出报警点的位置，并自动切换报警点的图像显示、录像存盘。

10.3.17 权限设置功能

（1）应能设置所有图像监控工作站和监控终端的优先级别、监控范围，并

在必要时锁定图像监控工作站和监控终端的控制指令。

（2）图像监控主工作站具有监视、控制及报警功能，并具有最高的优先级。

（3）当多个图像监控工作站或监控终端同时监控同一前端时，控制权应可以根据用户优先权或通过用户之间消息对话协商分配。

（4）各图像监控工作站应具有与图像监控主工作站相同的监视、控制及报警功能。

10.3.18 图像监控工作站远方手动控制

（1）设置摄像机的 IP 地址、协议、分辨率、压缩格式等参数。

（2）设置摄像机移动侦测报警区域、隐私区域、字幕、时间、地点、水印等。

（3）摄像机开启/关闭、云台水平/垂直、防护罩雨刮风扇开启/关闭。

（4）镜头焦距、光圈调节。

（5）预置位操作、自动巡航。

（6）手动录像。

10.3.19 与其他系统的接口功能

（1）与火灾报警系统联动功能。当火灾时摄像机能自动对准灾害部位并自动报警和显示图像及启动录像设备。

（2）与国网新源公司视频系统通信功能。视频信号应能接入国网新源公司视频系统，满足国网新源公司的接口要求。

（3）与计算机监控系统的通信功能。应能接收计算机监控系统控制，将相关画面信息显示在组合液晶屏上。

（4）与反恐系统的接口。

（5）与"五系统一中心"的接口。

（6）与门禁系统的接口。

10.3.20 系统管理功能

（1）用户管理。提供用户及用户组的添加、删除以及用户信息的修改；至少应支持超级管理员、用户管理员和操作员三种用户。

（2）认证管理。实现用户登录信息的认证，对登录用户的授权。

（3）权限管理。采用用户分级管理机制实现用户权限的授予和取消，可针对不同用户分配不同的系统操作和设备管理权限。

（4）设备管理。提供设备的添加、删除以及设备信息的修改，应可根据设备的名称、类型等参数进行设备搜索，支持设备权限的设置和修改，支持设备软件的远程升级功能。

（5）其他管理功能。提供系统配置管理和系统性能管理，提供告警管理、安全管理和日志管理。

10.3.21 系统的扩展和升级能力

（1）系统应具有很好的扩展性，可增加前端设备摄像机、监视器、图像监控工作站。

（2）应能不断升级。当用户的有关硬件、操作系统更新、升级后，系统软件及应用软件应能升级、修改，保证系统正常运行。

（3）应具有二次开发、增加所需功能的能力。

10.3.22 系统的安全保证

为应对伪装、非授权访问、抵赖、拒绝服务攻击、数据窃取、完整性破坏、病毒威胁，系统应采取用户认证、权限管理、设备认证、数据加密、VPN、防火墙等措施进行防范。

电站工业电视监控系统与其他系统的网络接口应采用网络安全隔离措施，以保证系统的安全。

10.3.23 防水功能

对可能发生水淹厂房的漏水部位宜单独增设摄像头，摄像头具有防水功能，并自带大容量存储卡，便于事故录像和事后分析。

10.3.24 时钟同步功能

为便于查询回放，具备外部时钟同步功能。

10.4 工业电视系统配置及设备选型

抽水蓄能电站工业电视系统采用全数字式分层分布结构，由监控中心系统、网络传输系统和前端系统三部分组成。

10.4.1 监控中心系统

监控中心系统设备包括监控工作站、管理服务器、流媒体服务器、网络存储服务器、控制键盘、组合液晶屏、高清解码器、火灾报警接口盒等。

10.4.2 网络传输系统

监控区域划分、交换机配置和网络结构可参考以下原则设计，并结合电站枢纽布置划分监控区域，确定主交换机、子交换机数量和网络结构。

（1）区域划分。工业电视系统监视区域划分为 5 个分区，分别为：

分区 1：业主营地区（设置 1 台主交换机，1 台子交换机）。

分区 2：电站地下厂房区（设置 1 台主交换机，子交换机数量根据实际厂房布置情况设置）。

分区 3：地面开关站（设置 1 台主交换机，1 台子交换机）。

分区 4：上水库区（设置 1 台子交换机）。

分区 5：下水库区（设置 1 台子交换机）。

其中分区 1 作为主分区，具有最高优先级。

（2）交换机配置。主交换机的配置见表 10-1。

表 10-1　　　　　　　　主交换机的配置

序号	区域	安装位置
1	分区 1	营地计算机室
2	分区 2	地下厂房公用控制盘室
3	分区 3	地面开关站继电保护室

子交换机的配置见表 10-2。

表 10-2　　　　　　　　子交换机的配置

序号	区域	安装位置
1	分区 1	营地办公楼计算机室
2	分区 2	主厂房母线层、母线洞、主变压器洞、安装厂、水轮机层、锥管层、尾水闸门等
3	分区 3	地面开关站继电保护室
4	分区 4	上水库配电室
5	分区 5	下水库配电室

（3）网络结构。抽水蓄能电站工业电视系统主交换机采用单环形网络结构，传输协议 TCP/IP，各网络设备之间的传输关系为：

分区 1 与分区 2 主交换机之间，网络传输速率为 1000Mbit/s，传输介质为单模光纤。

分区 1 与分区 3 主交换机之间，网络传输速率为 1000Mbit/s，传输介质为单模光纤。

分区 2 与分区 3 主交换机之间，网络传输速率为 1000Mbit/s，传输介质

为单模光纤。

分区 3 主交换机与分区 4 子交换机之间，网络传输速率为 100Mbit/s，传输介质为单模光纤。

分区 3 主交换机与分区 5 子交换机之间，网络传输速率为 100Mbit/s，传输介质为单模光纤。

同区域主交换机与子交换机之间，网络传输速率为 100Mbit/s，传输介质为单模或多模光纤。

子交换机与前端摄像机之间，网络传输速率为 100Mbit/s，传输介质为超五类屏蔽线（超过 80m 采用多模或单模光纤）。

监控中心系统设备与分区 1 主交换机之间，网络传输速率为 10/100/100Mbit/s，传输介质为超五类屏蔽线。

10.4.3　前端系统

前端系统包括高清网络摄像机及前端机箱。监控点的配置原则见表 10-3。

表 10-3　　　　　　　　工业电视系统监控点配置原则

序号	区域	安装位置	重点监控对象
1	分区 1	营地大门、计算机室、中控室、通信机房、营地大楼走廊等	（1）营地重要控制、通信设备； （2）营地建筑关键出入口
2	分区 2-尾水管层	出入口、检修排水泵房、油污水处理设备室、管路廊道等	（1）尾水管层出入口； （2）集水井水位； （3）检修排水泵房内电气、机械设备； （4）油污水处理设备室内电气、机械设备； （5）管路廊道出入口
3	分区 2-蜗壳层	每个机组段、空气压缩机室等	（1）蜗壳层出入口； （2）空气压缩机室内电气、机械设备； （3）机组冷却供水泵、主轴密封供水装置、消防供水泵等蜗壳层各机组段的电气、机械设备
4	分区 2-水轮机层	每个机组段、空调水冷机房、等	（1）水轮机层出入口； （2）各机组水车室内状况； （3）空调水冷机房内电气、机械设备； （4）球阀油压装置、水力测量仪表、盘柜等水轮机层各机组段电气、机械设备

序号	区域	安装位置	重点监控对象
5	分区2-母线层	每个机组段	(1) 母线层出入口; (2) 机组调速器、机组中性点设备、推力外循环冷却器、机组控制盘柜、开关柜等母线层各机组段的电气、机械设备
6	分区2-母线洞	每个母线洞	(1) 各母线洞出入口; (2) 封闭母线、GMCB、励磁变压器、TV柜、换相开关、电制动开关设备等
7	分区2-发电电动机层	每个机组段、安装间等	(1) 发电电动机层出入口; (2) 各机组段机旁盘柜; (3) 各机组段全景状态; (4) 安装间全景状态; (5) 进厂交通洞大门
8	分区2-主变压器洞	每个变压器室、主变压器洞照明配电室等	(1) 各主变压器洞出入口; (2) 各主变压器室内的电气、机械设备; (3) 主变压器运输通道出入口
9	分区2-主副厂房	蓄电池室、二次辅助屏柜室、地下值班室、公用配电盘室、厂用变压器室、照明配电室等	(1) 各楼层出入口; (2) 各房间内的电气、机械设备
10	分区2-尾闸室	尾闸室启闭机房、渗漏排水泵房、尾闸室消防通道	(1) 尾闸室各通道出入口; (2) 集水井水位; (3) 渗漏排水泵房内电气、机械设备; (4) 尾闸室启闭机房内电气、机械设备
11	分区3	地面开关站电缆层、GIS室、GIS大门、开关站出线平台、一次配电室、继电保护室、开关站柴油发电机房、消防保卫室、通信机房、蓄电池室等	各房间内的电气设备及地面开关站关键出入口
12	分区4	上水库配电房、上水库启闭机房、上水库等	(1) 上水库配电房内电气设备; (2) 上水库各启闭机房内电气、机械设备; (3) 上水库闸门状态; (4) 上水库水位; (5) 环库公路; (6) 上水库全景状态
13	分区5	下水库配电房、下水库进出水口启闭机房、下水库溢洪道启闭机房、下水库等	(1) 下水库配电房内电气设备; (2) 下水库各启闭机房内各电气、机械设备; (3) 下水库各闸门状态; (4) 下水库水位; (5) 环库公路; (6) 下水库全景状态

10.5 工业电视系统主要技术参数和技术要求

10.5.1 工业电视系统性能要求

信号制式:	PAL
每帧行数:	625
显示部分的扫描制式:	逐行扫描
分辨率:	1920×1080
帧率:	≥25 帧/s
时延:	≤1s
图像质量:	稳定、无闪烁、无马赛克现象
灰度等级:	≥254 级
几何失真:	<3%
非线性失真:	<10%
图像压缩标准:	H.265
音频压缩标准:	G.711/G.723.1/G.729
信噪比:	≥55dB
控制响应时间:	≤1s
图像切换响应时间:	≤1s
系统平均无故障时间（MTBF）:	≥20 000h
系统平均维护时间（MTRR）:	≤0.5h
系统可利用率:	≥99.5%

10.5.2 监控工作站

监控工作站应选用国际知名品牌产品，每套基本配置和主要性能要求如下:

产品类型：	台式工作站
CPU 数量：	2 颗
CPU 主频：	≥2.4GHz
三级缓存：	≥15MB
CPU 核心：	≥6 核
CPU 线程数：	≥12 线程
内存类型：	DDR4
内存容量：	≥8GB
硬盘接口类型：	SATA
硬盘容量：	≥1TB
光驱类型：	8X 超薄 DVD＋/－RW 超薄光驱
独立显卡	1 个，显存≥4GB
独立声卡	1 个
网络接口：	≥1 个 10/100Mbit/s 以太网口
操作系统：	支持 Windows 系列操作系统
液晶监视器：	23in 彩色，分辨率：1920×1080，逐行扫描，扫描频率≥75Hz

10.5.3 管理服务器

管理服务器应选用国际知名品牌产品，基本配置和主要性能要求如下：

产品类型：	机架式
CPU 数量：	2 颗
CPU 主频：	≥2.4GHz
三级缓存：	≥15MB
CPU 核心：	≥6 核
CPU 线程数：	≥12 线程
内存类型：	RDIMM
内存容量：	≥16GB
硬盘接口类型：	SAS
硬盘容量：	≥300GB SAS 硬盘×2，RAID 1
磁盘阵列卡：	1 块
光驱：	DVD＋/－RW，SATA，内置

网络接口：	≥2 个 10/100Mbit/s 以太网口
操作系统：	支持 Windows 系列操作系统
电源：	冗余电源供给系统，可热插拔电源模块，硬件应支持掉电保护和电源恢复后的自动重新启动功能

10.5.4 流媒体服务器

流媒体服务器应选用国际知名品牌产品，基本配置和主要性能要求如下：

产品类型：	机架式
CPU 数量：	2 颗
CPU 主频：	≥2.4GHz
三级缓存：	≥15MB
CPU 核心：	≥6 核
CPU 线程数：	≥12 线程
内存类型：	RDIMM
内存容量：	≥16GB
硬盘接口类型：	SAS
硬盘容量：	≥300GB SAS 硬盘×2，RAID 1
磁盘阵列卡：	1 块
光驱：	DVD＋/－RW，SATA，内置
网络接口：	≥2 个 10/100Mbit/s 以太网口
操作系统：	支持 Windows 系列操作系统
电源：	冗余电源供给系统，可热插拔电源模块，硬件应支持掉电保护和电源恢复后的自动重新启动功能

10.5.5 网络存储服务器

网络存储服务器应选用高性能产品，可以支持本区域 1080P 高清网络摄像机同时接入，并预留 10% 的扩展容量，24h 不间断存储，存储时间不少于 30 天。其基本配置和主要性能要求如下：

安装方式：	标准 19ft 机架式安装
主处理器：	高性能多核处理器
内存：	每控制器≥8G
硬盘个数及容量：	根据工程实际需要选择
硬盘安装：	独立硬盘支架

硬盘热插拔：	支持硬盘热插拔、在线更换
硬盘使用模式：	支持 RAID0，1，5
网络接口：	≥4 个 1000Mbit/s 以太网口
断网续传：	支持前端断网时间段内 SD 卡中的录像回传到设备
电源：	冗余电源，支持热插拔

10.5.6 控制键盘

电站工业电视系统配置 1 个控制键盘，用户可通过控制键盘按顺序、周期和选点方式直接进行图像切换控制。

10.5.7 组合液晶屏

组合液晶屏设备包括安装机架、拼接屏、各种线材等。主要性能要求如下：

组合液晶屏数量：	3×5
角线尺寸：	55in
背光形式：	LED 直下式背光源
视角：	178°（水平）/178°（垂直）
亮度：	≥700cd/m²
对比度：	≥4000：1
分辨率：	1920×1080（向下兼容）
输入接口：	HDMI，DVI
物理拼缝：	≤1.8mm
功耗：	≤200W
认证：	CCC

拼接屏远程控制功能：可通过网线（RJ-45）或 RS-232 集中控制所有显示器的手动开关、定时开关、色彩、亮度、任务表等。

液晶屏数量、布置、尺寸等可根据工程实际情况进行调整。

10.5.8 高清解码器

电站工业电视系统配置 1 套高清解码器，将视频信号输出到组合液晶屏上。高清解码器的基本要求如下：

输出接口：	HDMI
输出分辨率：	1920×1080
视频输出：	16 路
视频解码：	H.265、H.264、MPEG4、MJPEG 等主流的编码格式

解码能力：	支持 60 路 1080P 分辨率同时实时解码
图像拼接：	支持 16 块液晶屏任意拼接
支持制式：	PAL
帧率：	25fps
网络接口：	2 个 RJ-45 10M/100M/1000Mbit/s 自适应以太网接口
网络协议：	TCP/IP、HTTP、SNMP、UDP、NTP 等
控制串行接口	标准 485 接口

10.5.9 火灾报警接口盒

电站工业电视系统应提供 1 套 64 路 I/O 接口的火灾报警接口盒，通过 I/O 接口接收火灾报警系统联动信号输入，通过网口输出火灾报警编码信号。

10.5.10 主交换机

电站工业电视系统主交换机应选用国际知名品牌的工业级产品。交换机配置的基本要求如下：

（1）交换机应为工业级三层以太网交换机，采用模块化结构，应装有 2 个以上的备用插槽。交换机背板交换速率和包转发率需满足所连接设备信息交换的要求。

（2）交换机应支持基于 IEEE 802.1x、10BaseT、100BaseTX、1000BaseTX 端口上的 IEEE 802.3x 全双工操作，IEEE 802.1D 生成树协议，IEEE 802.1p CoS，IEEE 802.1Q VLAN，IEEE 802.3ab，IEEE 802.3u 1000BaseTx 规范，IEEE 802.3u 100BaseTx 规范，IEEE 802.3 10BaseTx 规范。

（3）支持 SNMP V3，可以暂时关闭不用端口，支持端口与所连接设备的 MAC 地址绑定等网络安全功能。

（4）支持 SNMP V3 网络管理功能，提供网络交换机自动搜索管理软件，便于系统管理权限的划分，能在未设定 IP 地址或 IP 地址重复的情况下也能自动发现连接在网络上的工业以太网交换机。系统配备一套网络管理软件实现统一的基于 SNMP 的网络管理。

（5）为了实现网络设备的时间同步，交换机应支持 RFC1769 SNTP 简单网络时间协议。

（6）交换机应采用无风扇结构，允许运行温度范围为 -10～+60℃，运行湿度 10％～95％（无凝露），电磁兼容性指标应满足工业要求。

（7）所有交换机 EMI 抗电磁干扰性能在 4 级以上；支持无故障通信，具有 ZPL 零丢包技术。

（8）交换机吞吐量是指交换机所有端口同时转发数据速率能力的总和；交换机吞吐量应等于端口速率×端口数量（流控关闭时）。

（9）其他：

1）网络拓扑结构：支持总线/星形/环形拓扑和 RSTP；

2）网络协议：TCP/IP；

3）可扩展性：采用模块化结构，便于扩展、应用灵活；

4）可维护性：支持热插拔，可在不断电情况下更换模块，维护、维修方便；

5）提供 IP Qos；

6）支持组播、广播及点播方式。

10.5.11　子交换机

子交换机应选用与主交换机同一品牌，支持模块化设计。每个交换机配置的基本要求如下：

（1）交换机应为工业级以太网交换机，采用模块化结构，应装有 2 个以上的备用插槽。

（2）交换机应支持基于 IEEE 802.1x，10BaseT、100BaseTX、1000BaseTX 端口上的 IEEE 802.3x 全双工操作，IEEE 802.1D 生成树协议，IEEE 802.1p CoS，IEEE 802.1Q VLAN，IEEE 802.3ab，IEEE 802.3u 1000BaseTx 规范，IEEE 802.3u 100BaseTx 规范，IEEE 802.3 10BaseTx 规范。

（3）支持 SNMP V3，可以暂时关闭不用端口，支持端口与所连接设备的 MAC 地址绑定等网络安全功能。

（4）支持 SNMP V3 网络管理功能，提供网络交换机自动搜索管理软件，便于系统管理权限的划分，能在未设定 IP 地址或 IP 地址重复的情况下也能自动发现连接在网络上的工业以太网交换机。系统配备一套网络管理软件实现统一的基于 SNMP 的网络管理。

（5）为了实现网络设备的时间同步，交换机应支持 RFC1769 SNTP 简单网络时间协议。

（6）交换机应采用无风扇结构，允许运行温度范围为 −10～＋60℃，运行湿度 10%～95%（无凝露），电磁兼容性指标应满足工业要求。

（7）所有交换机 EMI 抗电磁干扰性能在 4 级以上；支持无故障通信，具有 ZPL 零丢包技术。

（8）交换机吞吐量是指交换机所有端口同时转发数据速率能力的总和；交换机吞吐量应等于端口速率×端口数量（流控关闭时）。

10.5.12　一体化球形网络摄像机

一体化球形网络摄像机镜头的光圈调节由镜头的光检测电路，根据被摄物体的照度自动控制光圈大小；能够防闪烁、可调节焦距、红外校正功能、自动背光补偿及自动白平衡。

一体化球形网络摄像机（即球机）应选用低照度、高灵敏度、能抗潮湿、抗电磁干扰、抗高电压等恶劣环境的产品。应具有先进的数字信号处理、连续自动聚焦及预置功能，同时能配置辅助照明（包括自然光和红外照明）。

一体化球形网络摄像机应具有网络接口，内置 WEB 服务器。

可通过网络对 IP 摄像机的 IP 地址、子网掩码、网关等进行设置，也能对视频编码进行设置，如预设编码参量、数据传输率、画质等。

有爆炸危险性的场所应采用防爆型高清网络摄像机。

配置的基本要求如下：

（1）色彩：彩色/黑白。

（2）传感器类型：CMOS。

（3）传感器有效像素：1920×1080。

（4）视频输出：1920×1080，1280×720。

（5）压缩格式：H.265、H.264。

（6）红外补光距离：室内不小于 30m，室外不小于 100m。

（7）扫描系统：逐行扫描。

（8）背光补偿：支持。

（9）角度调整：水平 0°～360°；垂直 −20°～90°。

（10）旋转速度：键控：水平 0.1°～160°/s；垂直 0.1°～120°/s。

（11）预置点：水平 240°/s；垂直 200°/s。

（12）预置点：≥200 个。

（13）焦距/速度控制：自动。

（14）信噪比：≥55dB。

（15）视频输出：网络端口（RJ-45）。

（16）同步系统：内部或外部。

（17）最低照度：彩色：0.005Lx；黑白：0.0005Lx；红外灯开启：0Lx。

（18）镜头：自动聚焦、自动光圈，光学变焦倍数根据实际情况设置。

（19）防护等级：室内球机 IP55；室外球机 IP66；防爆球机 IP68；防水球机 IP67。

（20）工作温度：室内－10～＋40℃；室外－45～＋50℃。

（21）工作湿度：0～90%RH（无冷凝）。

（22）具备本地存储功能，支持 SD 卡热插拔，最大支持 128GB。

（23）摄像机的气候与机械环境适应性应满足 GB/T 15211—2013《安全防范报警设备　环境适应性要求和试验方法》中的要求。

（24）如一体化球形网络摄像机有防爆要求（安装在透平油库、蓄电池室摄像机），摄像机应选用具有防爆认证的知名品牌产品，防爆标准不低于 Ex d ⅡC T6。

10.5.13　摄像机附件

室内外一体化球形网络摄像机应自带电动云台、防护罩、加热器、电源等。防爆球形摄像机应自带电动云台、防护罩、加热器、电源、编码器、防爆盒等。所有摄像机的安装支架根据现场需要配置，支架应为不锈钢材质。摄像机到子交换机距离大于 80m 时，采用光纤传输，应配备光纤接发收器。摄像机附件应选用与摄像机配套产品。

10.5.14　前端机箱

电站工业电视前端系统需提供前端机箱，用于放置子交换机和电源转换装置等设备。

室内前端机箱的防护等级为 IP43，室外前端机箱的防护等级为 IP55。用于防止水淹厂房监视的摄像机及前端机箱防护等级不低于 IP67。

前端机箱的箱体和箱门应采用厚度不小于 1.5mm 的优质不锈钢钢板，不锈钢牌号为 1Cr18Ni9。支撑板、道轨支撑架也应采用相应配套材料。

第 11 章　微 机 五 防 系 统

11.1　编制依据

微机型防误系统的设计应遵守下列规程规范，所用标准为最新版本标准。当各标准规定不一致时，应按较高标准的条款执行。

GB/T 4208—2017　外壳防护等级（IP 代码）

GB/T 11920—2008　电站电气部分集中控制设备及系统通用技术条件

GB/T 13729—2002　远动终端设备

GB/T 17626（所有部分）　电磁兼容　试验和测量技术

DL/T 687—2010　微机型防止电气误操作系统通用技术条件

JB/T 5777.2—2002　电力系统二次电路用控制及继电保护屏（柜、台）通用技术条件

11.2　微机五防系统设计原则

（1）微机型防误系统必须采用强制性闭锁方式实现"五防"功能。

（2）微机型防误系统应能适应各种运行管理模式。

（3）微机型防误系统应实现中控层、现地控制层、设备层强制闭锁功能，适用不同类型设备及各种运行方式的防误闭锁要求。

（4）微机型防误系统的无论哪一层的防误规则及数据应单独编制、存储，并可以导出、打印校验。

（5）微机型防误系统应实现所有断路器、隔离开关、接地开关、网门、接地线，以及高压开关柜、成套 SF₆ 组合电器等设备所有操作方式，包括远方/就地、手动/自动的强制闭锁功能。

（6）微机型防误系统尽可能不增加正常操作和事故处理的复杂性，微机型防误系统应不影响或干扰继电保护、自动装置和通信设备的正常工作。

（7）微机型防误系统使用的直流电源应与继电保护、控制回路的电源分开，交流电源应采用不间断供电电源，在监控系统或电气设备故障时，仍可实现防误闭锁功能。

（8）微机型防误系统的设计应不影响相关电气设备正常操作和运行，并能在允许的正常操作力、使用条件或振动下不影响其保证的机械、电气和信息处理性能。

（9）微机型防误系统的防误主机应独立设置，电气一次主接线的设备状态应与现场保持一致。

（10）微机型防误系统应满足多班组、多任务同时操作的要求。

（11）微机型防误系统应配置具有五防钥匙接口的高压带电显示闭锁装置

及开关柜后柜门锁具，实现后柜门的有电无法打开及防止后柜门未闭锁的情况下合开关送电。

（12）微机型防误系统应配置用于实现临时接地线强制闭锁和状态监测的装置。

（13）在技术条件具备时，应实现接地线状态实时上送功能。

（14）微机型防误系统应配置专用的解锁钥匙（工具）。

（15）微机型防误系统应配置用于管理解锁钥匙（工具）的装置，实现钥匙的三级管理。可分类管理一类、二类、三类钥匙，需能分别针对不同权限或者授权取用对应的钥匙。

（16）实现安全工器具的全生命周期的电子化、规范化管理，对工器具入/出库时间等信息实现完整记录。

11.3 微机五防系统功能要求

11.3.1 防误系统功能

（1）装置应具有防止误拉、合断路器，防止带负荷拉、合隔离开关，防止带电挂接地线，防止带地线送电，防止误入带电间隔的功能（"五防"）。

（2）数据集中管理功能：防误系统采用 C/S 模式架构，可在中控室对所有数据进行集中管理、统计、查询。

（3）具备设备对位功能：可直观地反映系统的工作状态，通过记忆对位或与监控通信自动对位刷新状态。

（4）具备五防模拟操作功能：可按照倒闸操作任务进行模拟预演，检验操作票是否正确。

（5）具备发送和存储操作票功能：模拟操作结束后，微机五防系统将正确的操作内容（一次操作票）自动存储并传输到电脑钥匙中，该操作票中所列内容为所涉及的一次设备及二次操作部分。

（6）具备多任务并行操作功能，支持多班组、多任务并行操作。

（7）五防闭锁操作：依据电脑钥匙所显示的设备号，进行倒闸操作，电脑钥匙对违反五防规定或与操作票不符的操作实现强制闭锁，并以语音提示及液晶显示方式警告操作人员。

（8）具备语音提示功能：操作全过程中均有语音提示，指导运行人员正常操作，使操作简单直观。

（9）具备通信接口功能：可通过 RS-232/RS-485/以太网等方式与综合自动化系统通信，实现互传遥信，闭锁监控系统遥控操作。

（10）具备多级操作权限管理功能。

（11）具备实时在线式防误功能，通过布置无线网络，满足实时在线式防误功能：

1）具备操作过程实时跟踪功能，防误主机对所有的一次设备进行实时对位，显示每一步操作任务的执行情况，方便监控人员实时监视。

2）智能远程异常处理功能，五防主机可对实时在线的电脑钥匙及时提供解决措施，有效防止可能产生的误操作。

3）传票方式灵活，支持无线远距离传票。

（12）满足危险点即时预警分析要求。如果操作人员进行了未遂的误操作，系统可及时根据开出的操作票和相关关联设备的实时状态发出声光报警和语音报警，提示操作人员和监护人员。

（13）具备人性化操作流程监视功能。操作人员在现场操作的过程中，中控室的主机界面上即时跟踪操作执行的每一步，同时对正在执行的每一步任务，弹出相关设备所属的设备间隔，清晰明确地凸现设备的变位情况和任务的执行情况。

（14）系统应支持离线模式、实时在线模式、混合模式多种运行方式。

（15）具备开关柜后柜门验电闭锁功能，配置高压带电显示闭锁装置和后柜门锁具，实现在有电的情况下，无法打开柜门和无法合接地开关，且在柜门打开的情况下，无法合上隔离开关送电，防止未关闭柜门的开关柜长期带电运行，造成误入带电间隔事故。

（16）电脑钥匙功能要求。

1）可接收五防主机发送的操作票，操作完毕后把结果回传给五防主机。

2）数据传输方式支持：高速红外 IRDA、无线 UT-NET。

3）具有清票、自学、记忆、锁具编码检查、中止当前的操作票、跳步、实时时钟、电池电量检测、自诊断等功能。

4）具备对多种锁具进行解锁及检测操作功能，如：电编码锁、机械编码锁等。

5）一次充电可连续使用时间：≥24h。

6）识别并控制编码锁个数：≥65 535。

7）一次接收操作票项数：≥1000。

8）允许通过操作回路电流：1mA～5A。

9）抗静电强度：≥2500V。

10）操作回路额定电压：≤220V交、直流。

11）解锁寿命：≥50 000次。

12）平均无故障时间（MTBF）：50 000h。

13）具备语音提示功能。

14）防雨、防尘等级达到GB 4208—2017《外壳防护等级（IP代码）》规定的IP54等级要求。

11.3.2 操作票专家系统功能

（1）开票方式应灵活多样：支持"图形模拟开票""手工开票""典型操作票调用"等多种开票方式，能开出并打印包括一、二次设备操作项及检查、验电、提示等特殊操作在内的完整操作票。

（2）具备图形管理功能：图形可放大、缩小，可自行定制图元、绘图等。

（3）具备数据库管理功能：允许维护人员对相关数据库和文件进行扩充和修改。

（4）可灵活对操作术语进行自定义。

（5）具备统计报表功能。

（6）具备数据检索功能：应能按班组、开票人、开票时间、完成时间、完成情况等对已完成的操作票进行检索。

（7）具有仿真培训功能。

11.3.3 地线管理系统功能要求

（1）系统由地线管理器主机、检测闭锁机构、地线柜、智能地线桩、智能地线头等组成。

（2）地线管理系统能够实现对全厂所有地线的有效管理，并且该系统对地线存放、使用的流程执行现行国家标准和行业标准，并符合目前电力系统内对于临时地线的管理要求。

（3）地线管理系统能够实现地线的实时管理、状态实时汇报；地线操作过程全监控；地线状态信息可以上传。

（4）临时接地线要求具备唯一识别码。

（5）临时接地线平时需可靠闭锁，地线的取走和还回需防误系统授权或操作人员身份识别授权。

（6）地线管理器主机支持不少于64组的临时地线管理。

（7）能提供详细的地线使用记录可供查询。

（8）地线管理器应和地线柜一体化设计，地线管理柜应具备温、湿度控制功能，每面柜存放地线数不少于8组，根据地线及绝缘杆长度确定不同的柜型。

11.3.4 钥匙管理系统功能要求

（1）具备钥匙管理功能，可分类管理一类、二类、三类钥匙，需能分别针对不同权限或者授权取用对应的钥匙。

（2）一类钥匙取用需有资格的人员授权审批，钥匙管理机需具有多种授权方式，包括刷卡、短信、网络、密码等方式。

（3）自动存储解锁钥匙的使用记录，包括使用人、授权人、日期时间、钥匙种类等信息，可存储条数需满足一年使用。

（4）能够实时监测各类钥匙的使用状态。

（5）能够通过权限配置，实现不同权限的运维人员，存取不同类型的一类、二类、三类钥匙。

（6）一类钥匙管理机至少能够管理40把钥匙，可实现钥匙管理的指定存取功能，使用人获得授权后只能取走指定的钥匙，其他紧急钥匙被强制闭锁。

11.3.5 安全工器具管理系统功能要求

（1）定制统一的安全工器具柜，并配备安全工器具管理系统，具备通信接口，可接入防误系统。

（2）实现对安全工器具全生命周期的电子化、规范化管理，采用无线传感技术，对工器具入/出库时间等信息实现完整记录。

（3）对过检验期或超生命周期的安全工器具提示报警。

（4）详细记录安全工器具使用人、使用时间、归还时间等记录。

11.4 微机五防系统配置及设备选型

11.4.1 配置原则

（1）微机型防误系统应选用符合国家、行业技术标准，并经省级以上鉴定的产品。已通过鉴定的微机型防误系统，必须经运行考核合格，取得良好的试运行经验后方可推广使用。

（2）运行值班室存在多地点的，应采用C/S架构的集控式防误操作系统，在中控室、地下厂房值班室等地点需配备防误系统客户端及电脑钥匙，对地下厂房、开关站等地点设备进行强制闭锁，并且各五防主机互相通信，统一接受中控室五防服务器管理，并实现设备操作权唯一，可统一远程维护。

（3）应在开关柜配置带五防钥匙接口的高压带电显示闭锁装置和后柜门闭锁锁具，实现后柜门和接地开关的验电闭锁管理功能，以及后柜门未关的情况下禁止合闸送电。

（4）配置统一的智能地线柜、地线管理器及无线地线检测装置，实现对临时接地线使用的规范管理及实时监测。

（5）断路器、隔离开关、接地开关（接地线）、网门的防误闭锁配置。

11.4.2 断路器闭锁

（1）对在电站中控室、LCU 柜上的操作，应通过独立的微机型防误操作系统软件来实现闭锁。

（2）对在电站现地操作，成套 SF_6 组合电器汇控柜、测控屏应配置微机防误电气编码锁或闭锁盒来实现闭锁，成套开关柜断路器应配置微机防误电气编码锁来实现闭锁。

11.4.3 电动机构的隔离开关、接地开关闭锁

（1）对在电站中控室、LCU 柜上的操作，应通过独立的微机型防误操作系统软件来实现闭锁。

（2）对在电站现地操作，应配置微机防误电气编码锁或闭锁盒来实现闭锁。

（3）对在现地隔离开关、接地开关的操作，可在机构箱门上配置微机防误机械编码锁来实现闭锁。

（4）对于具有手动机构的隔离开关、接地开关应在操动机构上配置微机防误机械编码锁来实现闭锁。

11.4.4 临时接地线闭锁

接地点应安装智能地线桩及机械编码锁。

11.5 微机五防系统主要技术参数和技术要求

11.5.1 运行环境要求

运行环境要求见表 11-1。

表 11-1　　　　运行环境要求

序号	名称			单位	要求值
1	电源频率			Hz	50
2	环境温度	户内设备	日最高温度	℃	40
			日最低温度		−10
			日最大温差		15
		户外设备	日最高温度		60
			日最低温度		−40
			日最大温差		20
3	湿度		日相对湿度平均值	%	≤95
			月相对湿度平均值		≤90
4	海拔			m	≤1000
5	耐受地震能力		水平加速度	m/s²	0.3g
			垂直加速度	m/s²	0.15g

11.5.2 主要技术参数

主要技术参数见表 11-2。

表 11-2　　　　主要技术参数

序号	参数名称		单位	标准参数值
1	数据库容量	模拟量	点	≥2000
		状态量	点	≥5000
		遥控	点	≥500
		虚遥信量	点	≥5000
2	遥控解锁操作正确率		%	100
3	历史数据存储容量	历史操作记录	条	≥10 000
		历史操作票统计功能		有
		历史操作票数量	条	≥30 000
4	防误锁具寿命		次	≥10 000
5	防误锁具开锁成功率		%	≥99
6	防误锁具平均无故障时间（MTBF）		年	≥2
7	解锁钥匙开锁寿命		次	≥10 000
8	防误锁具编码容量		点	无限
9	电脑钥匙开锁次数寿命		次	≥50 000
10	电脑钥匙不充电连续开锁次数		次	≥256
11	电脑钥匙电池连续工作时间		h	≥8
12	电脑钥匙识别并控制锁头个数			无限制
13	电脑钥匙一次能接收的内容			255 项操作

11.5.3 其他技术参数

11.5.3.1 无线网络

（1）无线网络不应采用蓝牙等安全性较低的民用通信技术，以防止系统入侵及对电站设备的干扰。

（2）无线网络应为工业用微功耗网络，具备权威机构的检验报告，发射功率小于10mW，不会对电站其他设备的正常运行和工作人员的健康产生不良影响。

（3）无线网络应具备良好的抗干扰性、良好的保密性和安全性。

（4）无线网络具备自愈功能。

（5）入网快速，电脑钥匙连入无线网络的时间不超过30ms。

（6）无线网络支持与多个终端装置同时连接。

（7）无线网络应具备身份认证机制，相关通信报文应加密，并能够提供相应的权威机构出具的检验报告。

11.5.3.2 闭锁锁具

（1）所有锁具应由防锈材料组成，应具有防水、防尘、防凝露、防腐蚀、抗冲击、经久耐用、使用灵活、安装方便、牢固等特点。

（2）所有锁具都应有防止用螺丝刀等异物非正常打开的结构。

（3）所有锁具应能适应电厂内各种运行方式，在紧急状态下可通过电解锁钥匙及机械解锁钥匙对其进行解锁操作。

11.5.3.3 高压带电显示闭锁装置

（1）采用验电防误一体化设计，具备五防电脑钥匙接口，能与五防系统的数据进行交换。

（2）能够在 $5\mu A$ 的微小电流下可靠工作。

（3）具体参数要求：

温度范围：$-40 \sim +60℃$；

工作湿度：日平均不大于95%；

闭锁特性：电脑钥匙接口和电气闭锁接点，符合 DL/T 538—2006《高压带电显示装置》要求；

动作寿命：>50 000 次；

指示灯亮度和重复频率：符合 DL/T 538—2006《高压带电显示装置》要求；

额定频率：50Hz；

标称电压：$6/\sqrt{3} \sim 750/\sqrt{3}kV$；

连接点电压：$6 \sim 10V$。

11.5.3.4 地线管理器技术参数要求

工作电压：$90 \sim 264V\ AC$、$120 \sim 300V\ DC$；

环境温度：$-40 \sim +50℃$；

环境相对湿度：日平均≤90%，月平均≤85%；

静态电流：≤100mA；

内部存储器容量：≤1MB；

抗电强度：≥2000V；

抗射频干扰强度：≥50dB（$\mu V/m$）；

抗电源端子传输干扰强度：≥70dB（μV）；

平均无故障时间（MTBF）：≥50 000 次；

320×240 点阵 LCD、LED 背光。

附录 A　主要设备技术参数表

主要设备技术参数见表 A.1。

表 A.1			主要设备技术参数	
序号	内容	单位	参数值	备注
一、控制保护和通信盘柜及附属设备				
1. 外形尺寸				
1.1	二次盘柜	mm	2200（高）×800（宽）×600（深） 或 2200（高）×800（宽）×800（深）	

续表

序号	内容	单位	参数值	备注
1.2	通信盘柜	mm	2200（高）×600（宽）×600（深）	
1.3	计算机网络盘柜	mm	2200（高）×800（宽）×1000（深）	
2. 盘柜外观				
2.1	二次盘柜		前门：玻璃或金属、单开门； 后门：金属、双开门	

序号	内容	单位	参数值	备注
2.2	通信盘柜		前门：玻璃或金属、单开门；后门：金属、双开门	
2.3	计算机网络盘柜		前门：金属网孔门、单开门；后门：金属网孔门、双开门	
2.4	颜色		RAL7035	
	3. 盘柜结构			
3.1	前门板钢板厚度	mm	≥2.0	
3.2	侧板钢板厚度	mm	≥1.5	
3.3	后门板钢板厚度	mm	≥1.5	
3.4	盘柜形位公差（柜体对角线长度差值）	mm	≤1（对角线长度≤400 时）	
		mm	≤1.5（对角线长度 400～1000 时）	
		mm	≤2（对角线长度 1000～1600 时）	
		mm	≤3（对角线长度 1600～2500 时）	
	4. 自动空气开关			符合 GB/T 14048.2—2008《低压开关设备和控制设备 第2部分：断路器》的要求
	5. 端子			符合 GB/T 14048.7—2018《低压开关设备和控制设备 第7-1部分：辅助器件 铜导体的接线端子排》和 GB/T 14048.8—2016《低压开关设备和控制设备 第7-2部分：辅助器件 铜导体的保护导体接线端子排》的要求
	二、计算机监控系统			
	1. 总体性能			
1.1	实时性			
1.1.1	单元级 LCU 响应能力			
（1）	电气模拟量采集周期	s	≤1	
（2）	非电气模拟量的采集周期	s	≤1	
（3）	温度量采集周期	s	≤1	
（4）	一般数字量采集周期	s	≤1	

序号	内容	单位	参数值	备注
（5）	事件顺序记录（SOE）分辨率	ms	≤1	
1.1.2	中控级响应能力			
（1）	中控级数据采集时间	s	≤1	
（2）	人机接口响应时间			
1）	调用新画面的时间	s	≤2	
2）	在已显示的画面上实时数据刷新时间	s	≤1	
3）	发出执行命令到控制单元回答显示的时间	s	≤2	
4）	报警或事件产生到画面字符显示和发出音响的时间	s	≤2	
（3）	中控级控制功能的响应时间			
1）	有功功率联合控制功能执行周期		3s～3min 可调	
2）	无功功率联合控制功能执行周期		3s～3min 可调	
3）	自动经济运行功能处理周期		5～15min 可调	
4）	中控级自动控制命令执行的响应时间	s	≤1	
（4）	中控级对调度系统数据采集和控制的响应时间			
1）	所有传送信息的变化响应时间	s	≤2	
2）	事件顺序记录（SOE）分辨率	ms	≤1	
1.2	可靠性			
（1）	各工作站或计算机（含磁盘）的 MTBF	h	≥20 000	
（2）	单元级 LCU 的 MTBF	h	≥40 000	
1.3	可靠性			
	平均修复时间（MTTR）	h	≤0.5	
1.4	可用率			
	系统可用率		≥99.97%	

序号	内容	单位	参数值	备注
1.5	可扩性			
(1)	I/O 点备用量		≥20%	
(2)	中控级工作站的硬盘容量裕度		≥80%	
(3)	通道占用率		≤50%	
	2. 电站中控级设备			
2.1	实时数据服务器、历史数据服务器			
(1)	结构		机架式	
(2)	处理器		2 个，字长 64 位，采用 RISC 技术或更先进的技术	
(3)	主频	GHz	主频：≥1.2GHz，每颗物理 CPU 内核：≥4core	
(4)	高速缓存	MB	单处理器缓存容量：≥4	
(5)	内存	GB	大于等于 32GB，采用 ECC DDR3 技术或更新技术	
(6)	硬盘	GB	大于等于 2 块 SAS 硬盘，单盘容量大于等于 300GB，支持 Raid 0、1 高级功能	
(7)	光驱		1 个 DVD 可读写驱动器	
(8)	网络接口		4 个千兆以太网口	
(9)	冗余部件		冗余电源模块，冗余风扇模块	
(10)	操作系统		64 位 UNIX 操作系统，无限用户使用许可，支持双机热备功能	
(11)	电源		可热插拔电源模块，硬件支持掉电保护、承受电压扰动和电源恢复后的自动重新启动功能	
(12)	LED 显示器		1 台，屏幕尺寸：≥17in，分辨率：≥1280×1024	
2.2	磁盘阵列			
(1)	控制器		2 个硬件 RAID 控制器	
(2)	高速缓存	GB	≥2	

序号	内容	单位	参数值	备注
(3)	主机接口		大于 2 个 1Gb iSCSI 接口，2 个 8Gb FC 接口	
(4)	硬盘	TB	大于 12×1TB，FC，10000RPM 热插拔	
(5)	Raid		支持 RAID0、1、3、5、6、10 等	
2.3	操作员工作站			
(1)	结构		塔式	
(2)	处理器		2 个，字长 64 位	
(3)	主频	GHz	主频：≥2.6GHz，每颗物理 CPU 内核：≥4core	
(4)	高速缓存	MB	≥8	
(5)	内存	GB	大于等于 16GB，采用 ECC DDR3 技术或更新技术	
(6)	硬盘	GB	大于等于 1 块 SAS 硬盘，单盘容量大于等于 500GB	
(7)	光驱		1 个 DVD 可读写驱动器	
(8)	网络接口		4 个千兆以太网口	
(9)	冗余部件		冗余电源模块，冗余风扇模块	
(10)	操作系统		64 位 UNIX 操作系统，无限用户使用许可，支持双机热备功能	
(11)	电源		可热插拔电源模块，硬件支持掉电保护、承受电压扰动和电源恢复后的自动重新启动功能	
(12)	显卡		3D 显卡 1 块，显示内存：≥4GB	
(13)	LED 显示器		2 台，屏幕尺寸：≥27in，分辨率：≥1920×1200	
2.4	工程师/维护工作站			
(1)	结构		塔式	
(2)	处理器		2 个，字长 64 位	
(3)	主频	GHz	主频：≥2.6GHz，每颗物理 CPU 内核：≥4core	
(4)	高速缓存	MB	≥8	

序号	内容	单位	参数值	备注
(5)	内存	GB	大于等于16，采用ECC DDR3技术或更新技术	
(6)	硬盘		大于等于1块SAS硬盘，单盘容量大于等于500GB	
(7)	光驱		1个DVD可读写驱动器	
(8)	网络接口		4个千兆以太网口	
(9)	冗余部件		冗余电源模块，冗余风扇模块	
(10)	操作系统		64位UNIX操作系统，无限用户使用许可，支持双机热备功能	
(11)	电源		可热插拔电源模块，硬件支持掉电保护、承受电压扰动和电源恢复后的自动重新启动功能	
(12)	显卡		3D显卡1块，显示内存：≥4GB	
(13)	LED显示器		1台，屏幕尺寸：≥27in，分辨率：≥1920×1200	
2.5	培训工作站			
(1)	结构		塔式	
(2)	处理器		2个，字长64位	
(3)	主频		主频：≥2.6GHz，每颗物理CPU内核：≥4core	
(4)	高速缓存	MB	≥8	
(5)	内存	GB	大于等于16，采用ECC DDR3技术或更新技术	
(6)	硬盘		大于等于1块SAS硬盘，单盘容量大于等于500GB	
(7)	光驱		1个DVD可读写驱动器	
(8)	网络接口		4个千兆以太网口	
(9)	冗余部件		冗余电源模块，冗余风扇模块	
(10)	操作系统		64位UNIX操作系统，无限用户使用许可，支持双机热备功能	
(11)	电源		可热插拔电源模块，硬件支持掉电保护、承受电压扰动和电源恢复后的自动重新启动功能	

序号	内容	单位	参数值	备注
(12)	显卡		3D显卡1块，显示内存：≥4GB	
(13)	LED显示器		1台，屏幕尺寸：≥27in，分辨率：≥1920×1200	
2.6	语音报警工作站			
(1)	结构		塔式	
(2)	处理器		1个四核处理器，字长64位	
(3)	主频	GHz	≥3.0	
(4)	高速缓存	MB	≥8	
(5)	内存	GB	大于等于8，采用ECC DDR3技术或更新技术	
(6)	硬盘		大于等于1块SAS硬盘，单盘容量大于等于500GB	
(7)	光驱		1个DVD可读写驱动器	
(8)	网络接口		2个千兆以太网口	
(9)	操作系统		64位Windows操作系统	
(10)	电源		可热插拔电源模块，硬件支持掉电保护、承受电压扰动和电源恢复后的自动重新启动功能	
(11)	显卡		3D显卡1块，显示内存：≥4GB	
(12)	LED显示器		1台，屏幕尺寸：≥27in，分辨率：≥1920×1200	
(13)	GSM短信收发装置		1套	
(14)	音频输出音箱设备		1套	
2.7	报表工作站			
(1)	结构		塔式	
(2)	处理器		2个，字长64位	
(3)	主频		主频：≥2.6GHz，每颗物理CPU内核：≥4core	
(4)	高速缓存	MB	≥8	
(5)	内存	GB	大于等于16，采用ECC DDR3技术或更新技术	
(6)	硬盘		大于等于1块SAS硬盘，单盘容量大于等于500GB	

序号	内容	单位	参数值	备注
(7)	光驱		1个DVD可读写驱动器	
(8)	网络接口		4个千兆以太网口	
(9)	冗余部件		冗余电源模块，冗余风扇模块	
(10)	操作系统		64位UNIX操作系统，无限用户使用许可，支持双机热备功能	
(11)	电源		可热插拔电源模块，硬件支持掉电保护、承受电压扰动和电源恢复后的自动重新启动功能	
(12)	显卡		3D显卡1块，显示内存：≥4GB	
(13)	LED显示器		1台，屏幕尺寸：≥27in，分辨率：≥1920×1200	
2.8	厂内通信工作站			
(1)	结构		机架式	
(2)	处理器		2个四核处理器，字长64位	
(3)	主频	GHz	≥2.0	
(4)	高速缓存	MB	≥8	
(5)	内存	GB	大于等于8，采用ECC DDR3技术或更新技术	
(6)	硬盘		大于等于2块SAS硬盘，单盘容量大于等于500GB；支持Raid 0，1高级功能	
(7)	光驱		1个DVD可读写驱动器	
(8)	（网络）接口		2个串行口，1个并行口，6个以太网口及同步时钟接口，串口扩展卡：≥8路，2个USB接口	
(9)	操作系统		64位Windows操作系统	
(10)	电源		可热插拔电源模块，硬件支持掉电保护、承受电压扰动和电源恢复后的自动重新启动功能	
(11)	LED显示器		1台，屏幕尺寸：≥17in，分辨率：≥1280×1024	
2.9	调度通信工作站			
(1)	结构		机架式专用调度通信管理机	
(2)	处理器		2个，字长32位及以上	

序号	内容	单位	参数值	备注
(3)	主频	MHz	≥56	
(4)	内存	MB	≥32	
(5)	电源		可热插拔电源模块，硬件支持掉电保护、承受电压扰动和电源恢复后的自动重新启动功能	
(6)	对时		支持本地时钟同步和与调度主站时钟同步	
(7)	网络		6个以太网接口	
(8)	串行口		8个	
2.10	时钟同步系统			
(1)	跟踪能力		大于等于8颗卫星	
(2)	捕获时间	min	热启动时小于2min，冷启动时小于20min	
(3)	天线接收灵敏度	dBm	优于−163	
(4)	天线长度	m	支持：≥100	
(5)	时间精度	μs	±1	
(6)	输出信号		支持时脉冲、分脉冲、秒脉冲、IRIG-B信号、串口报文、NTP/SNTP网络对时	
2.11	网络交换机			
(1)	结构		模块化结构	
(2)	网络结构		支持环形、星形、总线形拓扑结构	
(3)	工作温度	℃	−40～+70	
(4)	散热		自然散热，无风扇设计	
(5)	网络管理		支持SNMP v1/v2/v3网管、支持Web界面管理	
(6)	安全管理		支持端口访问控制、用户权限管理、VLAN设定、端口MAC地址绑定等	
(7)	整机吞吐量		应等于端口速率×端口数量	
(8)	存储转发时延	μs	≤10	

序号	内容	单位	参数值	备注
(9)	时延抖动	μs	≤1	
(10)	帧丢失率		零丢帧	
(11)	网络风暴抑制		≤110%设定值	
(12)	环网恢复时间	ms	≤50	
(13)	QoS		支持 IEEE 802.1p 流量优先级控制标准	
(14)	电源		冗余电源模块，应支持交流和直流供电	
(15)	其他		应支持组播及端口镜像功能	
2.12	UPS 设备			
(1)	结构		采用模块化结构	
(2)	单个模块容量	kVA	≥2.5	
(3)	最大容量	kVA	至少支持：≥60	
(4)	保护功能		过电压、过电流保护等	
(5)	波形失真		≤4%	
(6)	过负荷能力		125%负荷连续运行 5min	
(7)	噪声	dB	≤50	
(8)	输出容量	kVA	≥20（中控室），≥5（地下厂房）	
	3. 现地控制单元设备			
3.1	可编程控制器（PLC）			
(1)	中央处理器			
1)	字长		32 位及以上	
2)	主频	MHz	≥266	
3)	内存	MB	≥4	
4)	负载率		≤50%	
5)	冗余		支持热备工作	
6)	单条指令的执行时间	μs	布尔：≤0.08，浮点：≤0.5	
7)	通信接口		应支持 Modbus、Profibus-DP 等通信协议	
8)	保护功能		应具有掉电保护功能和电源恢复后的自动重新启动功能	
(2)	数字量输入			

序号	内容	单位	参数值	备注
1)	信号输入隔离		采用光电隔离和电涌吸收回路	
2)	信号防抖		采用滤波措施	
3)	指示		LED 指示器	
(3)	模拟量输入			
1)	量程	mA	4～20	
2)	转换精度		≤±0.1%	
3)	共模抑制比	dB	≥90	
4)	差模抑制比	dB	≥60	
5)	转换时间	μs	≤250	
6)	最大温度误差		0.01%/℃	
7)	RTD 接线		三线制	
(4)	模拟量输出			
1)	量程	mA	4～20	
2)	转换精度		≤±0.1%	
3)	负载		≥500	
3.2	同期装置			
(1)	电压调整范围		0～10%，连续可调	
(2)	频率差		0.01～0.5Hz，连续可调	
(3)	导前合闸时间		0.05～0.5s，连续可调	
	三、继电保护及自动装置			
	1. 发电电动机机组保护			
1.1	纵联差动保护（87G、87G'）			
(1)	交流额定电流	A	1	
(2)	动作值整定范围		$0.10I_N$～$1.50I_N$（启动 I_N 为额定电流）	
(3)	整定级差		±5%	
(4)	制动系数整定范围		变斜率差动：起始斜率为 0.05～0.5；最大斜率为 0.5～0.8	
(5)	返回系数		0.95	

序号	内容	单位	参数值	备注
(6)	启动时间：当差动电流大于启动电流值的2倍时保护动作时间（故障发生起至保护装置输出跳闸脉冲）	ms	≤30	
(7)	返回时间	ms	≤100	
(8)	交流电流输入回路功耗（每相）	VA	1A：＜0.15	
1.2	低电压过电流保护（51/27G）			
(1)	交流额定电流	A	1	
(2)	电流动作值整定范围	A	0.1～100	
(3)	电流整定级差		±2.5%	
(4)	返回系数		0.95	
(5)	交流额定电压	V	57.74、100	
(6)	电压动作值整定范围	V	2～100	
(7)	电压整定级差		±2.5%	
(8)	返回系数		0.95	
(9)	延时整定范围	s	0.1～10	
(10)	延时整定级差		±1%	
(11)	启动时间	ms	≤50	
(12)	返回时间	m₃	≤100	
(13)	交流电流输入回路功耗（每相）	VA	1A：＜0.15	
(14)	交流电压输入回路功耗（每相）	VA	＜0.20	
1.3	发电工况负序过电流保护（46Gg）			
(1)	保护分段及分时限方式		定时限（两段每段一时限）+定时限报警段+反时限	
(2)	交流额定电流	A	1	
(3)	反时限整定范围			
1)	负载设定范围	A	0.05～5.00	
2)	长期允许的不平衡负载设定范围	A	0.05～5.00（定值按安培整定）	
(4)	定时限整定范围			
1)	电流动作值整定范围	A	0.1～20	

序号	内容	单位	参数值	备注
2)	电流整定级差		±2.5%	
3)	延时整定范围	s	0.1～10	
4)	延时整定级差		±1%	
5)	返回系数		0.95	
6)	启动时间	ms	≤50	
7)	返回时间	ms	≤100	
(5)	交流电流输入回路功耗（每相）	VA	1A：＜0.15	
1.4	电动工况负序过电流保护（46Gm-A）			
(1)	保护分段及分时限方式		定时限（两段每段一时限）+定时限报警段+反时限	
(2)	交流额定电流	A	1	
(3)	反时限整定范围			
1)	负载设定范围	A	0.05～5.00	
2)	长期允许的不平衡负载设定范围	A	0.05～5.00	
(4)	定时限整定范围			
1)	电流动作值整定范围	A	0.1～20	
2)	电流整定级差		±2.5%	
3)	延时整定范围	s	0.1～10	
4)	延时整定级差		±1%	
5)	返回系数		0.95	
6)	启动时间	ms	≤50	
7)	返回时间	ms	≤100	
(5)	交流电流输入回路功耗（每相）	VA	1A：＜0.15	
1.5	单元件横差保护（51GN）			
(1)	交流额定电流	A	1	
(2)	动作值整定范围	A	0.1～50	
(3)	电流整定级差		±2.5%	
(4)	延时整定范围	s	0.1～10	
(5)	延时整定级差		±1%	
(6)	三次谐波抑制比		＞100	
(7)	返回系数		0.95	

序号	内容	单位	参数值	备注
(8)	启动时间：当测量电流大于电流整定值的1.2倍时保护动作时间（故障发生起至保护装置输出跳闸脉冲）	ms	≤70	
(9)	返回时间	ms	≤100	
(10)	交流电流输入回路功耗（每相）	VA	1A：<0.15	
1.6	裂相横差保护（87CTD）			
(1)	交流额定电流	A	1	
(2)	启动定值范围、整定级差	A	0.1~1.5、0.01	
(3)	速断定值范围、整定级差	A	2.0~14.00、0.01	
(4)	比率差动起始斜率范围、整定级差		0.00~0.50、0.01	
(5)	比率差动最大斜率范围、整定级差		0.30~0.80、0.01	
(6)	返回系数		0.95	
(7)	启动时间：当差动电流大于启动电流值的2倍时保护动作时间（故障发生起至保护装置输出跳闸脉冲）	ms	≤30	
(8)	返回时间	ms	≤100	
(9)	交流电流输入回路功耗（每相）	VA	1A：<0.15	
1.7	低频过电流保护（51/81G）			
(1)	交流额定电流	A	1	
(2)	适用频率范围	Hz	2~65	
(3)	动作值整定范围	A	$0.1I_N$~$10I_N$（I_N：额定电流）	
(4)	电流整定级差		±5%	
(5)	延时整定范围	s	0~10	
(6)	延时整定级差		±1%	
(7)	返回系数		0.95	
(8)	启动时间	ms	≤50	
(9)	返回时间	ms	≤100	

序号	内容	单位	参数值	备注
(10)	交流电流输入回路功耗（每相）	VA	1A：<0.15	
1.8	低频保护（81G）			
(1)	交流额定电压	V	57.74	
(2)	动作值整定范围	Hz	45~50	
(3)	整定级差	Hz	±0.02	
(4)	延时整定范围	s	0.1~3000	
(5)	延时整定级差		±1%	
(6)	返回系数		0.95	
(7)	启动时间	ms	≤50	
(8)	返回时间	ms	≤100	
(9)	交流电压输入回路功耗（每相）	VA	<0.20	
1.9	高频保护（81HG）			
(1)	交流额定电压	V	57.74	
(2)	动作值整定范围	Hz	50~60	
(3)	整定级差	Hz	±0.01	
(4)	延时整定范围	s	0.1~3000.00	
(5)	延时整定级差		±1%	
(6)	返回系数		0.95	
(7)	启动时间	ms	≤50	
(8)	返回时间	ms	≤100	
(9)	交流电压输入回路功耗（每相）	VA	<0.20	
1.10	逆功率保护（32G）			
(1)	交流额定电压	V	57.74，100	
(2)	交流额定电流	A	1	
(3)	动作值整定范围		$0.5P_N$~100%P_N（P_N：有功额定）	
(4)	电流整定级差		±10%	
(5)	延时整定范围	s	0.1~3000	
(6)	延时整定级差	s	±1%	
(7)	返回系数		0.95	
(8)	启动时间	ms	≤50	
(9)	返回时间	ms	≤100	
(10)	交流电压输入回路功耗（每相）	VA	<0.20	
(11)	交流电流输入回路功耗（每相）	VA	1A：<0.15	

序号	内容	单位	参数值	备注
1.11	低功率保护（37G）			
(1)	交流额定电压	V	57.74，100	
(2)	交流额定电流	A	1	
(3)	动作值整定范围		$0.5P_N$～$100\%P_N$（P_N：有功额定）	
(4)	电流整定级差		±10%	
(5)	延时整定范围	s	0.1～3000	
(6)	延时整定级差		±1%	
(7)	返回系数		0.95	
(8)	启动时间	ms	≤50	
(9)	返回时间	ms	≤100	
(10)	交流电压输入回路功耗（每相）	VA	<0.20	
(11)	交流电流输入回路功耗（每相）	VA	1A：<0.15	
1.12	失磁保护（40G）			
(1)	交流额定电压	V	57.74、100	
(2)	交流额定电流	A	1	
(3)	动作值整定范围	Ω	0.0～200	
(4)	电流整定级差		±2.5%	
(5)	电抗灵敏度范围			
(6)	最小精确动作电流	A		
(7)	延时整定范围	s	Ⅰ、Ⅱ段延时 0.1～10 / Ⅲ段延时 0.1～3000	
(8)	延时整定级差		±1%	
(9)	返回系数		0.95	
(10)	启动时间	ms	≤50	
(11)	返回时间	ms	≤100	
(12)	交流电压输入回路功耗（每相）	VA	<0.20	
(13)	交流电流输入回路功耗（每相）	VA	1A：<0.15	
1.13	失步保护（78G）			
(1)	交流额定电压	V	57.74	
(2)	交流额定电流	A	1	
(3)	动作值整定范围		1～1000（滑极次数）	
(4)	整定级差		1	
(5)	延时整定范围	s	0～10	
(6)	整定级差	s	0.01	
(7)	返回系数		0.95	
(8)	启动时间	ms	≤50	
(9)	返回时间	ms	≤100	
(10)	交流电压输入回路功耗（每相）	VA	<0.20	
(11)	交流电流输入回路功耗（每相）	VA	1A：<0.15	
1.14	定子过负荷保护（49G）			
(1)	交流额定电流	A	1	
(2)	动作值整定范围	A	0.1～50	
(3)	电流整定级差		±2.5%	
(4)	延时整定范围	s	0.0～10	
(5)	延时整定级差		±1%	
(6)	返回系数		0.95	
(7)	启动时间	ms	≤50	
(8)	返回时间	ms	≤100	
(9)	交流电流输入回路功耗（每相）	VA	1A：<0.15	
1.15	过电压保护（59G）			
(1)	保护分段及分时限方式		一段一时限	
(2)	交流额定电压	V	57.74	
(3)	动作值整定范围	V	0.1～200	
(4)	电流整定级差		±2.5%	
(5)	延时整定范围	s	0.1～10	
(6)	延时整定级差		±1%	
(7)	返回系数		0.95	
(8)	启动时间	ms	≤50	
(9)	返回时间	ms	≤100	
(10)	交流电压输入回路功耗（每相）	VA	<0.20	
1.16	过激磁保护（59/81G）			
(1)	保护分段及分时限方式		定时限＋反时限	
(2)	交流额定电压	V	57.74	
(3)	动作值整定范围		1.00～2.00 标幺值	

序号	内容	单位	参数值	备注
(4)	电流整定级差		±2.5%	
(5)	延时整定范围	s	0~3000	
(6)	延时整定级差		±1%	
(7)	返回系数		0.95	
(8)	启动时间	ms	≤50	
(9)	返回时间	ms	≤100	
(10)	交流电压输入回路功耗（每相）	VA	<0.20	
1.17	电压相序保护（47G）			
(1)	交流额定电压	V	57.74	
(2)	动作值整定范围	V	2.00~100.00	
(3)	电流整定级差		±5%	
(4)	延时整定范围	s	0.00~10.00	
(5)	延时整定级差		±1%	
(6)	返回系数		0.95	
(7)	启动时间	ms	≤50	
(8)	返回时间	ms	≤100	
(9)	交流电压输入回路功耗（每相）	VA	<0.20	
1.18	100%定子接地保护（64S A）		基波零序+三次谐波	
(1)	交流额定电压	V	57.74	
(2)	动作值整定范围	V	基波零序：0.1~50 三次谐波：0.5~10	
(3)	电流整定级差		基波零序：±2.5% 三次谐波：±5%	
(4)	延时整定范围	s	0.1~10	
(5)	延时整定级差		±1%	
(6)	三次、五次谐波抑制比		>100	
(7)	返回系数		0.95	
(8)	启动时间	ms	≤50	
(9)	返回时间	ms	≤100	
(10)	交流电压输入回路功耗（每相）	VA	<0.20	
1.19	100%定子接地保护（64S-B）		注入式	

序号	内容	单位	参数值	备注
(1)	交流额定电压	V	57.74	
(2)	动作值整定范围	kΩ	0.1~30.00	
(3)	电流整定级差		±5%	
(4)	延时整定范围	s	0.1~10	
(5)	延时整定级差		±1%	
(6)	返回系数		0.95	
(7)	启动时间	ms	≤50	
(8)	返回时间	ms	≤100	
(9)	交流功耗（每相）	VA	1A：<0.15	
1.20	转子接地保护（64R）			
(1)	交流额定电压	V	57.74	
(2)	转子接地电阻整定范围	kΩ	0.1~100	
(3)	电阻整定级差		±10%	
(4)	延时整定范围	s	0.1~10	
(5)	延时整定级差		±1%	
(6)	返回系数		0.95	
(7)	启动时间	ms	≤50	
(8)	返回时间	ms	≤100	
(9)	交流功耗（每相）	VA	1A：<0.15	
1.21	断路器失灵保护（50BF）			
(1)	交流额定电流	A	1	
(2)	动作值整定范围		$0.05I_N \sim 4I_N$（I_N：1A）	
(3)	电流整定级差		±2.5%	
(4)	延时整定范围	s	0~10.0	
(5)	延时整定级差		±1%	
(6)	返回系数		0.95	
(7)	启动时间	ms	≤25	
(8)	返回时间	ms	≤20	
(9)	交流电流输入回路功耗（每相）	VA	1A：<0.15	
1.22	电流不平衡保护（46）			
(1)	交流额定电流	A	1	
(2)	动作值整定范围	A	启动定值：0.10~50.00 倍数定值：1.00~5.00	

序号	内容	单位	参数值	备注
（3）	电流整定级差		±5%	
（4）	延时整定范围	s	0.00～10.00	
（5）	延时整定级差		±1%	
（6）	返回系数		0.95	
（7）	启动时间	ms	≤50	
（8）	返回时间	ms	≤100	
（9）	交流电流输入回路功耗（每相）	VA	1A：＜0.15	
1.23	突然加电压保护（50/27G）			
（1）	交流额定电流	A	1	
（2）	动作值整定范围	A	0.1～50	
（3）	电流整定级差		±2.5%	
（4）	延时整定范围	s	0～1	
（5）	延时整定级差		±1%	
（6）	返回系数		0.95	
（7）	启动时间	ms	≤50	
（8）	返回时间	ms	≤100	
（9）	交流电流输入回路功耗（每相）	VA	1A：＜0.15	
1.24	保护出口跳闸继电器			
（1）	线圈额定电压	V	250（AC）	
（2）	接点额定电压	V	24（DC）	
（3）	接点额定电流	A	5	
（4）	接点断开容量（DC220V 电感负载 $L/R=40ms$）	VA	≥50	
（5）	动作时间	ms	＜8	
	2. 主变压器保护			
2.1	纵联差动保护（87T）			
（1）	交流额定电流	A	1	
（2）	动作值整定范围		$0.1I_N$～$1.5I_N$（启动值 I_N 为额定电流）	
（3）	整定级差		±5%	
（4）	制动系数整定范围		变斜率差动： 起始斜率为 0.05～0.5； 最大斜率为 0.5～0.8	

序号	内容	单位	参数值	备注
（5）	返回系数		0.95	
（6）	启动时间：当差动电流大于整定电流值的 2 倍时保护动作时间（故障发生起至保护装置输出跳闸脉冲）	ms	≤30	
（7）	返回时间	ms	≤100	
（8）	交流电流输入回路功耗（每相）	VA	1A：＜0.15	
2.2	复合电压过电流保护（51T）			
（1）	交流额定电流	A	1	
（2）	电流动作值整定范围	A	$0.02I_N$～$20I_N$（I_N：1A）	
（3）	电流整定级差		±2.5%	
（4）	返回系数		0.95	
（5）	交流额定电压	V	57.74	
（6）	电压动作值整定范围	V	负序电压：1～20 低电压：2～100	
（7）	电压整定级差		±2.5%	
（8）	返回系数		0.95	
（9）	延时整定范围	s	0～10	
（10）	延时整定级差		±1%	
（11）	启动时间	ms	≤50	
（12）	返回时间	ms	≤100	
（13）	交流电流输入回路功耗（每相）	VA	1A：＜0.15	
（14）	交流电压输入回路功耗（每相）	VA	＜0.20	
2.3	零序电流保护（51TN）			
（1）	保护分段及分时限方式		两段每段两时限	
（2）	交流额定电流	A	1	
（3）	动作值整定范围		$0.02I_N$～$20I_N$（I_N：1A）	
（4）	电流整定级差		±2.5%	
（5）	延时整定范围	s	0～10	
（6）	延时整定级差		±1%	
（7）	返回系数		0.95	
（8）	启动时间	ms	≤50	
（9）	返回时间	ms	≤100	

序号	内容	单位	参数值	备注
(10)	交流电流输入回路功耗（每相）	VA	1A：＜0.15	
2.4	过激磁保护（59/81T）			
(1)	保护分段及分时限方式		定时限＋反时限＋定时限报警段	
(2)	交流额定电压	V	57.74、100	
(3)	动作值整定范围（标幺值）		1.0～2.0	
(4)	电流整定级差		±2.5%	
(5)	延时整定范围	s	0.1～3000	
(6)	延时整定级差		±1%	
(7)	返回系数		0.95	
(8)	启动时间	ms	≤50	
(9)	返回时间	ms	≤100	
(10)	交流电压输入回路功耗（每相）	VA	＜0.20	
2.5	主变压器低压侧接地保护（64T）			
(1)	交流额定电压	V	57.74、100	
(2)	动作值整定范围	V	0.1～100	
(3)	电压整定级差		±2.5%	
(4)	延时整定范围	s	0.1～10	
(5)	延时整定级差		±1%	
(6)	三次、五次谐波抑制比		＞100	
(7)	返回系数		0.95	
(8)	启动时间	ms	≤50	
(9)	返回时间	ms	≤100	
(10)	交流电压输入回路功耗（每相）	VA	＜0.20	
2.6	励磁变压器过电流保护（51ET）			
(1)	保护分段及分时限方式		两段每段一时限	
(2)	交流额定电流	A	1	
(3)	动作值整定范围	A	$0.1I_N$～$20I_N$（I_N：1A）	
(4)	电流整定级差		±2.5%	
(5)	延时整定范围	s	0.1～10	
(6)	延时整定级差		±1%	
(7)	返回系数		0.95	

序号	内容	单位	参数值	备注
(8)	启动时间	ms	≤50	
(9)	返回时间	ms	≤100	
(10)	交流电流输入回路功耗（每相）	VA	1A：＜0.15	
2.7	励磁绕组过负荷保护（49R）			
(1)	保护分段及分时限方式		定时限报警＋反时限	
(2)	交流额定电流	A	1	
(3)	动作值整定范围	A	$0.1I_N$～$20I_N$（I_N：1A）	
(4)	电流整定级差		±2.5%	
(5)	延时整定范围	s	0.1～10	
(6)	延时整定级差		±1%	
(7)	返回系数		0.95	
(8)	启动时间	ms	≤50	
(9)	返回时间	ms	≤100	
(10)	交流电流输入回路功耗（每相）	VA	1A：＜0.15	
2.8	保护出口跳闸继电器			
(1)	线圈额定电压	V	250（AC）	
(2)	接点额定电压	V	24（DC）	
(3)	接点额定电流	A	5	
(4)	接点断开容量（DC 220V 电感负载 L/R＝40ms）	VA	≥50	
(5)	动作时间	ms	＜8	
3. 短线保护				
3.1	短线差动保护（87B）			
(1)	交流额定电流	A	1	
(2)	动作值整定范围		$0.05I_N$～$20I_N$（I_N：1A）	
(3)	整定级差		0.01	
(4)	制动系数整定范围		0.3～0.8	
(5)	返回系数		0.95	
(6)	保护动作时间（故障发生起至保护屏输出跳闸脉冲）	ms	≤20	
(7)	故障测定时间	ms	≤10	

序号	内容	单位	参数值	备注
(8)	启动时间	ms	3	
(9)	返回时间	ms	10	
(10)	交流电流输入回路功耗（每相）	VA	1A：＜0.15	
3.2	保护出口跳闸继电器			
(1)	线圈额定电压	V	250（AC）	
(2)	接点额定电压	V	24（DC）	
(3)	接点额定电流	A	5	
(4)	接点断开容量（DC 220V电感负载 L/R＝40ms）	VA	≥50	
(5)	动作时间	ms	＜8	
	4. 光纤通信接口装置			
(1)	数量（每回线）	个	6	
(2)	传输波长	μm	1.3（单模）	
(3)	推荐传输距离	km	专用光纤：＜65	
(4)	光纤发送功率	dBm	−7/−12	
(5)	同步通信速率	Kb/s	64 或 2	
	5. 高压厂用变压器、SFC输入变压器保护			
5.1	纵差动保护			
(1)	交流额定电流	A	1	
(2)	动作值整定范围		$0.1I_N$～$1.5I_N$（启动值 I_N 为额定电流）	
(3)	整定级差		±5%	
(4)	制动系数整定范围		变斜率差动：起始斜率为 0.05～0.5；最大斜率为 0.5～0.8	
(5)	返回系数		0.95	
(6)	启动时间：当差动电流大于整定电流值的 2 倍时保护动作时间（故障发生起至保护装置输出跳闸脉冲）	ms	≤35	
(7)	返回时间	ms	≤100	

序号	内容	单位	参数值	备注
(8)	交流电流输入回路功耗（每相）	VA	1A：＜0.15	
5.2	电流速断保护			
(1)	交流额定电流	A	1	
(2)	动作值整定范围	A	$0.1I_N$～$20I_N$（I_N 为 1A）	
(3)	整定级差	A	±2.5%	
(4)	启动时间	ms	≤50	
(5)	返回时间	ms	≤100	
(6)	交流电流输入回路功耗（每相）	VA	1A：＜0.15	
5.3	过电流保护			
(1)	交流额定电流	A	1	
(2)	动作值整定范围	A	$0.1I_N$～$20I_N$（I_N 为 1A）	
(3)	电流整定级差		±2.5%	
(4)	延时整定范围	s	0.1～10	
(5)	延时整定级差		±1%	
(6)	返回系数		0.95	
(7)	启动时间	ms	≤50	
(8)	返回时间	ms	≤100	
(9)	交流电流输入回路功耗（每相）	VA	1A：＜0.15	
5.4	过负荷保护			
(1)	交流额定电流	A	1	
(2)	动作值整定范围	A	$0.05I_N$～$4I_N$（I_N 为 1A）	
(3)	电流整定级差		±2.5%	
(4)	延时整定范围	s	0.0～10	
(5)	延时整定级差		±1%	
(6)	返回系数		0.95	
(7)	启动时间	ms		
(8)	返回时间	ms		
(9)	交流电流输入回路功耗（每相）	VA	1A：＜0.15	
5.5	保护出口跳闸继电器			
(1)	线圈额定电压	V	250（AC）	
(2)	接点额定电压	V	24（DC）	
(3)	接点额定电流	A	5	

序号	内容	单位	参数值	备注
(4)	接点断开容量（DC 220V 电感负载 L/R＝40ms）	VA	≥50	
(5)	动作时间	ms	<8（典型 3ms）	
	6. 机组故障录波装置			
6.1	额定值			
(1)	交流电流	A	1	
(2)	交流电压	V	57.74、100	
(3)	直流电流（模拟量）		大小由外部接入决定	
(4)	直流电压（模拟量）		大小由外部接入决定	
6.2	配置			
(1)	模拟量点数量		96	
(2)	开关量点数量		200	
6.3	保证值参数			
(1)	采样频率	kHz	≥10	
(2)	录波器内存容量	MB	≥256	
(3)	录波器硬盘容量	MB	≥160×1024	
(4)	录波量：开关量/模拟量	点/点	≥128/64	
(5)	录波时间：故障前/故障后	s/s	可设定：≥1/600	
(6)	开关量输入的分辨率	ms	≤1	
(7)	A/D 分辨率	bit	≥16	
	7. 电站继电保护信息管理系统			
7.1	电站继电保护信息管理机			
(1)	CPU 字长	bit	32	
(2)	CPU 主频	GHz	≥1	
(3)	内存容量	GB	≥2	
(4)	硬盘容量	GB	≥160	
(5)	串行口/并行口规格和数量	个	12 个网口、15 串口、串口模式可配置，支持 RS-232/485/422 数字方式和 MODEN 方式	
7.2	交换机			
(1)	交换机的延时		<10μs	

序号	内容	单位	参数值	备注
(2)	MAC 地址数		8k	
(3)	传输方式		存储转发	
(4)	传输距离		根据端口配置决定，电口小于 100M，百兆多模小于 2km，千兆多模小于 500m，单模最大可达 40km	
(5)	背板带宽		12.8Gbit/s	
(6)	满配置吞吐量	Mpps	9.6	
(7)	协议、标准		支持 VLAN、优先级、RSTP、MSTP、端口安全、GMRP/GVRP、IGMP snoopingIEC 61850 协议，符合 IEEE 802.3，IEEE 802.3u，IEEE 802.3ab，IEEE 802.3z，IEEE 802.3x 标准	
(8)	接口规格、数量	个		
(9)	电源模块数量	个	1	
(10)	供电电源规格			
(11)	安装位置及用途		屏柜/数据传输	
7.3	保证值参数			
(1)	命令传送时间	ms	≤6	
(2)	输出接点额定电流	A	≥5	
(3)	输出接点断开容量（DC 220V 电感负载 L/R＝40ms）	VA	≥44	
	8. 500kV 线路保护			
8.1	第 1 套 500kV 线路保护			
8.1.1	纵联电流差动主保护及后备保护			
(1)	交流额定电流	A	1	
(2)	整组动作时间			
1)	工频变化量距离元件	ms	近处：3~10，末端：<20	
2)	差动保护全线路跳闸时间	ms	<25 差流大于 4 倍差动电流启动值	
3)	距离保护 I 段	ms	约 20	

序号	内容	单位	参数值	备注
(3)	启动元件			
1)	电流变化量启动元件	A	整定范围：$0.04I_N \sim 30I_N$	
2)	零序过电流启动元件	A	整定范围：$0.04I_N \sim 30I_N$	
(4)	工频变化量距离			
1)	动作速度	ms	<10（$\Delta U_{op}>2U_z$ 时）4 倍差动电流启动值	
2)	整定范围	ohm	$0.5 \sim 37.5$（$I_N=1A$）	
(5)	距离保护			
1)	整定范围	ohm	$0.05 \sim 125$（$I_N=1A$）	
2)	距离元件定值误差		$<5\%$	
3)	精确工作电压	V	<0.25	
4)	最小精确工作电流	A	$0.1I_N$	
5)	最大精确工作电流	A	$30I_N$	
6)	Ⅰ、Ⅲ段跳闸时间	s	$0 \sim 10$	
(6)	零序过电流保护			
1)	整定范围	A	$0.04I_N \sim 30I_N$	
2)	零序过电流元件定值误差		$<5\%$	
3)	后备段零序跳闸延时时间	s	$0 \sim 10$	
4)	暂态超越			
5)	快速保护		$\leqslant 2\%$	
6)	测距部分			
a)	单端测距单端电源多相故障时允许误差		$<\pm 2.5\%$	
b)	双端测距精度误差		$<\pm 5\%$	
8.1.2	电压保护及远跳保护装置			
	电压元件返回系数		0.99	
8.2	第 2 套 500kV 线路保护			
8.2.1	纵联距离主保护及后备保护			
(1)	交流额定电流	A	1	

序号	内容	单位	参数值	备注
(2)	整组动作时间			
1)	工频变化量距离元件	ms	近处：$3 \sim 10$、末端：<20	
2)	纵差保护全线路跳闸时间	ms	<25	
3)	距离保护 Ⅰ 段	ms	约 20	
(3)	启动元件			
1)	电流变化量启动元件	A	整定范围 $0.04I_N \sim 30I_N$	
2)	零序过电流启动元件	A	整定范围 $0.04I_N \sim 30I_N$	
(4)	纵差保护			
1)	纵差距离元件	ohm	整定范围：$0.05 \sim 200$（$I_N=1A$）	
2)	零序方向元件		最小动作电压：$0.5 \sim 1V$ 最小动作电流：$<0.1I_N$	
(5)	工频变化量距离			
1)	动作速度	ms	<10（$\Delta U_{op}>2U_z$ 时）4 倍差动电流启动值	
2)	整定范围	ohm	$0.5 \sim 37.5$（$I_N=1A$）	
(6)	距离保护			
1)	整定范围	ohm	$0.05 \sim 200$（$I_N=1A$）	
2)	距离元件定值误差		$<5\%$	
3)	精确工作电压	V	<0.25	
4)	最小精确工作电流	A	$0.1I_N$	
5)	最大精确工作电流	A	$30I_N$	
6)	Ⅰ、Ⅲ段跳闸时间	s	$0.01 \sim 10$	
(7)	零序过电流保护			
1)	整定范围	A	$0.04I_N \sim 30I_N$	
2)	零序过电流元件定值误差		$<5\%$	
3)	后备段零序跳闸延时时间	s	$0.01 \sim 10$	
(8)	暂态超越			
	快速保护		均不大于 2%	
(9)	测距部分			

序号	内容	单位	参数值	备注
	单侧电源多相故障时允许误差		＜±2.5%	
8.2.2	电压保护及远跳保护装置			
	电压元件返回系数		0.99	
	9.500kV 母线保护			
9.1	母差保护功能			
(1)	交流额定电流	A	1	
(2)	整组动作时间	ms	＜20（差流大于 2 倍差动电流启动值）	
(3)	定值误差		＜2.5%或 0.02I_N	
9.2	母联失灵保护			
(1)	交流额定电流	A	1	
(2)	电流定值整定范围	A	0.05I_N～20.00I_N	
(3)	电流定值误差		＜2.5%或 0.02I_N	
(4)	时间定值整定范围	s	0.01～10.000	
(5)	时间定值误差	ms	时间整定值的 1%＋2ms	
9.3	母联分段充电过电流			
(1)	交流额定电流	A	1	
(2)	相电流定值整定范围	A	0.05I_N～20.00I_N	
(3)	零序电流定值整定范围	A	0.05I_N～20.00I_N	
(4)	电流定值误差		＜2.5%或 0.02I_N	
(5)	时间定值整定范围	s	0.000～10.000	
(6)	时间定值误差	ms	时间整定值的 1%＋2ms	
9.4	母联分段非全相保护			
(1)	交流额定电流	A	1	
(2)	零序电流定值整定范围	A	0.05I_N～20.00I_N	
(3)	负序电流定值整定范围	A	0.05I_N～20.00I_N	
(4)	电流定值误差		＜2.5%或 0.02I_N	
(5)	时间定值整定范围	s	0.000～10.000	
(6)	时间定值误差	ms	时间整定值的 1%＋2ms	

序号	内容	单位	参数值	备注
	10. 500kV 断路器保护及自动重合闸、短引线保护（T）和操作箱			
10.1	500kV 断路器保护及自动重合闸			
10.1.1	启动元件			
(1)	交流额定电流	A	1	
(2)	电流变化量启动元件	A	整定范围：0.04I_N～30I_N	
(3)	零序电流启动元件	A	整定范围：0.04I_N～30I_N	
10.1.2	失灵保护			
(1)	失灵相电流判别元件	ms	动作时间和返回时间均小于 20（1.3 倍定值下）	
(2)	失灵零序电流判别元件	ms	动作时间和返回时间均小于 20（1.3 倍定值下）	
(3)	失灵负序电流判别元件	ms	动作时间和返回时间均小于 20（1.3 倍定值下）	
10.1.3	死区保护			
(1)	死区保护电流定值		复用失灵保护相电流定值	
(2)	死区保护时间	s	整定范围：0.01～10.00	
10.1.4	不一致保护			
(1)	不一致保护零序电流		复用失灵保护零序电流定值	
(2)	不一致保护负序电流		复用失灵保护负序电流定值	
(3)	不一致保护动作时间	s	整定范围：0.01～10.00	
10.1.5	充电保护			
(1)	交流额定电流	A	1	
(2)	电流整定范围	A	整定范围：0.04I_N～30I_N	
(3)	充电保护时间	s	整定范围：0.01～10.00	
(4)	电流定值误差		＜5%或 0.02I_N	
10.1.6	自动重合闸			
(1)	检同期元件角度误差		＜±3%	
(2)	单相重合闸时间	s	整定范围：0.01～10.00	
(3)	三相重合闸时间	s	整定范围：0.01～10.00	
10.2	操作箱			
(1)	三相跳闸回路		两组	

序号	内容	单位	参数值	备注
(2)	分相跳闸回路		两组	
(3)	分相合闸回路		一组	
(4)	跳闸自保持回路		应有	
(5)	启动失灵、启动重合闸		两组	
(6)	启动失灵、不启动重合闸		两组	
(7)	不启动失灵、不启动重合闸		两组	
(8)	手跳输入回路		应有	
(9)	手合输入回路		应有	
(10)	断路器重合闸压力闭锁回路		应有	
(11)	独立操作电源		两组	
(12)	跳合闸位置监视回路及信号		应有	
(13)	操作电源监视回路及信号		应有	
(14)	跳合闸位置和电源指示灯		应有	
10.3	短引线保护（T）			
10.3.1	和电流过电流保护方式			
(1)	电流整定范围	A	整定范围：$0.04I_N \sim 30I_N$	
(2)	保护时间	s	整定范围：$0.01 \sim 10.00$	
(3)	电流定值误差		$<5\%$ 或 $0.02I_N$	
10.3.2	差动电流保护方式			
(1)	整组动作时间	ms	<20（差流大于 2 倍差动电流启动值）	
(2)	定值误差		$<2.5\%$ 或 $0.02I_N$	
	11. 系统故障录波器系统			
(1)	装置型式		微机型、嵌入式、装置化产品	
(2)	交流额定电流	A	1	
(3)	模拟量		48 路	
(4)	开关量		128 路	

序号	内容	单位	参数值	备注
(5)	高速记录和保存电气量波形时间	s	故障前 150ms 到故障消失	
			最长可录波时间 10s	
(6)	记录 5 次谐波的波形		记录清楚	
(7)	高速记录故障模拟量采样频率	Hz	$\geqslant 4800$	
(8)	电流波形采样精度		0.50%	
(9)	电压波形采样精度		0.50%	
(10)	交流电流工频有效值线性测量范围	A	$0.1I_N \sim 20I_N$	
(11)	交流电压工频有效值线性测量范围	V	$0.1U_N \sim 2U_N$	
(12)	事件量分辨率	ms	<1.0	
(13)	对时误差	ms	<1.0	
(14)	A/D 转换精度		$\geqslant 16$ 位	
(15)	CPU		$\geqslant 32$ 位	
	12. 故障测距系统			
(1)	装置型式		微机型、嵌入式、装置化产品	
(2)	交流额定电流	A	1	
(3)	监视线路数量	条	4	
(4)	时间同步误差	μs	$\leqslant +1$	
(5)	对时接口		IRIG-B（DC）	
(6)	双端测距误	m	$\geqslant 500$	
(7)	采样频率	kHz	$\geqslant 500$	
(8)	储存的故障数据次数		$\leqslant 200$ 次	
(9)	续两次记录之间的时间间隔	s	$\leqslant 0.02$	
	13. 500kV 高压并联电抗器保护			
13.1	保护启动元件			
(1)	交流额定电流	A	1	
(2)	稳态比率差动启动元件	A	电流定值范围：$0.1I_N \sim 1.5I_N$	
(3)	工频变化量比率差动启动元件	A	电流定值范围：$0.1I_N \sim 1.2I_N$	
(4)	后备保护相电流启动元件	A	电流定值范围：$0.05I_N \sim 30I_N$	

序号	内容	单位	参数值	备注
(5)	后备保护零序电流启动元件	A	电流定值范围：$0.05I_N \sim 30I_N$	
(6)	稳态比率差动启动元件		电流定值误差：电流定值×2.5%或 $0.02I_N$ 中较大者	
(7)	工频变化量比率差动启动元件和后备保护工频变化相间电流元件		电流定值误差：≤15%	
(8)	绕组比率差动启动元件，后备保护电流相关的启动元件		电流定值误差：≤电流定值×2.5%或 $0.02I_N$ 中较大者	
(9)	后备保护电压相关的启动元件		电压定值误差：≤电压定值×2.5%或0.5V中较大者	
13.2	稳态比率差动保护			
(1)	差动启动电流定值范围	A	$0.1I_N \sim 1.5I_N$	
(2)	TA报警差流定值范围	A	$0.1I_N \sim 1.5I_N$	
(3)	电流定值误差		≤电流定值×2.5%或 $0.02I_N$ 中较大者	
(4)	稳态比率制动系数范围		$0.20 \sim 0.75$	
(5)	二次谐波制动系数范围		$0.05 \sim 0.35$	
(6)	三次谐波制动系数范围		$0.05 \sim 0.35$	
(7)	保护动作时间		≤30ms（2×差动动作门槛值） 无谐波闭锁	
13.3	差动速断保护			
(1)	差动速断电流定值范围	A	$2.0I_N \sim 14.0I_N$	
(2)	电流定值误差		≤电流定值×2.5%或 $0.02I_N$ 中较大者	
(3)	差动速断保护动作时间	ms	≤20（2×差动速断定值）	
13.4	工频变化量差动保护			
(1)	差动启动电流定值范围	A	$0.1I_N \sim 1.2I_N$	
(2)	电流定值误差		≤15%	
(3)	保护动作时间	ms	≤30	

序号	内容	单位	参数值	备注
13.5	零序过电流保护			
(1)	零序电流定值范围	A	$0.05 \times I_N \sim 30 \times I_N$	
(2)	零序电流定值误差		≤电流定值×2.5%或 $0.02I_N$ 中较大者	
(3)	延时定值范围	s	$0.00 \sim 20.00$	
(4)	延时定值误差	ms	≤延时定值×1%+40ms	
13.6	过负荷保护			
(1)	电流定值范围	A	$0.05 \times I_N \sim 30 \times I_N$	
(2)	电流定值误差		≤电流定值×2.5%或 $0.02I_N$ 中较大者	
(3)	延时定值范围	s	$0.00 \sim 20.00$	
(4)	延时定值误差	ms	≤延时定值×1%+40ms	
14. 电站同步相量测量系统（PMU）				
14.1	测量精度			
(1)	静态测量			
1)	电压		0.20%	
2)	电流		0.2%	
3)	有功功率		0.50%	
4)	无功功率		0.50%	
5)	50Hz±3Hz时，频率测量误差	Hz	≤0.005	
	50Hz±1Hz时，频率测量误差		≤0.003	
	50Hz±0.1Hz时，频率测量误差		≤0.002	
6)	50Hz±3Hz时，相角测量误差	(°)	≤1	
	50Hz±1Hz时，相角测量误差		≤0.5	
	50Hz±0.1Hz时，相角测量误差		≤0.3	
(2)	动态过程			

序号	内容	单位	参数值	备注
1)	47～50Hz，0.1Hz/s时，频率测量误差	Hz	≤0.02	
	50～53Hz，0.1Hz/s时，频率测量误差		≤0.02	
	50Hz±0.1Hz时，频率测量误差		≤0.002	
2)	47～50Hz，0.1Hz/s时，频率测量误差	Hz	≤0.02	
	50～53Hz，0.1Hz/s时，频率测量误差		≤0.02	
	50Hz±0.1Hz时，频率测量误差		≤0.002	
(3)	振荡过程			
	0.4Hz时，频率测量误差		≤0.05Hz	
	0.4Hz时，相角测量误差		≤0.5°	
	2Hz时，频率测量误差		≤1Hz	
	2Hz时，相角测量误差		≤1°	
14.2	采样、存储及通信			
(1)	采样速率	kHz	1.2	
(2)	采样方式	μs	同步采样，精度1	
(3)	AD分辨率	Bit	16	
(4)	开关事件分辨率	ms	<1	
(5)	暂态录波存储容量	G	16（不少于1000次）	
(6)	动态录波存储容量	G	128（不少于14天）	
(7)	实时数据存储速率	帧/s	100（50Hz）	
(8)	实时数据通信速率	帧/s	100、50、25、10可选（50Hz）	
(9)	WAMS主站通信能力	个	8～16	
(10)	同步时钟信号精度	μs	±1	
(11)	信号传输灵敏度	ms	≤20	
(12)	设备平均无故障时间（MTBF）	h	≥20 000	

序号	内容	单位	参数值	备注
四、励磁系统				
1. 总体性能				
(1)	电压响应时间	s	0.1	
(2)	机端电压调节精度		优于±0.5%	
(3)	励磁系统平均无故障时间（MTBF）不小于	h	50 000	
(4)	机端电压为额定电压的80%时励磁系统能提供的额定励磁电压倍数		2倍	
(5)	励磁系统在2倍额定励磁电流时，允许工作时间应不小于	s	20	
(6)	励磁系统在退出一抽屉式晶闸管组件时，在2倍额定励磁电流下，允许工作时间应不小于	s	20	
(7)	励磁系统标称响应不小于		2倍额定电压/s	
(8)	自动电压调节器进行稳定、平滑调节的范围		$10\%U_N$～$110\%U_N$	
(9)	励磁系统延迟时间不大于	s	0.03	
2. 励磁变压器				
(1)	型式		单相、户内、干式、自冷	
(2)	绝缘耐热等级		H级	
(3)	线圈运行最大温升		≤80K	
3. 晶闸管				
	冷却方式		风冷	
4. 交流侧断路器				
(1)	型式		手车式	
(2)	操作电压		直流220V	
(3)	机械操作次数		≥40 000次	

序号	内容	单位	参数值	备注
(4)	电气操作次数		≥10 000 次	
(5)	跳闸线圈	个	2	
(6)	辅助触点	对	≥10	动合、动断各 10 个
	5. 磁场断路器			
(1)	型式		优先采用多断口直流断路器	
(2)	操作电压		DC 220V	
(3)	机械操作次数		≥40 000 次	
(4)	电气操作次数		≥10 000 次	
(5)	跳闸线圈	个	2	
(6)	辅助触点	对	≥12	动合、动断各 12 个
	6. 绝缘浇注母线			
(1)	防护等级		IP68	
(2)	防撞等级		IK10	
(3)	绝缘等级		B 级	
(4)	螺接面电流密度	A/mm²	≤0.1	
(5)	安全运行寿命	年	≥50	
	五、变频启动系统（SFC）			
	1. 总体性能			
(1)	可用率应		≥99.9%	
(2)	平均无故障工作时间（MTBF）	h	>40 000	
(3)	平均修复时间（MTTR）	h	≤14	
(4)	使用寿命	年	≥30	
(5)	启动成功率		≥99.6%	在商业运行 6 个月后
(6)	谐波电压总畸变率		≤4%	
(7)	奇次谐波电压含有率		≤3.2%	
(8)	偶次谐波电压含有率		≤1.6%	
	2. 输入/输出变压器			
(1)	型式		户内、三相、油浸或干式	
(2)	冷却方式		水冷或风冷	
2.1	油浸式变压器			
(1)	绝缘油顶层温升	K	≤55	温度计法

序号	内容	单位	参数值	备注
(2)	线圈温升		≤65K	电阻法
(3)	铁芯本体温升		≤65K	
2.2	干式变压器			
	绕组最大温升		≤100K	
	3. 输入/输出电抗器			
(1)	型式		户内、单相、干式、铝线、自然冷却、防潮	
(2)	通过输入电抗器后最大三相短路电流周期分量有效值	kA	<25	
	4. 输入/输出断路器			
(1)	型式		中置移开式三相真空断路器	
(2)	操作电压		直流 220V	
(3)	跳闸线圈	个	2	
(4)	辅助触点	对	≥12	动合、动断各 12 个
	5. 整流器和逆变器			
(1)	每臂并联支路数	个	1	
(2)	晶闸管元件触发方式		非直接的光传输电触发方式	
(3)	冷却方式		风冷或水冷	
	6. 直流电抗器			
(1)	型式		户内单相、空心或铁芯、干式、铜线、自然空气冷却、防潮	
(2)	绝缘等级		H 级	
(3)	绕组温升		≤80K	
	7. 绝缘浇注母线			
(1)	防护等级		IP68	
(2)	防撞等级		IK10	
(3)	绝缘等级		B 级	
(4)	螺接面电流密度		≤0.1A/mm²	
(5)	安全运行寿命	年	≥50	
	六、直流电源系统			
	1. 整体性能			
(1)	交流输入额定电压		三相四线 380V	

序号	内容	单位	参数值	备注
（2）	交流电源频率	Hz	50	
（3）	直流输出额定电压	V	220	
（4）	稳流精度		≤±1%	
（5）	稳压精度		≤±0.5%	
（6）	纹波系数		≤0.5%	
（7）	效率		≥90%	
（8）	噪声	dB	<55（距离装置1m处）	
（9）	平均无故障时间（MT-BF）		≥100 000h	
	2. 地下厂房直流电源			
2.1	高频开关电源模块			
（1）	交流输入额定频率	Hz	50	
（2）	直流额定输出电压	V	220	
（3）	额定输出电流	A	40	
（4）	功率因数		≥0.90	
（5）	稳流精度		≤±1%	
（6）	稳压精度		≤±0.5%	
（7）	纹波系数		≤0.5%（采用峰-峰值计算）	
（8）	效率		≥90%	
（9）	软启动时间		2～10	
（10）	模块并联工作时输出电流不均衡度		<±5%	
（11）	冷却方式		自冷或智能风冷	
2.2	蓄电池			
（1）	蓄电池容量	Ah	1200～1600	容量根据具体情况确定，下同
（2）	蓄电池个数	个	104	
（3）	单体电池额定电压	V	2	
（4）	单体电池浮充电电压	V	2.23～2.27	
（5）	单体电池均衡充电电压	V	2.30～2.40	
（6）	单体电池放电终止电压	V	≥1.8	
（7）	25℃蓄电池浮充寿命	年	≥15	
（8）	蓄电池开阀压力	kPa	10～49	

序号	内容	单位	参数值	备注
（9）	蓄电池闭阀压力	kPa	1～10	
（10）	每月自放电率		≤4%	
（11）	密封反应效率		≥95%	
（12）	电解液吸附系统方式		胶体	
2.3	绝缘监测装置			
（1）	交流侵入电压		测量范围：0～300V，测量误差：0.5%，分辨率：0.1V	
（2）	直流电压		测量范围：0～300V，测量误差：0.3%，分辨率：0.1V	
（3）	直流电压		测量范围：0～300V，测量误差：0.3%，分辨率：0.1V	
（4）	正负母线对地电压		测量范围：0～300V，测量误差：0.3%，分辨率：0.1V	
（5）	正负母线对地电阻		测量范围：0～200kΩ，测量误差：5%，分辨率：0.1kΩ	
（6）	支路正负极对地电阻		测量范围：0～100kΩ，测量误差：10%，分辨率：0.1kΩ	
（7）	录波响应时间	ms	小于40	
2.4	固定式放电装置			
（1）	充电或放电时最大效率		≥90%	
（2）	放电时对电网的电压总谐波畸变率		≤5%	
（3）	放电时谐波电流含有率		≤5%	
（4）	逆变稳流精度		≤1%	
	3. 开关站直流电源			
3.1	高频开关电源模块			
（1）	交流输入额定频率	Hz	50	
（2）	直流额定输出电压	V	220	
（3）	额定输出电流	A	40	
（4）	功率因数		≥0.90	
（5）	稳流精度		≤±1%	
（6）	稳压精度		≤±0.5%	
（7）	纹波系数		≤0.5%（采用峰-峰值计算）	

序号	内容	单位	参数值	备注
(8)	效率		≥90%	
(9)	软启动时间	s	2～10	
(10)	模块并联工作时输出电流不均衡度		<±5%	
(11)	冷却方式		自冷或智能风冷	
3.2	蓄电池			
(1)	蓄电池容量	Ah	400～600	
(2)	蓄电池个数	个	104	
(3)	单体电池额定电压	V	2	
(4)	单体电池浮充电压	V	2.23～2.27	
(5)	单体电池均衡充电电压	V	2.30～2.40	
(6)	单体电池放电终止电压	V	≥1.8	
(7)	25℃蓄电池浮充寿命	年	≥15	
(8)	蓄电池开阀压力	kPa	10～49	
(9)	蓄电池闭阀压力	kPa	1～10	
(10)	每月自放电率		≤4%	
(11)	密封反应效率		≥95%	
(12)	电解液吸附系统方式		胶体	
3.3	绝缘监测装置			
(1)	交流侵入电压		测量范围：0～300V，测量误差：0.5%，分辨率：0.1V	
(2)	直流电压		测量范围：0～300V，测量误差：0.3%，分辨率：0.1V	
(3)	正负母线对地电压		测量范围：0～300V，测量误差：0.3%，分辨率：0.1V	
(4)	正负母线对地电阻		测量范围：0～200kΩ，测量误差：5%，分辨率：0.1kΩ	
(5)	支路正负极对地电阻		测量范围：0～100kΩ，测量误差：10%，分辨率：0.1kΩ	
(6)	录波响应时间	ms	<40	
4.	上水库直流电源			
4.1	高频开关电源模块			
(1)	交流输入额定频率	Hz	50	

序号	内容	单位	参数值	备注
(2)	直流额定输出电压	V	220	
(3)	额定输出电流	A	20	
(4)	功率因数		≥0.90	
(5)	稳流精度		≤±1%	
(6)	稳压精度		≤±0.5%	
(7)	纹波系数		≤0.5%（采用峰-峰值计算）	
(8)	效率		≥90%	
(9)	软启动时间	s	2～10	
(10)	模块并联工作时输出电流不均衡度		<±5%	
(11)	冷却方式		自冷或智能风冷	
4.2	蓄电池			
(1)	蓄电池容量	Ah	100	
(2)	蓄电池个数	个	17	
(3)	单体电池额定电压	V	12	
(4)	单体电池浮充电压	V	13.38～13.62	
(5)	单体电池均衡充电电压	V	13.80～14.40	
(6)	单体电池放电终止电压	V	≥10.80	
(7)	25℃蓄电池浮充寿命	年	≥15	
(8)	蓄电池开阀压力	kPa	10～49	
(9)	蓄电池闭阀压力	kPa	1～10	
(10)	每月自放电率		≤4%	
(11)	密封反应效率		≥95%	
(12)	电解液吸附系统方式		胶体	
4.3	绝缘监测装置			
(1)	交流侵入电压		测量范围：0～300V，测量误差：0.5%，分辨率：0.1V	
(2)	直流电压		测量范围：0～300V，测量误差：0.3%，分辨率：0.1V	
(3)	正负母线对地电压		测量范围：0～300V，测量误差：0.3%，分辨率：0.1V	
(4)	正负母线对地电阻		测量范围：0～200kΩ，测量误差：5%，分辨率：0.1kΩ	

序号	内容	单位	参数值	备注
(5)	支路正负极对地电阻		测量范围：0～100kΩ，测量误差：10%，分辨率：0.1kΩ	
(6)	录波响应时间	ms	小于40	
	5. 下水库直流电源			
5.1	高频开关电源模块			
(1)	交流输入额定频率	Hz	50	
(2)	直流额定输出电压	V	220	
(3)	额定输出电流	A	20	
(4)	功率因数		≥0.90	
(5)	稳流精度		≤±1%	
(6)	稳压精度		≤±0.5%	
(7)	纹波系数		≤0.5%（采用峰-峰值计算）	
(8)	效率		≥90%	
(9)	软启动时间	s	2～10	
(10)	模块并联工作时输出电流不均衡度		<±5%	
(11)	冷却方式		自冷或智能风冷	
5.2	蓄电池			
(1)	蓄电池容量	Ah	100	
(2)	蓄电池个数	个	17	
(3)	单体电池额定电压	V	12	
(4)	单体电池浮充电电压	V	13.38～13.62	
(5)	单体电池均衡充电电压	V	13.80～14.40	
(6)	单体电池放电终止电压	V	≥10.80	
(7)	25℃蓄电池浮充寿命	年	≥15	
(8)	蓄电池开阀压力	kPa	10～49	
(9)	蓄电池闭阀压力	kPa	1～10	
(10)	每月自放电率		≤4%	
(11)	密封反应效率		≥95%	
(12)	电解液吸附系统方式		胶体	
5.3	绝缘监测装置			
(1)	交流侵入电压		测量范围：0～300V，测量误差：0.5%，分辨率：0.1V	

序号	内容	单位	参数值	备注
(2)	直流电压		测量范围：0～300V，测量误差：0.3%，分辨率：0.1V	
(3)	正负母线对地电压		测量范围：0～300V，测量误差：0.3%，分辨率：0.1V	
(4)	正负母线对地电阻		测量范围：0～200kΩ，测量误差：5%，分辨率：0.1kΩ	
(5)	支路正负极对地电阻		测量范围：0～100kΩ，测量误差：10%，分辨率：0.1kΩ	
(6)	录波响应时间	ms	小于40	
	6. EPS应急电源系统			地下厂房和开关站各1套，额定输出容量分别为30kVA和10kVA
(1)	交流电压		400V（1±15%）	
(2)	直流电压		220V$^{+15}_{-20}$%	
(3)	额定工频耐受电压（1min）	kV	3	
(4)	逆变效率		≥90%	
(5)	静态开关切换时间	ms	≤3	
(6)	输出电压（应急时）		AC 380V±3%	
(7)	输出频率（应急时）	Hz	50＋0.5	
(8)	输出波形		纯正弦波	
(9)	过载能力		120%正常工作；150% 10s保护	
(10)	主控制器性能指标		不低于32位DSP	
(11)	逆变元件		1GBT	
	7. 电力用逆变电源系统			地下厂房和开关站各1套，额定输出容量分别为30kVA和10kVA
(1)	交流输入		380/220V（1±15%），50Hz（1±5%）	
(2)	直流输入		220V（176～242V）	
(3)	交流输出		380V（1±1%）	
(4)	输出频率	Hz	50±0.2	
(5)	稳压精度		≤±3%	

序号	内容	单位	参数值	备注
(6)	变换效率		≥85%	
(7)	动态电压瞬变范围		≤±10%	
(8)	瞬变响应恢复时间		≤20ms	
(9)	同步精度		≤±2%	
(10)	电压波形失真度		≤3%	
(11)	噪声		<55dB	
七、状态监测系统				
	1. 上位机单元			
1.1	状态数据服务器（Web服务器）			
(1)	机型		机架式服务器	
(2)	CPU		Intel Xeon Processor 6 核 2.0GHz，1333MHz 前端总线，12M 二级高速缓存	
(3)	内存容量		大于等于 8GB，400MHz，容量可扩展	
(4)	硬盘存储器		大于等于 1TB，可热插拔，15000 转 Ultra 320 SCSI	
(5)	磁盘阵列卡		集成 RAID	
(6)	可读写光驱		52XR/48XW/24XE	
(7)	操作系统		符合开放系统标准的实时多任务多用户成熟安全的操作系统	
(8)	网络支持		快速以太网 IEEE 802.3 u，TCP/IP 或类似的最新的网络支持，100MB 以太网	
(9)	通信接口		网络接口至少 2 路，串行接口至少 2 路，同步时钟接口 1 个	
(10)	工作温度	℃	−10～50	
(11)	显示器		TFT 型，17in，分辨率：≥1280×1024	
1.2	工程师工作站			
(1)	机型		工作站	
(2)	CPU		Intel Xeon Processor 2.4GHz，800MHz 前端总线，2M 二级高速缓存	
(3)	内存容量		大于等于 2GB，400MHz，容量可扩展	
(4)	硬盘存储器		500GB×2，可热插拔，15000 转 Ultra 320 SCSI	
(5)	磁盘阵列卡		集成 RAID	
(6)	可读写光驱		52XR/48XW/24XE	
(7)	操作系统		符合开放系统标准的实时多任务多用户成熟安全的操作系统	
(8)	网络支持		快速以太网 IEEE 802.3 u，TCP/IP 或类似的最新的网络支持，100MB 以太网	
(9)	通信接口		网络接口至少 2 路，串行接口至少 2 路	
(10)	工作温度	℃	−10～50	
(11)	显示器		TFT 型，22in，分辨率：≥1920×1080	
1.3	网络单向隔离装置			
(1)	通信模式		支持完全单向通信方式（UDP）和单向数据 1Bit 返回方式（TCP）	
(2)	双电源输入		AC 220V±30%，50Hz±0.5%，二路电源冗余备份	
(3)	网络端口		内网口 2 个，外网口 2 个	
(4)	并发连接数		3000 个	
(5)	数据传输率	Mbit/s	峰值速率应大于 85Mbit/s，平均传输速率应大于 65Mbit/s	
(6)	平均无故障时间		MTBF 大于 50000h	
(7)	工作温度	℃	−10～50	
1.4	网络交换机（含光纤转换设备）			
(1)	端口数		至少 16 个 100M 电口，每台机组 1 个 100M 光口	
(2)	背板带宽		≥10Gbit/s	
(3)	工作温度	℃	−10～60	

序号	内容	单位	参数值	备注
2. 机组状态监测系统及振摆保护装置				
2.1	传感器			
2.1.1	摆度传感器			
(1)	频响范围	kHz	0～1	
(2)	线性范围	mm	≥2	
(3)	灵敏度	V/mm	−8.0（1±5%）	
(4)	幅值非线性度		≤±2%	
(5)	温度漂移		≤0.1%/℃	
(6)	工作温度	℃	−10～60	
2.1.2	键相传感器			
(1)	频响范围	kHz	0～1	
(2)	工作范围	mm	≥4	
(3)	工作温度	℃	−10～60	
2.1.3	大轴轴向位移传感器			
(1)	频响范围	kHz	0～1	
(2)	线性范围	mm	≥20	
(3)	灵敏度	V/mm	−0.5（1±5%）	
(4)	幅值非线性度		≤±2%	
(5)	温度漂移		≤0.1%/℃	
(6)	工作温度	℃	−10～60	
2.1.4	低频速度传感器			
(1)	频响范围	Hz	0.5～400	
(2)	线性测量范围		0～1000μm（峰-峰值），0～50mm/s（峰-峰值）	
(3)	灵敏度		8V/mm（1±5%）（位移型），100mV/(mm·s⁻¹)（1±5%）（速度型）	
(4)	幅值非线性度		≤±5%	
(5)	工作温度	℃	−10～60	
2.1.5	加速度传感器			
(1)	频响范围	Hz	1～1000	
(2)	线性测量范围		±10g	
(3)	幅值非线性度		≤±5%	
(4)	工作温度	℃	0～125	

序号	内容	单位	参数值	备注
2.1.6	压力脉动变送器			
(1)	线性测量范围		0～1.5 倍工作压力	
(2)	精度		≤±0.2%	
(3)	频响范围	Hz	0～1000	
(4)	工作温度	℃	−10～60	
(5)	防护等级		IP66	
2.1.7	空气间隙传感器			
(1)	测量范围		0.5～1.5 倍设计气隙值	
(2)	非线性度		<2%	
(3)	频响范围	Hz	0～1000	
(4)	温度漂移		<0.05%/℃	
(5)	工作温度	℃	传感器 0～125℃，前置器 0～55℃	
(6)	相对湿度		<95%	
(7)	抗磁强度	T	1.5	
2.1.8	磁通密度传感器			
(1)	测量范围		线性量程不超过±2.0T，最大可测量±4.0T	
(2)	满量程输出	V	±10	
(3)	非线性误差		<1%	
(4)	工作温度	℃	传感器 0～+125，前置器（如有）0～+55	
2.1.9	局部放电传感器			
(1)	标称电容值	pF	80（±4）	
(2)	工作温度	℃	0～+125	
(3)	电压等级		与发电电动机电压相匹配	
(4)	耐压		应能通过不低于 2 倍发电电动机线电压加 1000V 的耐压试验，且在该电压下其本身无局部放电	
(5)	频率测量范围	MHz	40～350	
2.2	数据采集站			
2.2.1	振摆保护装置			
(1)	测量精度		<0.5%，应采用模块化结构，可接收电涡流传感器/速度传感器和加速度传感器的信号，并提供传感器所需的工作电压	

序号	内容	单位	参数值	备注
(2)	工况设定		能接收工况参数并能按工况设置至少8组不同的报警定值和延迟时间	
(3)	滤波范围		振动通道通频滤波范围为0.25倍转频到500Hz内可选，摆度通道低通范围为0～500Hz内可选	
(4)	报警设定		可用软件组态对监测器的每一测量值设置警告和危险报警点，报警时间延迟从1～400s可设置	
(5)	输出接口		每个监测通道提供一路4～20mA输出和一路传感器缓冲信号输出，每个装置提供至少16路继电器输出，报警可组态，继电器容量大于250V/1A	
(6)	工作电压		2路冗余电源输入，175～264V AC和88～140V DC/20～30V DC可选	
(7)	工作环境		温度：-30～65℃，湿度：<95%	
2.2.2	机组稳定性数据采集箱			
(1)	处理器		工业级板载超低功耗处理器，内存2GB，硬盘250GB	
(2)	快变量采集通道		满足实际测点需要，并有10%备用量	
(3)	数据采集方式		等相位整周期采样和等时间间隔采样，支持连续采样	
(4)	接口		1个VGA接口，2路RJ-45网口，2路RS-232/485接口，2个USB接口	
(5)	继电器输出		至少8路报警继电器，1路装置故障继电器，继电器容量250V/1A	
(6)	采样频率		单通道最高采样速度应不小于2kHz	
(7)	转速测量		测量范围：1～1000r/min，测量精度：≤0.2r/min	
(8)	快变量测量精度		≤0.25%，AD：≥14位，相位测量误差：≤3°	

序号	内容	单位	参数值	备注
(9)	工作温度	℃	-10～60	
2.2.3	机组气隙、磁通、局放数据采集箱			
(1)	处理器		工业级板载超低功耗处理器，内存2GB，硬盘250GB	
(2)	快变量采集通道		满足实际空气间隙和磁通密度测点需要，并有10%备用量	
(3)	数据采集方式		等相位整周期采样和等时间间隔采样，支持连续采样	
(4)	接口		1个VGA接口，2路RJ-45网口，2路RS-232/485接口，2个USB接口	
(5)	继电器输出		至少8路报警继电器，1路装置故障继电器，继电器容量250V/1A	
(6)	采样频率		单通道采样频率应不小于12.8kHz	
(7)	转速测量		测量范围：1～1000r/min，转速测量精度：≤0.2r/min	
(8)	快变量测量精度		≤0.5%，AD≥14位	
(9)	工作温度	℃	10～60	
2.2.4	传感器电源			
(1)	电源模块		采用工业级线性电源模块，可为各种传感器提供工作电源	
(2)	电压误差		≤5%	
(3)	纹波系数		≤0.05%	
(4)	保护功能		具有过电流保护功能	
(5)	工作温度	℃	-10～60	
2.2.5	液晶显示屏			
(1)	尺寸		大于等于15in工业级液晶显示屏	
(2)	抗电磁干扰		在现场没有失真或受磁场干扰	
(3)	分辨率		≥1024×768	
(4)	工作温度	℃	-10～50	
2.2.6	网络交换机			
(1)	端口数		至少4个100M电口和1个100M光口	

序号	内容	单位	参数值	备注
（2）	工作温度	℃	−10～60	
2.3	发电电动机转子接地故障检测装置			
（1）	励磁电压测量	V	测量范围：0～1000V，分辨率0.1V（大于等于0.5V时），精度0.5级	
（2）	转子绝缘电阻	MΩ	显示范围：0～1MΩ，0～5MΩ，0～8M，0～10MΩ，误差：100kΩ以上时为小于10%，100kΩ以下为±1kΩ	
（3）	接地定位显示		接地定位显示：0%～100%，误差：±1%	
（4）	接地保护整定范围	kΩ	1～500	
（5）	继电器输出		输出两对空接点，容量220V/1A，延时整定：4～100s	
（6）	通信接口		提供 RS-485 通信接口或 RJ-45 网口	
	3. 主变压器在线监测装置			
3.1	油中溶解气体监测装置			
（1）	检测原理		光声光谱法	
（2）	气体种类		应能连续测量氢气（H_2）、一氧化碳（CO）、二氧化碳（CO_2）、乙炔（C_2H_2）、乙烯（C_2H_4）、甲烷（CH_4）、乙烷（C_2H_6）、氧气（O_2）和氮气（N_2）九种气体和微水含量	
（3）	检测限值		氢气 2～5000μL/L，乙炔 0.1～50 000μL/L，甲烷 1～50 000μL/L，乙烷 1～50 000μL/L，乙烯 1～50 000μL/L，一氧化碳 1～50 000μL/L，二氧化碳 3～20 000μL/L，氧气 100～150 000μL/L，氮气 100～150 000μL/L	
（4）	测量误差		最低检测限值或±3%，测量误差取两者最大值	
（5）	乙炔（C_2H_2）分辨率	ppm	≤0.1	

序号	内容	单位	参数值	备注
（6）	采样周期	min	≤60（检测周期可调）	
（7）	分析测量时间	min	≤60	
（8）	取油口耐受压力	kPa	0～700	
3.2	套管绝缘在线监测装置			
（1）	泄漏电流			
1）	测量范围	mA	2～150	
2）	测量误差	mA	±（标准读数①×1%＋0.1）	
（2）	介质损耗因数			
1）	测量范围		0.001～0.3	
2）	测量绝对误差		±（标准读数×1%＋0.001）	
（3）	等值电容			
1）	测量范围	pF	50～50 000	
2）	测量误差	pF	±（标准读数×1%）	
（4）	电流传感器精度			
1）	比差绝对比差精度	%	±0.01	
2）	比差非线性度精度	%	±0.005	
3）	比差温度特性精度	ppm	50	
4）	角差绝对比差精度		±0.01°	
5）	角差非线性度精度		±0.005°	
6）	角差温度特性精度		±0.005°	
3.3	铁芯在线监测装置			
（1）	传感器类型		穿芯式 TA	
（2）	铁芯接地电流测量范围	mA	0～11 000	
（3）	铁芯接地电流分辨率	mA	1	
（4）	铁芯接地电流测量误差		≤±2.5%	
（5）	采样周期	min	≤5	
3.4	夹件在线监测装置			
（1）	传感器类型		穿芯式 TA	
（2）	夹件接地电流测量范围	mA	0～11 000	
（3）	夹件接地电流分辨率	mA	1	

序号	内容	单位	参数值	备注
(4)	夹件接地电流测量误差		≤±2.5%	
(5)	采样周期	min	≤5	
	4. GIS 监测系统			
	GIS 室 SF$_6$ 气体泄漏监测装置			
(1)	SF$_6$ 浓度检测精度	ppm	0~3000ppm，误报误差小于 1.5%	
(2)	氧含量检测范围		0~25%，误差小于 1%，报警条件为小于等于 18%	
(3)	湿度检测精度		±3%RH	
(4)	温度检测精度	℃	±0.5	
(5)	绝缘性能	MΩ	>20（外壳与电源间）	
(6)	抗电强度		监控报警装置应能承受 1500V、50Hz 历时 1min 的介电强度试验，不出现击穿和闪烁现象	
(7)	通信接口		RS-485	
(8)	通信方式		有线通信 RS-485	
(9)	报警及排风功能		有	
(10)	系统设计使用寿命		超过 8 年	
	八、通信系统			
	1. IMS 系统	套	1	
1.1	接入设备			
1.1.1	AG 设备			
(1)	语音性能			
1)	AG 时延指标		采用 G.711 编码时，环回时延小于 120ms； 采用 G.729 编码时，环回时延小于 150ms； 采用 G.723 编码时，环回时延小于 200ms	
2)	AG 不间断长时间通话	h	≥24	
3)	AG 语音特性指标		监视话机摘机不拨号的时间为 10~20s； 监视话机位间不拨号的时间为 10s； 监视话机久叫不应的时间为 60s； 播放催挂音时间为 60s； 播放忙音时间为 40s； 拍叉时长参数上下限范围是 80~300ms； AG 应支持上述各时长可配置	
(2)	传真性能		传真呼叫建立时间应小于 20s；支持连续传送不少于 20 页 A4 纸的长文件	
(3)	可靠性要求		主处理板、电源和通信板等主要部件应具有冗余热备，并支持热插拔功能； 网络侧接口应支持主备用或负荷分担方式； 达到或超过 99.999% 的可用性； 支持 MTBF>10 万 h，MTTR<5min； 支持双归属功能	
(4)	接口要求		用户侧：提供模拟 Z/Za 接口支持模拟终端接入 IMS； 网络侧：支持 100Mbit/s 以太网接口，支持 1000Mbit/s 接口； 网管：提供本地维护管理接口，支持 RS-232 接口、100Base-T 和/或 1000Base-T 自适应以太网接口，支持 V.35 接口或 V.24 接口；AG 本地操作维护以太网接口与上行网络侧以太网接口分离；与设备网管系统的接口采用 100Base-T 和/或 1000Base-T 接口	
1.1.2	IAD 设备			
(1)	语音性能		支持不间断长时间通话不少于 24h； 监视话机摘机不拨号的时间 10~20s；	

序号	内容	单位	参数值	备注
(1)	语音性能		监视话机位间不拨号的时间 10s； 监视话机久叫不应的时间 60s； 播放催挂音时间 60s； 播放忙音时间 40s； 拍叉时长参数上下限范围是 80～300ms； 支持上述各时长可配置	
(2)	传真性能		传真呼叫建立时间应小于 20s，支持连续传送不小于 20 页 A4 纸的长文件	
(3)	可靠性要求		网络侧接口应支持主备用或负荷分担； 采用容错技术设计，达到或超过 99.99% 的可用性； MTBF 大于 3 万 h，MTTR 小于 3min； 上行以太网接口应支持 4000V 的防雷设计； 支持双归属功能	
(4)	接口要求		用户侧：提供模拟 Z/Za 接口支持模拟终端接入 IMS；提供一个下行 100M/1000Mbit/s 以太网接口，支持二层交换功能用于 IAD 级联。 网络侧：支持 100Mbit/s 以太网接口；具备 FXO 口，当 IAD 与 IMS 核心网中断或者 IAD 断电等异常情况时，IAD 具备 IAD 下的用户话机与 FXO 口跳接功能。 网管：提供本地维护管理接口，支持 RS-232 接口、100Base-T 自适应以太网接口，支持 V.35 接口或 V.24 接口；机架型 IAD 本地操作维护以太网接口应与上行网络侧以太网接口分离；与设备网管系统的接口采用 100Base-T 接口	
1.2	SIP 终端			
1.2.1	容量要求		支持 500 条以上联系人记录； 已拨、已接、未接通话记录各 100 条； 当信息容量满时，SIP 终端应支持提醒用户	

序号	内容	单位	参数值	备注
1.2.2	性能要求		启动时间（SIP 终端上电到 IMS 网络注册成功）及系统重启时间均应小于 90s； 网络条件较差时（丢包率＝1%，网络抖动＝20ms，时延＝100ms）； 恶劣的环境下（丢包率＝5%，网络抖动＝60ms，时延＝400ms）	
1.2.3	可靠性要求		SIP 终端的 MTBF 大于 5000h	
2. 数字程控调度交换机		套	1	
2.1	信号方式			
2.1.1	用户信号方式		号盘或按键脉冲信号接收器	
(1)	脉冲速率		8～14 个脉冲/s	
(2)	脉冲断续比		(1.3～2.5)：1	
(3)	脉冲串间隔		大于等于 350ms 时应能可靠识别	
2.1.2	中继信号方式		二线环路中继转发号盘脉冲	
(1)	脉冲速率		(10±1) 个脉冲/s	
(2)	脉冲断续比		(1.6±0.2)：1	
(3)	脉冲串间隔	ms	≥500	
2.1.3	用户线条件			
(1)	最大环路电阻	kΩ	≤1.8	包括话机电阻
(2)	回路电流	mA	≥18	必要时可升高馈电电压
(3)	线间绝缘电阻	kΩ	≥20	
(4)	线间电容	μF	≤0.5	
2.1.4	中继线条件			二线环路中继条件
(1)	最大环路电阻	kΩ	≤1.8	包括中继器的环路电阻
(2)	线间绝缘电阻	kΩ	≥20	
(3)	线间电容	μF	≤0.5	
2.2	铃流及信号音			
2.2.1	铃流		铃流源为 25Hz±3Hz 正弦波，谐波失真应小于等于 10%，输出电压为 90V±15V 正常振铃采用 5s 断续，即 1s 送、4s 断，断续时间的允许偏差应小于等于 10%	

序号	内容	单位	参数值	备注
2.2.2	信号音		信号音源为 450Hz±25Hz 正弦波，谐波失真应≤10%	
2.3	时钟同步			
2.3.1	调度交换机应配备 4 级以上时钟，时钟准确度		$>\pm50\times10^{-6}$	
2.3.2	同步方式		调度交换机经数字中继与其他交换机相连时，应能提取线路时钟，实现主从同步方式，发送方向能由系统取得时钟	
2.3.3	同步接口		调度交换机可配备 2048kHz 外时钟同步接口	
2.4	大话务量要求			
2.4.1	内部呼叫接续故障率		≤1‰	
2.4.2	内部呼叫加自环（出中继及入中继）的接续故障率		≤1‰	
2.5	传输要求			
2.5.1	传输损耗			
(1)	两分机用户之间或分机用户在二线环路中继之间的传输损耗		≤7dB，≥2dB	
(2)	在基准频率为 1020Hz 时，两个传输方向的传输损耗和差	dB	≤1	
(3)	在基准频率 1020Hz、电平—10dBm 的正弦信号加到一个 Z 接口输入端，相应 Z 接口输出端的电平在运行的任一 10min 间隔内与开始测试时的电平比较，其变化	dB	≤±0.2	
2.5.2	衰减频率失真		300～400Hz；—0.6～+2.0dB	在基准频率 1020Hz、电平 —10dBm 的正弦信号加到一个 Z 接口输入端，在 300～3400Hz 范围内，在输出端以 1020Hz 测得的衰减为 0dB 时，其他频率衰减隔离范围应符合以上要求
			400～600Hz；—0.6～+1.5dB	
			600～2400Hz；—0.6～+0.7dB	
			2400～3000Hz；—0.6～+1.1dB	
			3000～3400Hz；—0.6～+3.0dB	

序号	内容	单位	参数值	备注
2.5.3	噪声			
	空闲时的加权噪声应	dBm	≤—65	
	3. 通信专用电源			
3.1	通用技术条件			
3.1.1	正常使用的环境条件			
(1)	海拔	m	≤3000	
(2)	环境温度	℃	—10～+40	
(3)	日平均相对湿度		≤95%	
	月平均相对湿度		≤90%	
(4)	安装使用地点无强烈振动和冲击，无强电磁干扰，外磁场感应强度	mT	≤0.5	
(5)	安装垂直倾斜度		≤1.5%	
3.1.2	正常使用的电气条件			
(1)	交流输入电压		单相 AC 220V（1±15%）或三相 AC 380V（1±15%）	
(2)	交流输入频率	Hz	50±5%	
(3)	交流输入电压不对称度		≤5%	
(4)	交流输入电压应为正弦波，非正弦含量		≤额定值的 10%	
3.1.3	基本参数			
(1)	—48V 高频开关电源充电装置的稳流精度		≤±1%	
	稳压精度		≤±0.3%	
	电压纹波系统		≤0.5%	
(2)	直流输出标称电压	V	—48	
(3)	直流输出电压范围	V	—57.6～—42.2	
(4)	UPS 电源的稳压精度		≤±3%	
	动态过程中，负荷以 0～100% 变化	ms	偏差值：≤±5% 恢复时间：<20	
3.1.4	机房环境要求			
(1)	机房温度	℃	10～28	宜保持在 25℃
	蓄电池室温度	℃	10～30	

序号	内容	单位	参数值	备注
(2)	机房湿度		30%～80%	
	蓄电池室湿度		20%～80%	
3.2	−48V 高频开关电源系统			
3.2.1	工作方式		每套高频开关电源系统应有两路独立交流输入，互为备用，并具备自动切换功能	
3.2.2	均流不平衡度		≤5%I_N	
3.3	通信用 UPS 电源系统			
3.3.1	环境条件			
(1)	温度			
1)	工作温度	℃	5～40	
2)	贮存温度	℃	−25～55（不含电池）	
(2)	相对湿度			
1)	工作相对湿度		≤93%	
2)	贮存相对湿度		≤93%	
(3)	海拔	m	≤1000	
3.3.2	外观与结构			
(1)	外观		机箱镀层牢固，漆面匀称，无剥落，锈蚀及裂痕等现象	
(2)	结构		机箱表面平整，所有标牌、标记、文字符号应清晰、正确、整齐	
3.3.3	UPS 工作方式		主机宜采用在线式 UPS	
3.3.4	UPS 容量		UPS 主机容量应按满足供电范围内所有设备额定负荷大小计算，计及负荷综合功率因数和 UPS 在实际工作情况下的负荷率，并预留一定容量	
3.3.5	电气隔离		UPS 电源系统的直流输入应与交流输入和输出侧完全电气隔离	
3.4	阀孔式密封铅酸胶体蓄电池组			
3.4.1	额定电压	V	48	
3.4.2	正常浮充电压		2.23～2.30V/单体（25℃）	

序号	内容	单位	参数值	备注
3.4.3	正常均充电压		2.35～2.40V/单体（25℃）	
3.4.4	蓄电池内阻	mΩ	≤0.4	
3.4.5	单体电池额定电压	V	2.0	
3.4.6	充电方式		均、浮充方式	
3.4.7	蓄电池浮充寿命		大于等于 15 年（20℃ 温度且在正常浮充电压下）	
3.4.8	自放电率		小于等于 4%/月（25℃ 条件下）	
4. 光纤配线架				
4.1	环境要求			
(1)	工作温度	℃	−5～+40	
(2)	相对湿度		≤85%（+30℃）	
(3)	大气压力	kPa	70～106	
4.2	外观与结构			
4.2.1	机架结构形式		分为封闭式、半封闭式和敞开式。机架高度分为 2600、2200mm 和 2000mm 三类，其宽度推荐选用 120mm 的整数倍，深度推荐选用 300、450mm 及 600mm。机架外形尺寸的偏差不超过 ±2mm，外表面对底部基准面的垂直度公差小于等于 3mm	
4.2.2	机械活动部分			
(1)	门的开启角		≥110°	
(2)	间隙	mm	≤3	
4.2.3	引入光缆弯曲半径		引入光缆进入机架时，其弯曲半径应大于等于光缆直径的 15 倍	
4.2.4	机架结构		结构应牢固，装配具有一致性和互换性，紧固件无松动。外露和操作部位的锐边应倒圆角	
4.2.5	保护套、衬垫及纤芯和尾纤弯曲半径		光缆光纤穿过金属板孔及沿结构件锐边转弯时，应装保护套及衬垫。纤芯、尾纤无论处于何处弯曲时，其曲率半径应大于等于 30mm	
4.2.6	机架的表面		涂覆层应表面光洁，色泽均匀、无流挂、无露底；金属件无毛刺锈蚀	

序号	内容	单位	参数值	备注
4.2.7	结构装置上的文字、图形、符号和标志		文字、图形、符号和标志均应清晰、完整、无误	
4.3	高压防护接地装置			
4.3.1	机架高压防护接地装置与光缆中金属加强芯及金属护套相连,连接线的截面积	mm²	>6	
4.3.2	机架高压防护接地装置与地相连的连接端子的截面积	mm²	>35	
4.3.3	机架高压防护接地装置与机架间绝缘,绝缘电阻		≥1000MΩ/500V（直流）	
4.3.4	机架高压防护接地装置与机架间耐电压		≥3000V（直流）/1min 不击穿、无飞弧	
4.3.5	接地		机架高压防护接地装置应能可靠接地,接地处应有明显的接地标志	

九、工业电视系统

序号	内容	单位	参数值	备注
	1. 系统总体性能			
(1)	信号制式		PAL	
(2)	每帧行数		625	
(3)	显示部分的扫描制式		逐行扫描	
(4)	分辨率		1920×1080	
(5)	帧率	帧/s	≥25	
(6)	时延	s	≤1	
(7)	图像质量		稳定、无闪烁、无马赛克现象	
(8)	灰度等级		≥254 级	
(9)	几何失真		<3%	
(10)	非线性失真		<10%	
(11)	图像压缩标准		H.265	
(12)	音频压缩标准		G.711/G.723.1/G.729	
(13)	信噪比	dB	≥55	
(14)	控制响应时间	s	≤1	
(15)	图像切换响应时间	s	≤1	

序号	内容	单位	参数值	备注
(16)	系统平均无故障时间（MTBF）	h	≥20 000	
(17)	系统平均维护时间（MTRR）	h	≤0.5	
(18)	系统可利用率		≥99.5%	
	2. 监控中心系统			
2.1	监控工作站		1 台	
(1)	产品类型		台式工作站	
(2)	CPU 数量		2 颗	
(3)	CPU 主频	GHz	≥2.4	
(4)	三级缓存	MB	≥15	
(5)	CPU 核心		≥6 核	
(6)	CPU 线程数		≥12 线程	
(7)	内存类型		DDR4	
(8)	内存容量	GB	≥8	
(9)	硬盘接口类型		SATA	
(10)	硬盘容量	TB	≥1	
(11)	光驱类型		DVD+/−RW	
(12)	独立显卡		1 个,显存大于等于 4GB	
(13)	独立声卡		1 个	
(14)	网络接口		大于等于 1 个 10/100Mbit/s 以太网口	
(15)	操作系统		支持 Windows 系列操作系统	
(16)	液晶监视器		23in 彩色,分辨率:1920×1080,逐行扫描,扫描频率大于等于 75Hz	
2.2	管理服务器			
(1)	产品类型		机架式	
(2)	CPU 数量		2 颗	
(3)	CPU 主频	GHz	≥2.4	
(4)	三级缓存	MB	≥15	
(5)	CPU 核心		≥6 核	
(6)	CPU 线程数		≥12 线程	
(7)	内存类型		RDIMM	
(8)	内存容量	GB	≥16	

序号	内容	单位	参数值	备注
(9)	硬盘接口类型		SAS	
(10)	硬盘容量		大于等于 300GB SAS 硬盘×2，RAID 1	
(11)	磁盘阵列卡		1 块	
(12)	光驱		DVD+/-RW，SATA，内置	
(13)	网络接口		大于等于 2 个 10/100Mbit/s 以太网口	
(14)	操作系统		支持 Windows 系列操作系统	
(15)	电源		冗余电源供给系统，可热插拔电源模块，硬件应支持掉电保护和电源恢复后的自动重新启动功能	
2.3	流媒体服务器			
(1)	产品类型		机架式	
(2)	CPU 数量	颗	2	
(3)	CPU 主频	GHz	≥2.4	
(4)	三级缓存	MB	≥15	
(5)	CPU 核心	核	≥6	
(6)	CPU 线程数		≥12 线程	
(7)	内存类型		RDIMM	
(8)	内存容量	GB	≥16	
(9)	硬盘接口类型		SAS	
(10)	硬盘容量		大于等于 300GB SAS 硬盘×2，RAID 1	
(11)	磁盘阵列卡		1 块	
(12)	光驱		DVD+/-RW，SATA，内置	
(13)	网络接口		大于等于 2 个 10/100Mbit/s 以太网口	
(14)	操作系统		支持 Windows 系列操作系统	
(15)	电源		冗余电源供给系统，可热插拔电源模块，硬件应支持掉电保护和电源恢复后的自动重新启动功能	
2.4	网络存储服务器			
(1)	安装方式		标准 19ft 机架式安装	
(2)	主处理器		高性能多核处理器	
(3)	内存	G	每控制器：≥8	
(4)	硬盘个数及容量		根据工程实际需要选择	
(5)	硬盘安装		独立硬盘支架	

序号	内容	单位	参数值	备注
(6)	硬盘热插拔		支持硬盘热插拔、在线更换	
(7)	硬盘使用模式		支持 RAID0，1，5	
(8)	网络接口		大于等于 4 个 1000Mbit/s 以太网口	
(9)	断网续传		支持前端断网时间段内 SD 卡中的录像回传到设备	
(10)	电源		冗余电源，支持热插拔	
2.5	组合液晶屏			
(1)	组合液晶屏数量		3×5	
(2)	角线尺寸	in	55	
(3)	背光形式		LED 直下式背光源	
(4)	视角		178°（水平)/178°（垂直）	
(5)	亮度	cd/m²	≥700	
(6)	对比度		≥4000：1	
(7)	分辨率		1920×1080（向下兼容）	
(8)	输入接口		HDMI，DVI	
(9)	物理拼缝		≤1.8mm	
(10)	功耗		≤200W	
(11)	认证		CCC	
2.6	高清解码器			
(1)	输出接口		HDMI	
(2)	输出分辨率		1920×1080	
(3)	视频输出	路	16	
(4)	视频解码		H.265、H.264、MPEG4、MJPEG 等主流的编码格式	
(5)	解码能力		支持 60 路 1080P 分辨率同时实时解码	
(6)	图像拼接		支持 16 块液晶屏任意拼接	
(7)	支持制式		PAL	
(8)	帧率		25fps	
(9)	网络接口		2 个 RJ-45 10M/100M/1000Mbit/s 自适应以太网接口	
(10)	网络协议		TCP/IP、HTTP、SNMP、UDP、NTP 等	

序号	内容	单位	参数值	备注
(11)	控制串行接口		标准 485 接口	
2.7	火灾报警接口盒			
	I/O 接口数量	路	64	
	3. 网络传输系统			
3.1	主交换机			
(1)	类型		工业级三层以太网 1000M 交换机	
(2)	结构		模块化结构	
(3)	时间同步		支持 RFC1769 SNTP 简单网络时间协议	
(4)	抗电磁干扰		EMI 抗电磁干扰性能在 4 级以上	
(5)	网络拓扑结构		支持总线/星形/环形拓扑和 RSTP	
(6)	网络协议		TCP/IP	
(7)	热插拔		支持热插拔	
(8)	电源		冗余电源、无风扇结构	
(9)	支持规范、协议		IEEE 802.1x，10BaseT、100BaseTX、1000BaseTX 端口上的 IEEE 802.3x 全双工操作，IEEE 802.1D 生成树协议，IEEE 802.1p CoS，IEEE 802.1Q VLAN，IEEE 802.3ab，IEEE 802.3u 1000BaseTx 规范，IEEE 802.3u 100BaseTx 规范，IEEE 802.3 10BaseTx 规范	
(10)	端口数量		根据实际工程需要选择	
3.2	子交换机			
(1)	类型		工业级以太网交换机	
(2)	结构		模块化结构	
(3)	时间同步		支持 RFC1769 SNTP 简单网络时间协议	
(4)	抗电磁干扰		EMI 抗电磁干扰性能在 4 级以上	
(5)	电源		冗余电源、无风扇结构	
(6)	支持规范、协议		IEEE 802.1x，10BaseT、100BaseTX、1000BaseTX 端口上的 IEEE 802.3x 全双工操作，IEEE 802.1D 生成树协议，IEEE 802.1p CoS，IEEE 802.1Q VLAN，IEEE 802.3ab，IEEE 802.3u 1000BaseTx 规范，IEEE 802.3u 100BaseTx 规范，IEEE 802.3 10BaseTx 规范	

序号	内容	单位	参数值	备注
	4. 前端系统			
4.1	一体化球形网络摄像机			
(1)	色彩		彩色/黑白	
(2)	传感器类型		CMOS	
(3)	传感器有效像素		1920×1080	
(4)	视频输出		1920×1080，1280×720	
(5)	压缩格式		H.265、H.264	
(6)	红外补光距离		室内不小于 30m，室外不小于 100m	
(7)	扫描系统		逐行扫描	
(8)	背光补偿		支持	
(9)	角度调整		水平 0°～360°；垂直：−20°～90°	
(10)	旋转速度		键控：水平 0.1°～160°/s；垂直 0.1°～120°/s。预置点：水平 240°/s；垂直 200°/s	
(11)	预置点	个	≥200	
(12)	焦距/速度控制		自动	
(13)	信噪比	dB	≥55	
(14)	视频输出		网络端口（RJ-45）	
(15)	同步系统		内部或外部	
(16)	最低照度		彩色：0.005Lx；黑白：0.0005Lx；红外灯开启：0Lx	
(17)	镜头		自动聚焦、自动光圈，光学变焦倍数根据实际情况设置	
(18)	防护等级		室内球机 IP55；室外球机 IP66；防爆球机 IP67	
(19)	工作温度	℃	室内 −10～+40；室外 −45～+50	
(20)	工作相对湿度		0～90%（无冷凝）	
(21)	本地存储功能		支持 SD 卡热插拔，最大支持 128GB	
(22)	防爆		有防爆要求的摄像机应具有防爆认证	

续表

序号	内容	单位	参数值	备注
4.2	前端机箱			
(1)	防护等级		室内 IP43；室外 IP55	
(2)	不锈钢牌号		1Cr18Ni9	
	十、微机五防系统			
	1. 防误软件总体技术性能			具备型式试验报告
(1)	模拟量	点	≥2000	数据库容量
(2)	状态量	点	≥5000	
(3)	遥控	点	≥500	
(4)	虚遥信量	点	≥5000	
(5)	遥控解锁操作正确率	%	100	
(6)	历史操作记录	条	≥10 000	
(7)	历史操作票统计功能		有	历史数据存储容量
(8)	历史操作票数量	条	≥30 000	
(9)	多点部署、数据集中管理系统架构		采用 C/S 模式架构	
(10)	图形编辑功能		应自带绘图工具	
(11)	支持多任务并行操作		支持多班组、多任务并行操作	
(12)	通信接口功能		支持 RS-232/RS-485/以太网接口，实现互传通信，闭锁监控系统遥控操作	
(13)	操作票专家系统功能		支持"图形模拟开票""手工开票""典型操作票调用"等多种开票方式，能开出并打印包括一、二次设备操作项及检查、验电、提示等特殊操作在内的完整操作票	
	2. 电脑钥匙			
(1)	电脑钥匙开锁次数寿命	次	≥50 000	
(2)	电脑钥匙不充电连续开锁次数	次	≥256	
(3)	电脑钥匙电池连续工作时间	h	≥24	
(4)	电脑钥匙识别并控制锁头个数		无限制	

续表

序号	内容	单位	参数值	备注
(5)	电脑钥匙一次能接收的内容		≥255 项操作	
(6)	抗静电强度	V	≥2500	
(7)	允许通过操作回路电流		1mA～5A	
(8)	数据传输方式		与传输适配器采用高速红外 IR-DA、具备无线 UT-NET 传输	
(9)	防护等级		IP64	
	3. 闭锁锁具			
(1)	防误锁具寿命	次	≥10 000	
(2)	防误锁具开锁成功率		≥99%	
(3)	防误锁具平均无故障时间（MTBF）	年	≥2	
(4)	防误锁具编码容量	点	无限	
(5)	机械编码锁		锁钩采用不锈钢材质、锁体高级锌合金，具备防雨罩、防尘盖，适合户外环境使用，钥匙开锁孔和定位级中心间距 40mm	
	4. 地线管理系统			具备国家权威机构出具的检验报告
(1)	地线管理器主机单台可管理地线数	组	64	
(2)	地线管理器主机通信接口		RS-232/RS-485/以太网	
(3)	智能接地桩		具备唯一编码，可被智能地线头识别	
(4)	智能地线头		具备唯一编码，可识别所挂接地桩编码，具备无线发送功能	
(5)	工作电压		90～264V（AC）、120～300V（DC）	
(6)	静态电流	mA	≤100	
(7)	抗电强度	V	≥2000	
(8)	抗射频干扰强度	dB(μV/m)	≥50	
(9)	抗电源端子传输干扰强度	dB(μV)	≥70	

序号	内容	单位	参数值	备注
（10）	智能地线柜		具备温湿度自动调节功能，防护等级 IP54	
	5.无线网络			具备国家无线电监测中心出具的检测报告
（1）	网络类型		微功耗 Zigbee 网络，不采用安全等级低的民用蓝牙模式	
（2）	单个基站功率	mV	≤10	
（3）	入网速度		电脑钥匙连入无线网络的时间不超过 30ms	
（4）	数据加密及认证		加密解密算法采用国密算法 SM4，设备接入认证采用设备 MAC 地址认证	
（5）	网络自愈能力		应具备	
	6.智能钥匙管理系统			
（1）	钥匙管理功能		可分类管理一类、二类、三类钥匙，需分别针对不同权限或者授权取用对应的钥匙	
（2）	钥匙授权方式		支持刷卡、短信、网络、密码	
（3）	钥匙柜管理钥匙数量		不少于 200 把	
（4）	智能钥匙管理机管理钥匙数量	把	40	

序号	内容	单位	参数值	备注
	7.户内型高压带电显示闭锁装置			
（1）	工作电源		无源	
（2）	防误钥匙接口		具备防误电脑钥匙接口，采用协议方式与五防系统数据交互	
（3）	检测灵敏度		能够在 $5\mu A$ 的微小电流下可靠工作	
（4）	核相接口		具备核相功能	
（5）	电气隔离		钥匙接口进行电气隔离	
（6）	测量计算精度		使用高性能工业级 CPU，高精度 A/D 采样，32 点傅氏算法	
（7）	标称电压	kV	$6/\sqrt{3}\sim35/\sqrt{3}$	
	8.户外型高压带电显示闭锁装置			
（1）	工作电源		显示单元：AC 85～265V 及 DC 110～360V，或 3.6V 锂电池	
（2）	防误钥匙接口		具备防误电脑钥匙接口	
（3）	消耗功率		显示单元外部电源供电时小于 2W，电池供电时小于 1W	
（4）	闭锁特性		具备电脑钥匙接口及三个继电器闭锁接点，符合 DL/T 538—2006《高压带电显示装置》的要求	
（5）	闭锁节点容量		每路 AC 250V /5A	
（6）	动作寿命		大于 5 万次	
（7）	标称电压		$35/\sqrt{3}\sim750/\sqrt{3}kV$	

① 标准读数为标准测量仪表读数。

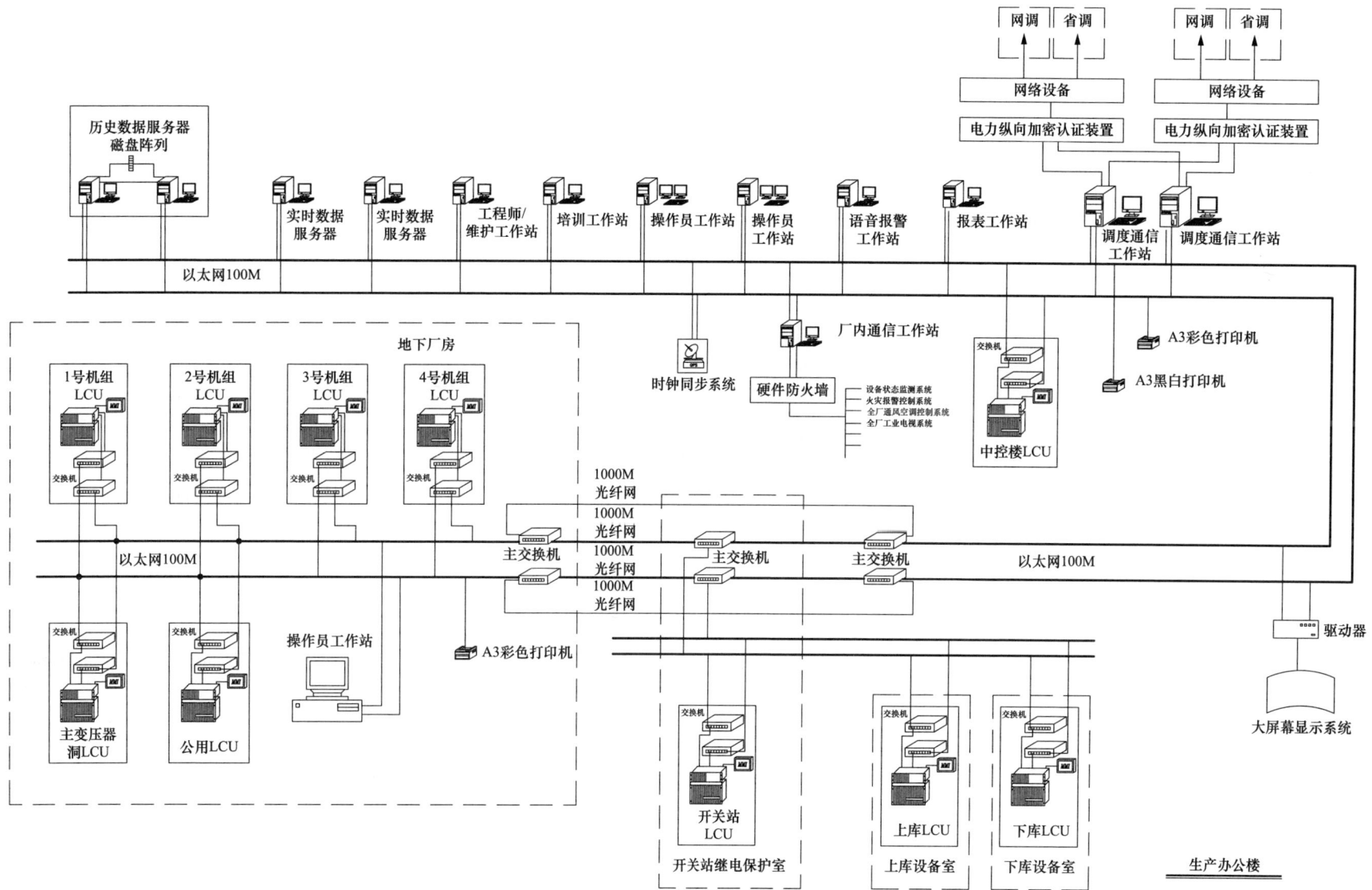

图 B.1 计算机监控系统配置图

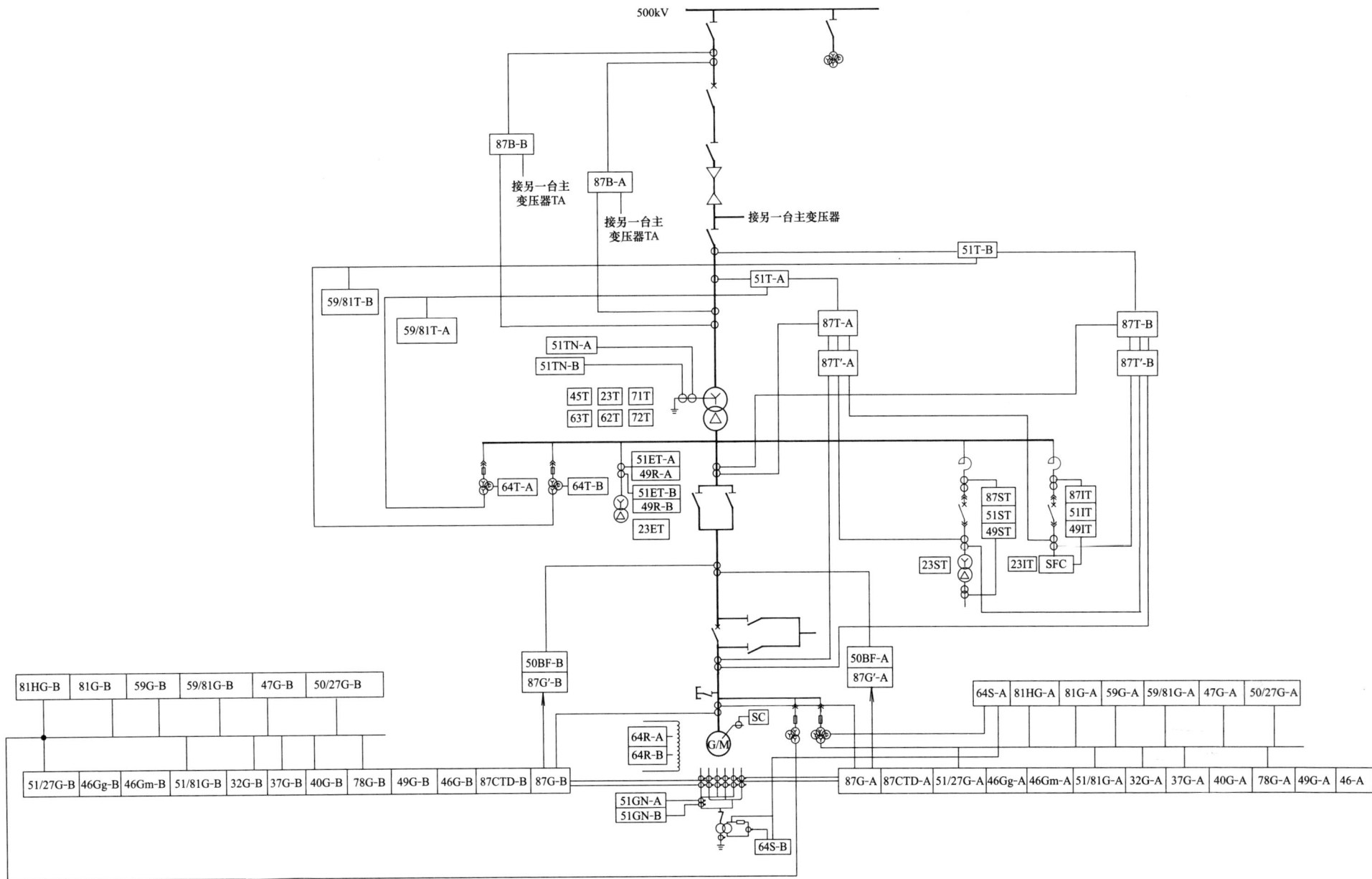

图 B.2 主设备保护系统配置图

发电电动机保护		87T-A、87T'-A、87T-B、87T'-B	主变压器纵联差动保护
87G-A、87G'-A、87G-B、87G'-B	发电机纵联差动保护	51T-A、51T-B	主变压器复合电压过电流保护
51/27G-A、51/27G-B	复合电压过电流保护	51TN-A、51TN-B	主变压器零序电流保护
46Gg-A、46Gg-B	发电工况负序过电流保护	59/81T-A、59/81T-B	主变压器过励磁保护
46Gm-A、46Gm-B	电动工况负序过电流保护	64T-A、64T-B	主变压器低压侧单相接地保护
51GN-A、51GN-B	单元件横差保护	51ET-A、51ET-B	励磁变压器过电流保护
51/81G-A、51/81G-B	低频过电流保护	49R-A、49R-B	励磁绕组过负荷保护
81G-A、81G-B	低频保护	23ET	励磁变压器温度保护
32G-A、32G-B	发电工况逆功率保护	主变压器非电量保护	
37G-A、37G-B	发电工况低功率保护	45T	重瓦斯和轻瓦斯保护
40G-A、40G-B	失磁保护	23T	主变压器温度保护
78G-A、78G-B	失步保护	71T	油位异常保护
49G-A、49G-B	定子过负荷保护	72T	油压速动保护
59G-A、59G-B	过电压保护	63T	压力释放保护
59/81G-A、59/81G-B	发电电动机过励磁保护	62T	冷却系统保护
47G-A、47G-B	发电电压相序保护	高压厂用变压器保护	
64S-A	100%定子接地保护	87ST	纵联差动保护
64S-B	100%定子接地保护(注入式)	51ST	过电流保护
64R-A	乒乓式转子接地保护	49ST	过负荷保护
64R-B	注入式转子接地保护	23ST	温度保护
50BF-A、50BF-B	断路器失灵保护	SFC输入电压器保护	
46-A、46-B	电流不平衡保护	87IT	纵联差动保护
50/27G-A、50/27G-B	突然加电压保护	51IT	过电流保护
SC	轴电流保护	49IT	过负荷保护
87CTD-A、87CDT-B	裂相横差保护	23IT	温度保护
81HG-A、81HG-B	高频保护	短引线保护	
主变压器、励磁变压器保护		87B-A、87B-B	短引线差动保护

图 B.2 (续)

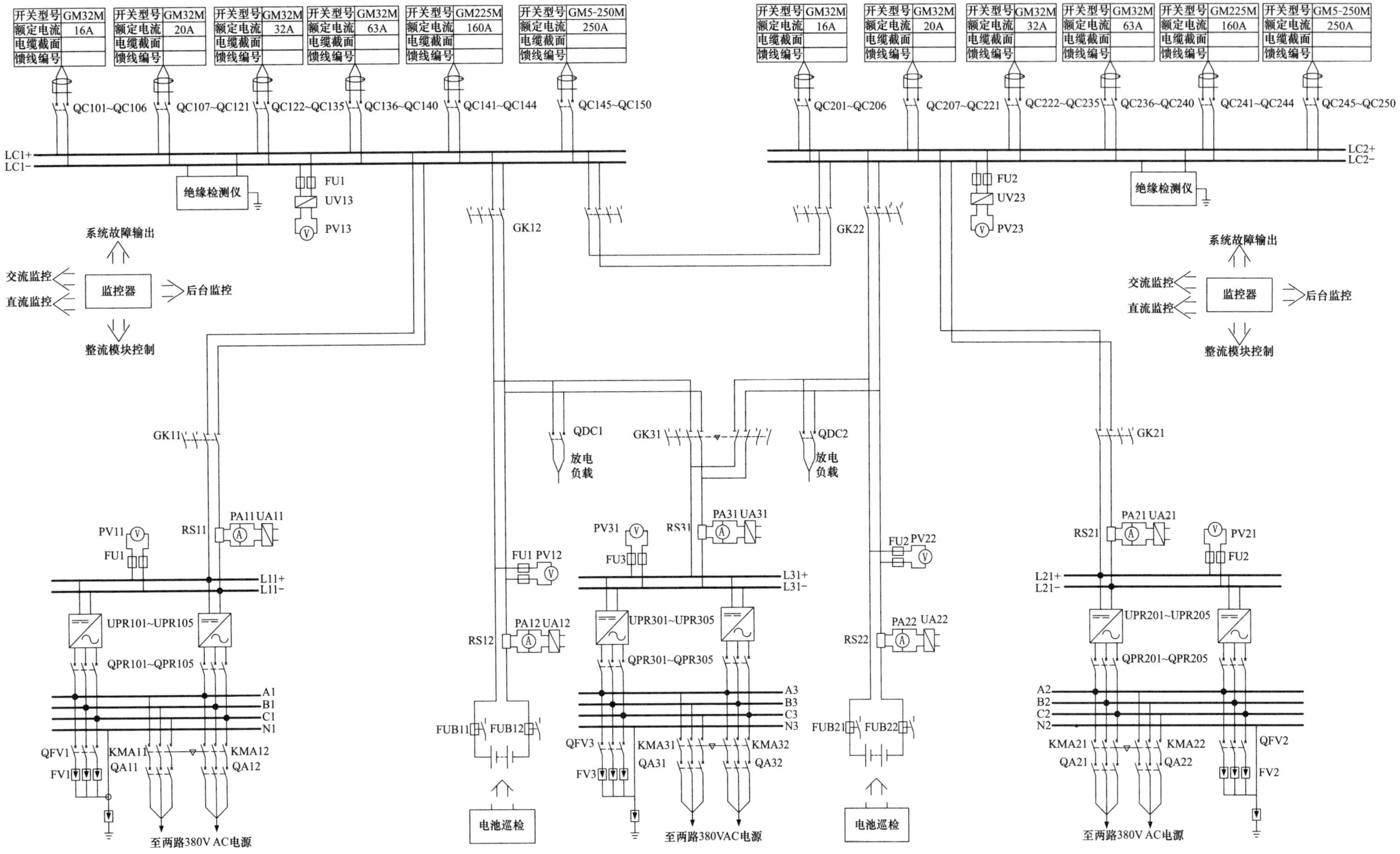

开关型号	GM32M	开关型号	GM32M	开关型号	GM32M	开关型号	GM32M	开关型号	GM225M	开关型号	GM5-250M
额定电流	16A	额定电流	20A	额定电流	32A	额定电流	63A	额定电流	160A	额定电流	250A
电缆截面		电缆截面		电缆截面		电缆截面		电缆截面		电缆截面	
馈线编号		馈线编号		馈线编号		馈线编号		馈线编号		馈线编号	

开关型号	GM32M	开关型号	GM32M	开关型号	GM32M	开关型号	GM32M	开关型号	GM225M	开关型号	GM5-250M
额定电流	16A	额定电流	20A	额定电流	32A	额定电流	63A	额定电流	160A	额定电流	250A
电缆截面		电缆截面		电缆截面		电缆截面		电缆截面		电缆截面	
馈线编号		馈线编号		馈线编号		馈线编号		馈线编号		馈线编号	

QC101~QC106　QC107~QC121　QC122~QC135　QC136~QC140　QC141~QC144　QC145~QC150

QC201~QC206　QC207~QC221　QC222~QC235　QC236~QC240　QC241~QC244　QC245~QC250

LC1+　LC1-　　　　LC2+　LC2-

绝缘检测仪　FU1　UV13　PV13

FU2　UV23　PV23　绝缘检测仪

GK12　GK22

系统故障输出　交流监控　直流监控　监控器　后台监控　整流模块控制

系统故障输出　交流监控　直流监控　监控器　后台监控　整流模块控制

GK11　GK31　GK21

QDC1　放电负载　QDC2　放电负载

PV11　FU1　RS11　PA11 UA11　L11+　L11-

PV31　FU3　RS31　PA31 UA31　L31+　L31-

FU2　PV22　RS21　PA21 UA21　PV21　FU2

UPR101~UPR105　QPR101~QPR105

FU1 PV12　RS12　PA12 UA12

UPR301~UPR305　QPR301~QPR305

RS22　PA22 UA22

UPR201~UPR205　QPR201~QPR205

A1　B1　C1　N1

A3　B3　C3　N3

A2　B2　C2　N2

QFV1　FV1　KMA11　QA11　KMA12　QA12

FUB11　FUB12

QFV3　FV3　KMA31　QA31　KMA32　QA32

FUB21　FUB22

QFV2　KMA21　QA21　KMA22　QA22　FV2

至两路380V AC电源　电池巡检　至两路380VAC电源　电池巡检　至两路380V AC电源

图 B.3　地下厂房 DC 220V 直流系统

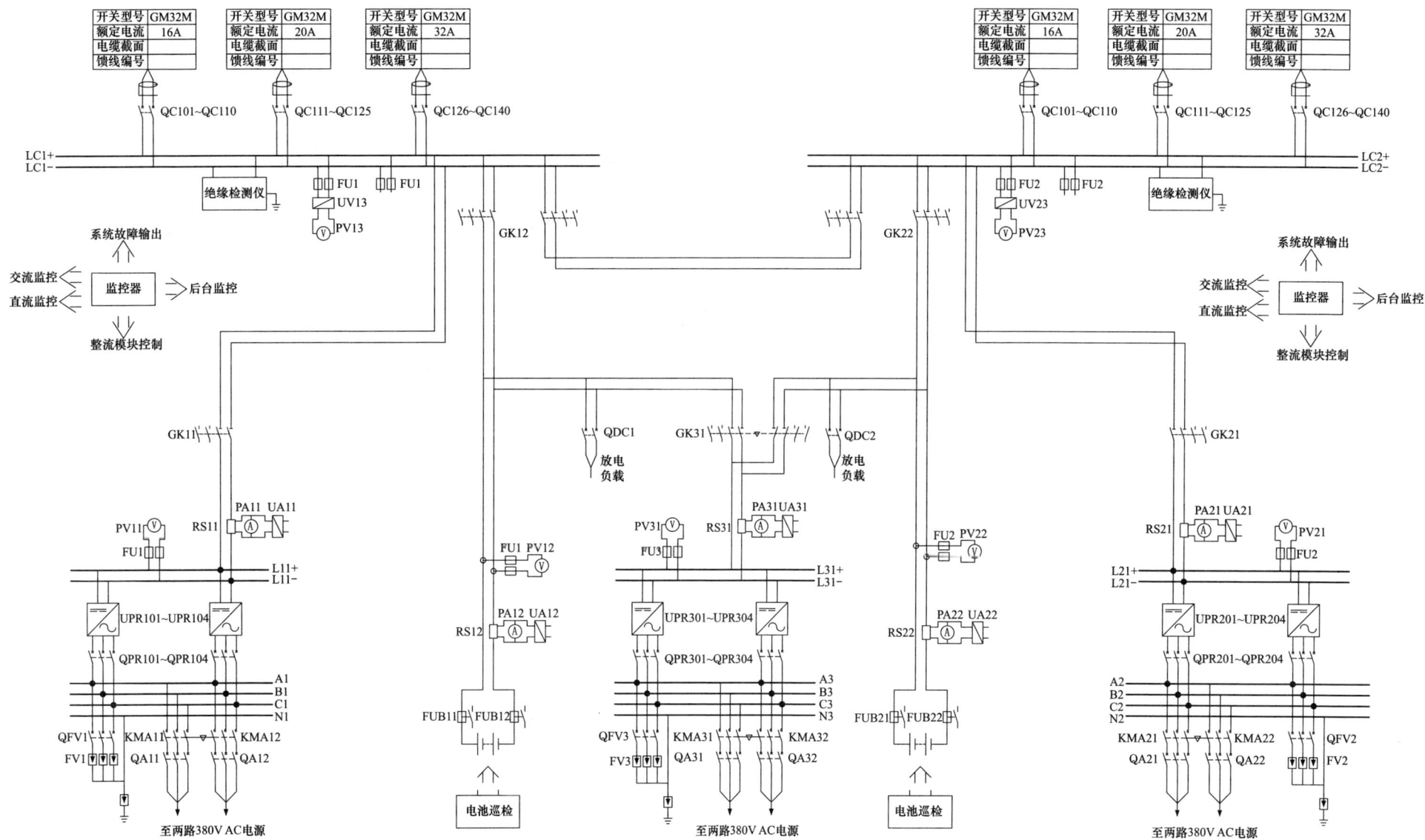

图 B.4 地面开关站 DC 220V 直流

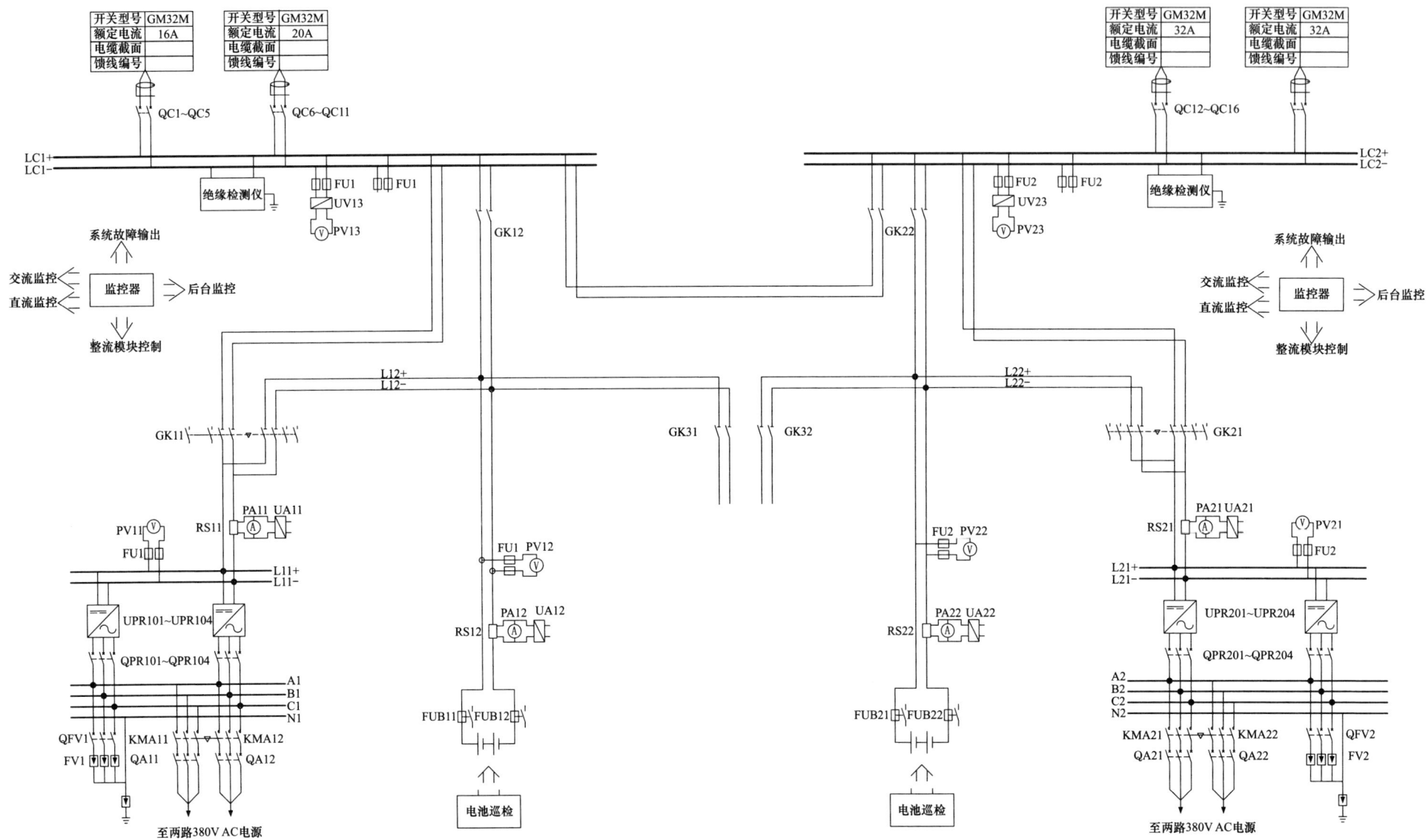

图 B.5　上水库 DC 220V 直流系统

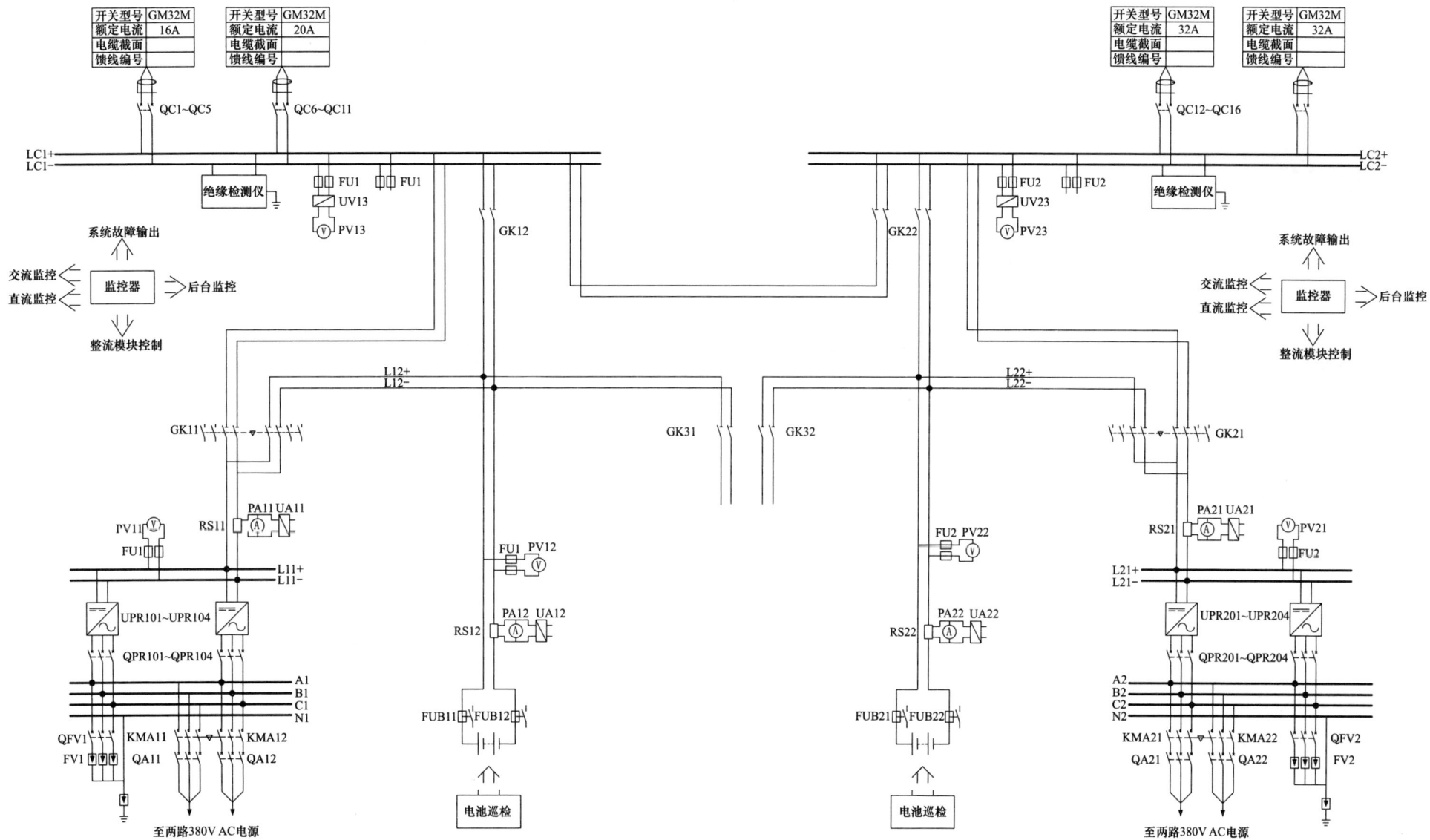

图 B.6 下水库 DC 220V 直流系统

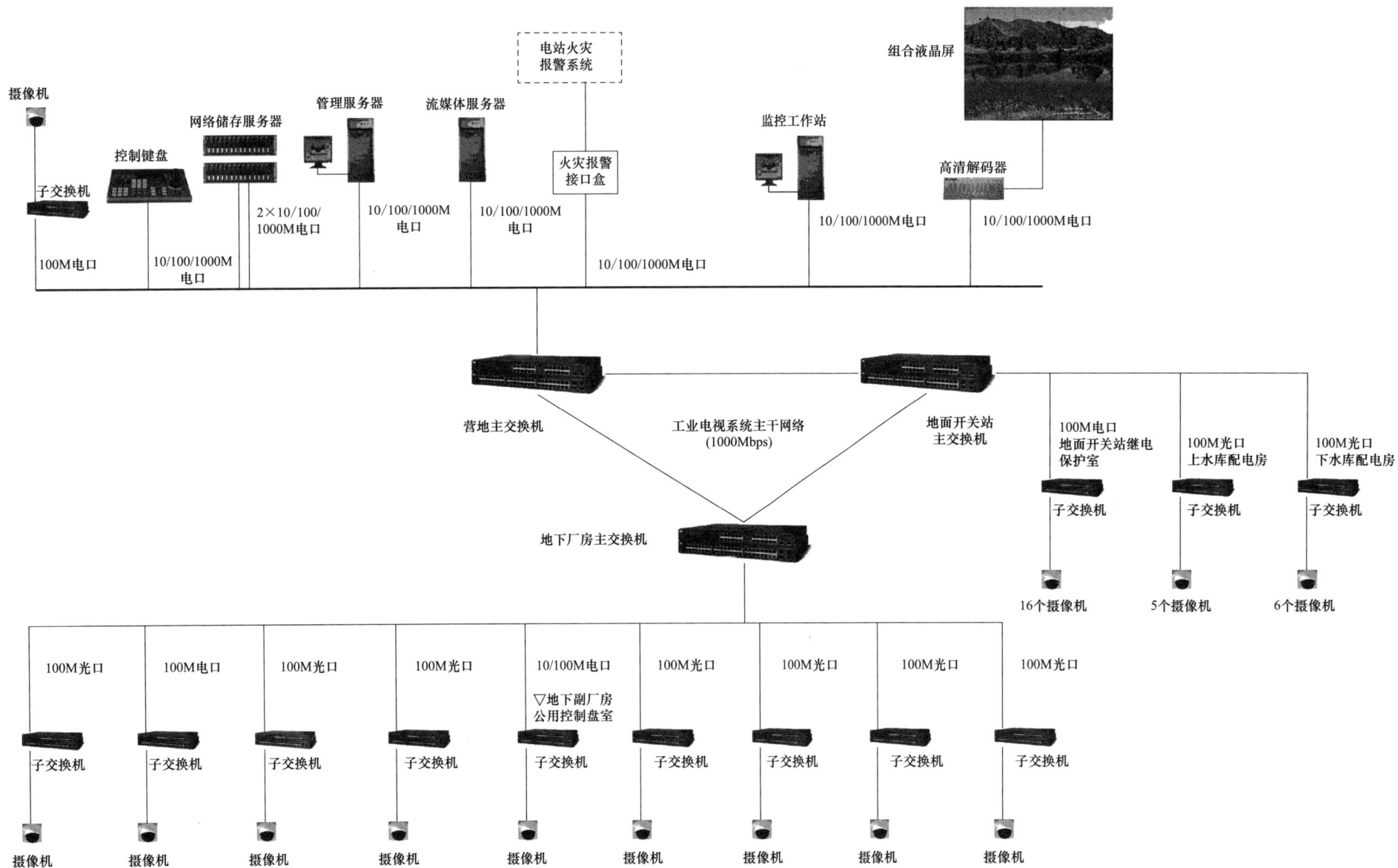

图 B.7 工业电视系统网络结构图

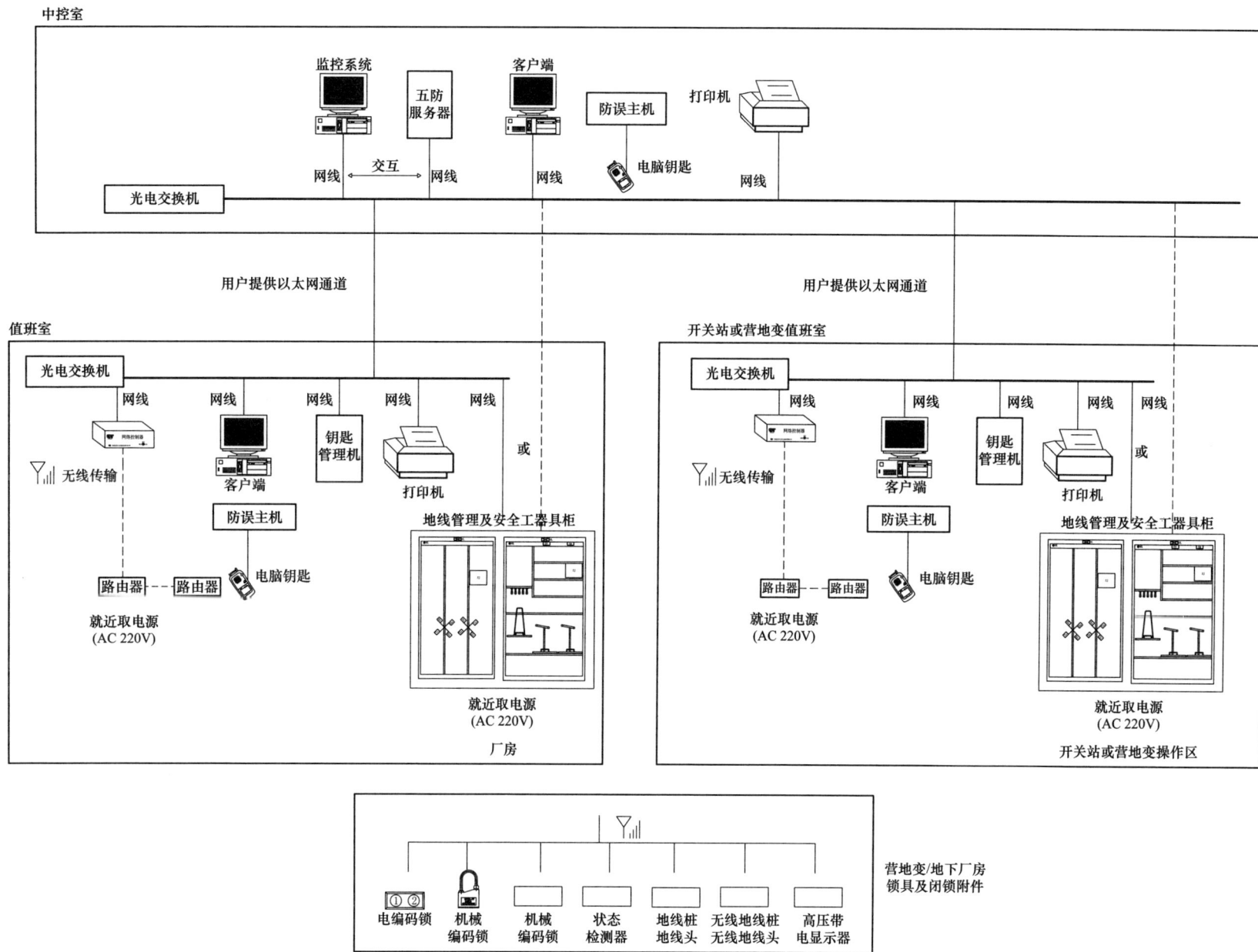

图 B.8　五防系统网络图